高职高专"十二五"规划教材

药学系列

药物制剂综合实训教程

胡 英 夏晓静 主编

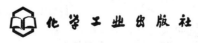

化学工业出版社

·北京·

内 容 提 要

本书以药物制剂生产过程为主线，融合药物制剂设备、药物制剂生产、药物制剂检验、药物制剂工艺验证、药品生产质量管理五门课程的核心知识和技能，参照和借鉴 2010 年版《中华人民共和国药典》、《药品生产质量管理规范（2010 年修订）》的要求和标准组织内容。全书共分为片剂、硬胶囊、软胶囊、小容量注射剂、口服液、冻干粉针、无菌粉末七个典型剂型生产的实训情景，囊括了常见药物制剂企业的实际生产情境。本书内容重在对学生之前的专业知识和技能进行拓展和升华，强调实训过程的完整性和工作过程化。

本书适用于高职高专药学、药物制剂等专业的师生，也可供药学类其他专业师生学习及参考。

图书在版编目（CIP）数据

药物制剂综合实训教程/胡英，夏晓静主编. —北京：化学
工业出版社，2013.9（2020.2 重印）
高职高专"十二五"规划教材 药学系列
ISBN 978-7-122-18497-9

Ⅰ.①药… Ⅱ.①胡…②夏… Ⅲ.①药物-制剂-高等学校-
教材 Ⅳ.①TQ460.6

中国版本图书馆 CIP 数据核字（2013）第 223716 号

责任编辑：梁静丽 迟 蕾　　　　　　　　　装帧设计：关 飞
责任校对：王素芹

出版发行：化学工业出版社（北京市东城区青年湖南街 13 号　邮政编码 100011）
印　　装：北京虎彩文化传播有限公司
787mm×1092mm　1/16　印张 21　字数 552 千字　　2020 年 2 月北京第 1 版第 4 次印刷

购书咨询：010-64518888　　　　　　　　售后服务：010-64518899
网　　址：http://www.cip.com.cn
凡购买本书，如有缺损质量问题，本社销售中心负责调换。

定　　价：40.00 元

《药物制剂综合实训教程》编审人员名单

主　编　胡　英　夏晓静

副主编　崔山风　黄家利

编　者　（按照姓名汉语拼音排列）

崔山风（浙江医药高等专科学校）

胡　英（浙江医药高等专科学校）

黄家利（中国药科大学高等职业技术学院）

计竹娃（浙江医药高等专科学校）

李剑惠（浙江医药高等专科学校）

黎晶晶（浙江医药高等专科学校）

夏晓静（浙江医药高等专科学校）

钦富华（浙江医药高等专科学校）

王　玲（苏州卫生职业技术学院）

主　审　边伟定（浙江华海药业股份有限公司）

前　言

　　药物制剂综合实训教程对应于药物制剂技术专业重要核心课程之一——药物制剂综合技能训练。该课程是构建药学类专业实践教学体系的重要组成部分，是培养从事药物制剂生产和质量控制等岗位所必备的课程，其培养目标是使学生"具备典型药物制剂生产所必备的制剂设备、制剂生产、制剂质检、工艺验证、GMP等方面的综合知识和技能"。随着药物制剂工业的发展，药物制剂生产的要求不断提高，社会对高素质技能型药学人才的需求也更加迫切。为适应新版《中华人民共和国药典》（下文简称《中国药典》）和新版《药品生产质量管理规范》（下文简称GMP）的变化，为培养一专多能、踏实肯干的高端技能型人才，我们编写了本教材。

　　本教材在内容编排上打破传统学科体系，以实训情境为框架，基于药物制剂生产工作过程，突出技能训练，重视知识和能力拓展。教材内容设定为片剂、硬胶囊、软胶囊、小容量注射剂、口服液、冻干粉针、无菌粉末生产等，每个实训情境均以制剂生产为主线，按工作过程先后顺序即从接收生产指令、生产前准备、生产制剂到成品检查及包装贮存等安排项目，再分解为具体的任务来完成。任务单元中充分融合了药物制剂设备、药物制剂生产、药物制剂检验、药物制剂工艺验证、GMP五门课程的核心知识和技能，按能力目标、背景介绍、任务简介、实训设备、实训过程等几个方面循序渐进进行阐述，并附有实训思考。这不仅仅是对学生前期专业知识和技能的拓展与升华，更加体现了对学生实践操作和创新的重视，强调实践过程的完整性和工作过程化，可使学生了解就业岗位工作性质和基本要求，达到岗前教育的目的，为顶岗实习做好准备，真正实现教岗对接。

　　本教材在编写中力求体现如下特色。

　　1. 主要反映我国药物制剂生产的总体水平，严格按照新版《中国药典》和GMP的内容要求，适当介绍国际上较为先进的生产设备、设施。

　　2. 根据典型工作任务设置了七个实训情境，涵盖了药物制剂生产企业常见的剂型：片剂、硬胶囊、软胶囊、小容量注射剂、口服液、冻干粉针、无菌粉末典型剂型的生产。

　　3. 每个实训情境按工作过程安排内容。从接收生产指令开始了解剂型的生产工艺、质量控制点、工艺条件等，学习人员、物料如何进出不同洁净区、如何进行清场清洁卫生等生产前准备工作；生产制剂则按照制剂工艺流程分解为各岗位生产；生产得到产品后进行成品检查，按制剂产品的质量检测标准操作规程进行操作；质量符合要求后进行包装，按要求进行贮存。

4. 核心内容为典型制剂生产，按各种剂型的生产工艺流程将其分解为各个具体任务进行阐述，将岗位需求的 GMP 知识、设备知识、生产操作、验证要点、中间品检查等融入其中，有利于学生通过完成任务调用所学知识，并通过实践操作重点掌握各种制剂生产过程。

目前我国的高职高专教学改革如火如荼，教材编写也正处于探索发展阶段。本教材是项目化改革过程中教材编写工作的尝试。因编者经验有限，书中难免存有疏漏和不妥之处，敬请广大读者批评指正。

编者

2013 年 8 月

目 录

实训一　片剂的生产 /1

项目一　接收生产指令 ……………… 2
　任务一　生产指令的下达、流转 …… 2
　　能力目标 ………………………… 2
　　背景介绍 ………………………… 2
　　任务简介 ………………………… 2
　　实训过程 ………………………… 2
　　　生产指令的制订与下达、流转 … 2
　　实训思考 ………………………… 3
　任务二　解读片剂生产工艺 ……… 3
　　能力目标 ………………………… 3
　　背景介绍 ………………………… 3
　　任务简介 ………………………… 4
　　实训过程 ………………………… 4
　　　一、解读片剂生产工艺流程及质量控
　　　　制点 ………………………… 4
　　　二、片剂生产操作及工艺条件控制 … 5
　　　三、生产过程 GMP 控制 ……… 9
　　实训思考 ………………………… 10
项目二　片剂生产前准备 …………… 11
　任务一　人员进出固体制剂生产区域 …… 11
　　能力目标 ………………………… 11
　　背景介绍 ………………………… 11
　　任务简介 ………………………… 12
　　实训过程 ………………………… 12
　　　一、人员进出一般生产区 ……… 12
　　　二、人员进出 D 级区 …………… 12
　　　三、洗手 …………………………… 13
　　实训思考 ………………………… 13
　任务二　物料进出固体制剂生产区域 …… 13
　　能力目标 ………………………… 13
　　背景介绍 ………………………… 14

　　任务简介 ………………………… 14
　　实训设备 ………………………… 15
　　　一、风淋室 ……………………… 15
　　　二、传递窗 ……………………… 15
　　　三、气闸室 ……………………… 15
　　实训过程 ………………………… 15
　　　一、领料准备与操作 …………… 15
　　　二、物料、容器具进出一般生产区 …… 16
　　实训思考 ………………………… 16
　任务三　片剂生产前准备 ………… 16
　　能力目标 ………………………… 16
　　背景介绍 ………………………… 16
　　任务简介 ………………………… 17
　　实训过程 ………………………… 17
　　　一、清场 ………………………… 17
　　　二、计量器具管理 ……………… 18
　　　三、生产区温湿度、压差控制 … 21
　　　四、生产状态标识管理 ………… 21
　　　五、填写生产记录表 …………… 23
　　实训思考 ………………………… 24
项目三　生产片剂 …………………… 25
　任务一　固体制剂备料（粉碎筛分） 25
　　能力目标 ………………………… 25
　　背景介绍 ………………………… 25
　　任务简介 ………………………… 25
　　实训设备 ………………………… 26
　　　一、粉碎设备 …………………… 26
　　　二、筛分设备 …………………… 26
　　实训过程 ………………………… 27
　　　一、粉碎筛分准备与操作 ……… 27
　　附1：FGJ-300 高效粉碎机标准操作
　　　　程序 …………………………… 29

附 2：XZS400-2 旋涡振动筛分机标准操作
　　　程序 …………………………… 30
　　二、备料工序工艺验证 …………… 30
　　三、备料设备日常维护与保养 …… 31
　实训思考 …………………………… 31
任务二　称量配料 …………………… 31
　能力目标 …………………………… 31
　背景介绍 …………………………… 31
　任务简介 …………………………… 32
　实训设备 …………………………… 32
　　电子秤 …………………………… 32
　实训过程 …………………………… 32
　　一、称量配料准备与操作 ………… 32
　　附：电子秤使用标准操作规程 …… 33
　　二、电子秤的日常维护和保养 …… 34
　实训思考 …………………………… 34
任务三　制粒 ………………………… 35
　能力目标 …………………………… 35
　背景介绍 …………………………… 35
　任务简介 …………………………… 35
　实训设备 …………………………… 35
　　一、制粒可选设备 ………………… 35
　　二、干燥可选设备 ………………… 38
　　三、整粒可选设备——粉碎整粒机 … 38
　实训过程 …………………………… 38
　　一、制粒准备与操作 ……………… 39
　　附 1：HLSG-50 湿法混合制粒机标准操作
　　　规程 …………………………… 41
　　附 2：FL-5 型沸腾干燥制粒机标准操作
　　　程序 …………………………… 42
　　附 3：FZB-300 整粒机标准操作程序 …… 43
　　附 4：颗粒的质量控制检测规程 …… 44
　　二、制粒工序工艺验证 …………… 44
　　三、整粒工序工艺验证 …………… 45
　　四、制粒岗位设备日常维护与保养 … 45
　实训思考 …………………………… 45
任务四　总混 ………………………… 45
　能力目标 …………………………… 45
　背景介绍 …………………………… 46
　任务简介 …………………………… 46
　实训设备 …………………………… 46
　　一、V 型干混机 …………………… 46
　　二、方形料筒混合机 ……………… 46
　　三、二维混合机 …………………… 47
　　四、三维多向运动混合机 ………… 47
　实训过程 …………………………… 47

　　一、总混准备与操作 ……………… 48
　　附：HDA-100 型多向运动混合机标准
　　　操作程序 ……………………… 48
　　二、总混工序工艺验证 …………… 49
　　三、总混设备日常维护与保养 …… 49
　实训思考 …………………………… 49
任务五　压片 ………………………… 50
　能力目标 …………………………… 50
　背景介绍 …………………………… 50
　任务简介 …………………………… 50
　实训设备 …………………………… 51
　　旋转式多冲压片机 ………………… 51
　实训过程 …………………………… 51
　　一、压片准备与操作 ……………… 51
　　附 1：ZPS008 旋转式压片机标准操作
　　　程序 …………………………… 54
　　附 2：素片质量控制项目检测规程 …… 56
　　二、压片工序工艺验证 …………… 56
　　三、压片设备日常维护与保养 …… 57
　实训思考 …………………………… 57
任务六　包衣 ………………………… 57
　能力目标 …………………………… 57
　背景介绍 …………………………… 57
　任务简介 …………………………… 58
　实训设备 …………………………… 58
　　一、普通包衣机 …………………… 58
　　二、网孔式高效包衣机 …………… 58
　　三、无孔式高速包衣机 …………… 59
　　四、流化床包衣机 ………………… 59
　实训过程 …………………………… 59
　　一、包衣准备与操作 ……………… 59
　　附 1：BGB-10C 高效包衣机标准操作
　　　程序 …………………………… 62
　　附 2：薄膜衣片质量控制项目检测
　　　规程 …………………………… 63
　　二、包衣工序工艺验证 …………… 63
　　三、包衣设备日常维护与保养 …… 63
　实训思考 …………………………… 63
项目四　片剂质量检验 ……………… 64
任务一　阿司匹林片的质量检验 …… 64
　能力目标 …………………………… 64
　背景介绍 …………………………… 64
　任务简介 …………………………… 64
　实训设备 …………………………… 65
　　一、硬度仪 ………………………… 65
　　二、崩解仪 ………………………… 65

三、脆碎仪 …………………… 65
四、溶出仪 …………………… 65
五、高效液相色谱仪 ………… 66
实训过程 ……………………… 66
一、解读阿司匹林片质量标准 … 66
二、阿司匹林片检验 ………… 67
实训思考 ……………………… 69
任务二　阿司匹林肠溶片的质量检验 … 69
能力目标 ……………………… 69
背景介绍 ……………………… 69
任务简介 ……………………… 69
实训设备 ……………………… 69
实训过程 ……………………… 69
一、解读阿司匹林肠溶衣片成品质量
　　标准 …………………… 69
二、阿司匹林肠溶衣片释放度检测
　　规程 …………………… 69
实训思考 ……………………… 71

项目五　片剂包装贮存 …………… 72
任务一　瓶包装 ………………… 72
能力目标 ……………………… 72
背景介绍 ……………………… 72
任务简介 ……………………… 72
实训设备 ……………………… 72
一、自动理瓶机 ……………… 72
二、自动吹风式洗瓶机 ……… 73
三、自动数片机 ……………… 73
四、自动塞入机 ……………… 73
五、自动旋盖机 ……………… 73
六、自动封口机 ……………… 73
实训过程 ……………………… 73
一、瓶包装（内包）准备与操作 …… 73
附1：PA2000 Ⅰ型数片机标准操作

程序 …………………………… 75
附2：PB2000 Ⅰ型变频式塞纸机标准操作
　　程序 …………………… 75
附3：PC2000 Ⅱ型变频式自动旋盖机标准
　　操作规程 ……………… 76
附4：瓶包装线质量控制项目检测
　　规程 …………………… 76
二、瓶包装工序工艺验证 …… 77
三、瓶包装设备日常维护与保养 …… 77
实训思考 ……………………… 77
任务二　外包装 ………………… 77
能力目标 ……………………… 77
背景介绍 ……………………… 78
任务简介 ……………………… 78
实训设备 ……………………… 78
一、自动贴标签机 …………… 78
二、自动装盒机 ……………… 78
三、热收缩包装机 …………… 78
四、打码机 …………………… 78
五、捆包机 …………………… 79
实训过程 ……………………… 79
外包装准备与操作 …………… 79
实训思考 ……………………… 81
任务三　成品接收入库 ………… 81
能力目标 ……………………… 81
背景介绍 ……………………… 81
任务简介 ……………………… 82
实训过程 ……………………… 82
一、成品验收入库 …………… 82
二、成品的贮存 ……………… 82
三、成品的发放 ……………… 83
实训思考 ……………………… 83

实训二　硬胶囊的生产 /85

项目一　接收生产指令 …………… 86
任务　解读硬胶囊生产工艺 …… 86
能力目标 ……………………… 86
背景介绍 ……………………… 86
任务简介 ……………………… 86
实训过程 ……………………… 86
一、解读硬胶囊生产工艺流程及质量控
　　制点 …………………… 86
二、硬胶囊生产操作及工艺条件控制 … 88
实训思考 ……………………… 89

项目二　生产硬胶囊 ……………… 90
任务一　胶囊填充 ……………… 90
能力目标 ……………………… 90
背景介绍 ……………………… 90
任务简介 ……………………… 90
实训设备 ……………………… 90
一、半自动胶囊填充机 ……… 90
二、全自动胶囊填充机 ……… 91
实训设备 ……………………… 92
一、胶囊填充准备与操作 …… 92

　　附：NJP800-B 全自动胶囊充填机标准
　　　　操作程序 ·············· 93
　二、胶囊填充工序工艺验证 ······ 96
　三、胶囊填充设备日常维护与保养 ·· 96
实训思考 ····················· 96
任务二　铝塑泡罩包装 ·············· 97
能力目标 ····················· 97
背景介绍 ····················· 97
任务简介 ····················· 97
实训设备 ····················· 97
平板式铝塑泡罩包装机 ·········· 97
实训过程 ····················· 98
　一、铝塑包装准备与操作 ········ 98
　附：DPP-80 型铝塑泡罩包装机标准
　　　　操作程序 ·············· 99

　二、铝塑泡罩包装工序工艺验证 ······ 100
　三、铝塑泡罩包装设备日常维护与
　　　保养 ··················· 101
实训思考 ····················· 101
项目三　硬胶囊的质量检验 ··········· 102
任务　阿司匹林胶囊的质量检查 ······ 102
能力目标 ····················· 102
背景介绍 ····················· 102
任务简介 ····················· 102
实训过程 ····················· 102
　一、解读阿司匹林胶囊质量标准 ···· 102
　二、胶囊重量差异检查 ·········· 103
实训思考 ····················· 103

实训三　软胶囊的生产 / 105

项目一　接收生产指令 ·············· 106
任务　解读软胶囊生产工艺 ········· 106
能力目标 ····················· 106
背景介绍 ····················· 106
任务简介 ····················· 106
实训过程 ····················· 106
　一、解读软胶囊生产工艺流程及质量控
　　　制点 ··················· 106
　二、软胶囊生产操作过程及工艺条件
　　　控制 ··················· 107
实训思考 ····················· 109
项目二　生产软胶囊 ················ 110
任务一　化胶 ···················· 110
能力目标 ····················· 110
背景介绍 ····················· 110
任务简介 ····················· 110
实训设备 ····················· 110
水浴式化胶罐 ················· 110
实训过程 ····················· 111
　一、化胶准备与操作 ··········· 111
　附：HJG-700A 水浴式化胶罐标准操作
　　　　程序 ················· 113
　二、化胶工序工艺验证 ·········· 113
　三、化胶设备日常维护与保养 ······ 114
实训思考 ····················· 114
任务二　配料（配制内容物） ········· 114
能力目标 ····················· 114
背景介绍 ····················· 114

任务简介 ····················· 114
实训设备 ····················· 115
　一、胶体磨 ················· 115
　二、真空乳化搅拌机 ··········· 115
　三、双向搅拌均质配液罐 ········ 115
实训过程 ····················· 115
　一、软胶囊配料准备与操作 ······ 115
　附：胶体磨标准操作程序 ········ 116
　二、软胶囊配料工序工艺验证 ······ 117
　三、软胶囊配料设备日常维护与
　　　保养 ··················· 117
实训思考 ····················· 118
任务三　压制 ···················· 118
能力目标 ····················· 118
背景介绍 ····················· 118
任务简介 ····················· 118
实训设备 ····················· 118
滚模式软胶囊压制机 ··········· 118
实训过程 ····················· 119
　一、软胶囊压制准备与操作 ······ 119
　附：RGY6X15F 软胶囊机标准操作
　　　　程序 ················· 121
　二、软胶囊压制岗位工艺验证 ······ 122
　三、软胶囊压制机日常维护与保养 ·· 123
实训思考 ····················· 123
任务四　干燥、清洗 ··············· 123
能力目标 ····················· 123
背景介绍 ····················· 123

　　任务简介 ……………………………… 124
　　实训设备 ……………………………… 124
　　　一、软胶囊干燥定型转笼 …………… 124
　　　二、软胶囊清洗机 …………………… 124
　　　三、软胶囊拣丸机 …………………… 124
　　实训过程 ……………………………… 125
　　　一、软胶囊干燥清洗准备与操作 …… 125
　　　附：软胶囊清洗机标准操作程序 …… 126
　　　二、软胶囊干燥清洗岗位工艺验证 … 126
　　实训思考 ……………………………… 126
项目三　软胶囊的质量检验 ……………… 127

任务　维生素 E 软胶囊的质量检验 ……… 127
　　能力目标 ……………………………… 127
　　背景介绍 ……………………………… 127
　　任务简介 ……………………………… 127
　　实训设备 ……………………………… 127
　　　气相色谱仪 …………………………… 127
　　实训过程 ……………………………… 127
　　　一、解读维生素 E 软胶囊质量标准 … 127
　　　二、维生素 E 软胶囊质量检查 ……… 128
　　实训思考 ……………………………… 129

实训四　小容量注射剂的生产 /131

项目一　接收生产指令 …………………… 132
任务　解读小容量注射剂生产工艺 ……… 132
　　能力目标 ……………………………… 132
　　背景介绍 ……………………………… 132
　　任务简介 ……………………………… 132
　　实训过程 ……………………………… 132
　　　一、解读小容量注射剂生产工艺流程及
　　　　　质量控制点 …………………… 132
　　　二、小容量注射剂生产操作及工艺条件
　　　　　控制 ……………………………… 134
　　实训思考 ……………………………… 135
项目二　生产前准备 ……………………… 136
任务一　小容量注射剂生产区域人员
　　　　进出 ……………………………… 136
　　能力目标 ……………………………… 136
　　背景介绍 ……………………………… 136
　　任务简介 ……………………………… 136
　　实训过程 ……………………………… 136
　　　一、人员进出 C 级区及更衣 ……… 136
　　　二、洁净服洗衣准备与操作 ………… 137
　　　三、洗衣确认 ………………………… 138
　　　四、更衣确认 ………………………… 138
　　实训思考 ……………………………… 138
任务二　C 级区生产前的准备 …………… 138
　　能力目标 ……………………………… 138
　　背景介绍 ……………………………… 138
　　任务简介 ……………………………… 139
　　实训过程 ……………………………… 139
　　　一、C 级区工器具清洗、灭菌 ……… 139
　　　二、物料、物品进出 C 级洁净区 …… 139
　　　三、C 级区环境清洁 ………………… 140
　　　四、C 级洁净区设备、工器具清洁 …… 140

　　　五、C 级区清洁工具清洁规程 ……… 141
　　实训思考 ……………………………… 142
任务三　制药用水生产 …………………… 142
　　能力目标 ……………………………… 142
　　背景介绍 ……………………………… 142
　　任务简介 ……………………………… 142
　　实训设备 ……………………………… 143
　　　一、纯化水处理系统 ………………… 143
　　　二、多效蒸馏水机 …………………… 144
　　实训过程 ……………………………… 145
　　　一、纯化水生产准备与操作 ………… 145
　　　附：YDR02-025 纯化水处理系统标准
　　　　　操作程序 ……………………… 145
　　　二、纯化水处理系统日常维护与
　　　　　保养 ……………………………… 146
　　　三、注射用水生产准备与操作 ……… 147
　　　附：LD200-3 多效蒸馏水系统标准操作
　　　　　程序 ……………………………… 147
　　　四、多效蒸馏水机日常维护与保养 … 150
　　　五、工艺用水日常检测管理 ………… 150
　　　六、制药用水系统工艺验证 ………… 152
　　实训思考 ……………………………… 152
项目三　生产注射剂 ……………………… 153
任务一　配料（配液过滤）………………… 153
　　能力目标 ……………………………… 153
　　背景介绍 ……………………………… 153
　　任务简介 ……………………………… 154
　　实训设备 ……………………………… 154
　　　一、配液罐 …………………………… 154
　　　二、过滤设备 ………………………… 154
　　实训过程 ……………………………… 155
　　　一、配液过滤准备与操作 …………… 155

　　附1：配液罐标准操作程序 ……… 157
　　附2：配料岗位中间品质量控制及检查
　　　　方法 ……………………… 158
　　附3：微孔滤膜过滤器的完整性测试
　　　　规程 ……………………… 159
　二、配液工序工艺验证 ……………… 160
　三、配液罐日常维护与保养 ………… 160
　实训思考 ……………………………… 160
任务二　洗烘瓶（理瓶、洗瓶、干燥）…… 161
　能力目标 ……………………………… 161
　背景介绍 ……………………………… 161
　任务简介 ……………………………… 161
　实训设备 ……………………………… 161
　一、超声波洗瓶机 …………………… 161
　二、AS安瓿离心式甩干机 …………… 161
　三、ALB安瓿淋瓶机 ………………… 161
　四、GMH-I安瓿干热灭菌烘箱 ……… 162
　实训过程 ……………………………… 162
　一、洗烘瓶准备与操作 ……………… 162
　　附1：超声波洗瓶机标准操作程序 … 163
　　附2：AS安瓿离心式甩干机标准操作
　　　　程序 ……………………… 164
　　附3：ALB安瓿淋瓶机标准操作
　　　　程序 ……………………… 164
　　附4：GMH-I安瓿干热灭菌烘箱标准
　　　　操作程序 ………………… 165
　　附5：洗烘瓶岗位中间品质量控制及
　　　　检查方法 ………………… 166
　二、洗烘瓶工序工艺验证 …………… 166
　三、洗烘瓶设备日常维护与保养 …… 167
　实训思考 ……………………………… 167
任务三　灌封 …………………………… 167
　能力目标 ……………………………… 167
　背景介绍 ……………………………… 168
　任务简介 ……………………………… 168
　实训设备 ……………………………… 168
　一、灌装设备与系统组件 …………… 168
　二、LG安瓿拉丝灌封机 ……………… 169
　实训过程 ……………………………… 169
　一、灌封准备与操作 ………………… 169
　　附1：ALG安瓿拉丝灌封机标准操作
　　　　程序 ……………………… 171
　　附2：灌封岗位中间品质量控制 …… 173
　二、灌封工序工艺验证 ……………… 173
　三、灌封设备的日常维护与保养 …… 174
　实训思考 ……………………………… 174

任务四　灭菌检漏 ……………………… 174
　能力目标 ……………………………… 174
　背景介绍 ……………………………… 174
　任务简介 ……………………………… 175
　实训设备 ……………………………… 175
　一、脉动真空灭菌器 ………………… 175
　二、混合蒸汽-空气灭菌器 …………… 175
　三、过热水灭菌器 …………………… 175
　四、XG1.0安瓿灭菌器 ……………… 175
　实训过程 ……………………………… 175
　一、灭菌准备与操作 ………………… 176
　　附1：XG1.0安瓿灭菌器标准操作
　　　　程序 ……………………… 177
　　附2：灭菌岗位半成品质量控制及
　　　　检查方法 ………………… 181
　二、灭菌检漏工序工艺验证 ………… 181
　三、灭菌设备日常维护与保养 ……… 181
　实训思考 ……………………………… 182
任务五　灯检 …………………………… 182
　能力目标 ……………………………… 182
　背景介绍 ……………………………… 182
　任务简介 ……………………………… 182
　实训设备 ……………………………… 182
　YB-Ⅱ型澄明度检测仪 ……………… 182
　实训过程 ……………………………… 183
　一、灯检准备与操作 ………………… 183
　　附1：YB-Ⅱ型澄明度检测仪标准操作
　　　　程序 ……………………… 184
　　附2：灯检岗位中间品质量控制 …… 184
　二、灯检工序工艺验证 ……………… 185
　三、灯检设备日常维护与保养 ……… 185
　实训思考 ……………………………… 185
项目四　注射剂质量检验 ……………… 186
　任务　氯化钠注射液的质量检验 …… 186
　能力目标 ……………………………… 186
　背景介绍 ……………………………… 186
　任务简介 ……………………………… 186
　实训设备 ……………………………… 186
　一、不溶性微粒测定仪 ……………… 186
　二、pH测定仪 ……………………… 186
　三、渗透压摩尔浓度测定仪 ………… 187
　实训过程 ……………………………… 187
　一、解读氯化钠注射液质量标准 …… 187
　二、氯化钠注射液检验 ……………… 188
　实训思考 ……………………………… 189
项目五　小容量注射剂包装贮存 ……… 190

任务一　小容量注射剂包装 ……… 190　　　　三、印包设备日常维护与保养 ……… 195
　能力目标 ……………………… 190　　　　实训思考 ……………………… 195
　背景介绍 ……………………… 190　　任务二　注射剂保管养护 ……… 195
　任务简介 ……………………… 190　　　能力目标 ……………………… 195
　实训设备 ……………………… 190　　　背景介绍 ……………………… 195
　　YZ 安瓿印字机 …………… 190　　　　一、根据药品的性质选择保管方法 … 196
　实训过程 ……………………… 190　　　　二、结合溶媒和包装容器的特点选择
　　一、印包准备与操作 ……… 191　　　　　保管方法 ………………… 196
　　附1：YZ 安瓿印字机标准操作程序 … 192　　　任务简介 ……………………… 197
　　附2：印包岗位中间品质量控制 …… 193　　　实训过程 ……………………… 197
　　附3：小容量注射剂车间物料平衡管理　　　　药品保管养护 …………… 197
　　　规程 …………………… 193　　　实训思考 ……………………… 199
　　二、印包工序工艺验证 …… 195

实训五　口服液的生产 /201

项目一　接收生产指令 ……… 202　　　　一、口服液灌装准备与操作 … 207
　任务　解读口服液生产工艺 … 202　　　　附1：DGK10-20 口服液瓶灌装机标准
　能力目标 ……………………… 202　　　　　操作程序 ………………… 207
　背景介绍 ……………………… 202　　　　附2：口服液灌装岗位中间品质量
　任务简介 ……………………… 202　　　　　控制 …………………… 208
　实训过程 ……………………… 202　　　　二、口服液灌装工序工艺验证 … 209
　　一、解读口服液生产工艺流程及质量　　　　三、口服液灌装设备日常维护与
　　　控制点 ………………… 202　　　　　保养 …………………… 209
　　二、口服液生产操作及工艺条件　　　　实训思考 ……………………… 209
　　　控制 …………………… 203　　项目三　成品质量检验 ……… 210
　实训思考 ……………………… 205　　　任务　口服液质量检验 …… 210
项目二　生产口服液 ………… 206　　　能力目标 ……………………… 210
　任务　口服液灌封 ………… 206　　　背景介绍 ……………………… 210
　能力目标 ……………………… 206　　　任务简介 ……………………… 210
　背景介绍 ……………………… 206　　　实训过程 ……………………… 210
　任务简介 ……………………… 206　　　　一、解读葡萄糖酸锌口服溶液质量
　实训设备 ……………………… 206　　　　　标准 …………………… 210
　　DGK10-20 口服液灌装机 … 206　　　　二、葡萄糖酸锌口服溶液质量检测 … 211
　实训过程 ……………………… 207　　　实训思考 ……………………… 211

实训六　粉针剂（冻干型）的生产 /213

项目一　接收生产指令 ……… 214　　　　二、冻干粉针生产操作及工艺条件
　任务　解读冻干粉针生产工艺 … 214　　　　　控制 …………………… 216
　能力目标 ……………………… 214　　　　实训思考 ……………………… 218
　背景介绍 ……………………… 214　　项目二　粉针剂的生产前准备 … 219
　任务简介 ……………………… 214　　　任务　粉针剂车间人员进出及车间
　实训过程 ……………………… 214　　　　清场 …………………… 219
　　一、解读冻干粉针生产工艺流程及质量　　　能力目标 ……………………… 219
　　　控制点 ………………… 214　　　背景简介 ……………………… 219

任务简介 ……………………………… 219
实训过程 ……………………………… 219
 一、人员进出 A/B 级区与更衣 …… 219
 二、物料、物品进出 B 级区 ……… 220
 三、B 级区环境清洁 ……………… 221
 四、环境消毒与灭菌 ……………… 221
实训思考 ……………………………… 222

项目三 生产冻干粉针 ……………… 223
任务一 清洗西林瓶 ……………… 223
能力目标 ……………………………… 223
背景介绍 ……………………………… 223
任务简介 ……………………………… 223
实训设备 ……………………………… 223
 一、QCL 型立式转鼓式超声波洗
  瓶机 ……………………………… 223
 二、SZK 系列隧道式灭菌箱 ……… 224
实训过程 ……………………………… 224
 一、西林瓶清洗准备与操作 ……… 224
 附 1：QCL 型立式转鼓式超声波洗瓶机
  标准操作程序 ………………… 227
 附 2：SZK420/27 隧道灭菌烘箱的标准
  操作程序 ……………………… 228
 附 3：西林瓶洗瓶中间品检查 …… 229
 二、西林瓶清洗（烘干）工序工艺
  验证 ……………………………… 229
 三、洗瓶设备日常维护与保养 …… 229
实训思考 ……………………………… 230
任务二 清洗胶塞 ………………… 230
能力目标 ……………………………… 230
背景介绍 ……………………………… 230
任务简介 ……………………………… 231
实训设备 ……………………………… 231
 KJCS-E 超声波胶塞清洗机 …… 231
实训过程 ……………………………… 231
 一、胶塞清洗准备与操作 ………… 232
 附 1：KJCS-E 超声波胶塞清洗机标准
  操作程序 ……………………… 233
 附 2：胶塞清洗中间品的质量检查 … 234
 二、胶塞清洗设备日常维护与保养 … 234
实训思考 ……………………………… 234
任务三 清洗铝盖 ………………… 234
能力目标 ……………………………… 234
背景介绍 ……………………………… 235
任务简介 ……………………………… 235
实训设备 ……………………………… 235
 BGX-1 铝盖清洗机 ……………… 235

实训过程 ……………………………… 235
 一、铝盖清洗准备与操作 ………… 235
 附 1：全自动铝盖清洗机标准操作
  程序 …………………………… 236
 附 2：铝盖清洗中间品质量控制 … 237
 二、全自动铝盖清洗设备日常维护与
  保养 …………………………… 237
实训思考 ……………………………… 237
任务四 灌装 ……………………… 237
能力目标 ……………………………… 237
背景介绍 ……………………………… 238
任务简介 ……………………………… 238
实训设备 ……………………………… 238
 YG-KGS8 型灌装机 …………… 238
实训过程 ……………………………… 238
 一、冻干粉针灌装准备与操作 …… 238
 附 1：YG-KGS8 灌装机标准操作
  程序 …………………………… 240
 附 2：灌装中间品的质量检查 …… 241
 二、粉针灌装工序工艺验证 ……… 241
 三、粉针剂灌装设备日常维护与
  保养 …………………………… 241
实训思考 ……………………………… 241
任务五 冻干 ……………………… 241
能力目标 ……………………………… 241
背景介绍 ……………………………… 242
任务简介 ……………………………… 242
实训设备 ……………………………… 242
 DX 系列真空冷冻干燥机 ……… 242
实训过程 ……………………………… 242
 一、冻干准备与操作 ……………… 243
 附：DX 系列冷冻干燥机标准操作
  程序 …………………………… 244
 二、冻干工序工艺验证 …………… 246
 三、冻干设备日常维护与保养 …… 246
实训思考 ……………………………… 247
任务六 轧盖 ……………………… 247
能力目标 ……………………………… 247
背景介绍 ……………………………… 247
任务简介 ……………………………… 247
实训设备 ……………………………… 247
 KYG400 型轧盖机 ……………… 247
实训过程 ……………………………… 247
 一、轧盖准备与操作 ……………… 248
 附 1：KYG400 型轧盖机操作程序 …… 249
 附 2：轧盖中间品的质量检查 …… 249

二、轧盖工序工艺验证 ············· 249
三、轧盖设备日常维护与保养 ··· 249
实训思考 ································· 250
项目四 成品质量检验 ············· 251
任务 冻干粉针质量检验 ·········· 251
能力目标 ······························ 251
背景介绍 ······························ 251
任务简介 ······························ 251
实训过程 ······························ 251
一、解读注射用氨曲南质量标准 ··· 251
二、注射用氨曲南的质量检测 ··· 252
实训思考 ······························ 253
项目五 包装贮存 ···················· 254
任务 粉针剂包装 ··················· 254

能力目标 ······························ 254
背景介绍 ······························ 254
任务简介 ······························ 254
实训设备 ······························ 254
一、JTB 型全自动不干胶贴签机 ··· 254
二、TQ 系列贴签机 ················· 254
实训过程 ······························ 255
一、粉针剂包装准备与操作 ······ 255
附 1：JTB 型全自动不干胶贴签机标准
操作程序 ························ 256
附 2：TQ-3 型贴签机标准操作程序 ··· 257
附 3：包装岗位中间品检查 ······ 258
二、粉针剂包装工序工艺验证 ··· 258
实训思考 ······························ 258

实训七 粉针剂（粉末型）的生产 /259

项目一 接收生产指令 ············· 260
任务 解读粉针剂（粉末型）生产工艺 ··· 260
能力目标 ······························ 260
背景介绍 ······························ 260
任务简介 ······························ 260
实训过程 ······························ 260
一、解读粉针剂（粉末型）生产工艺
流程及质量控制点 ············· 260
二、粉针剂（粉末型）生产操作及工艺
条件控制 ························ 262
实训思考 ······························ 265
项目二 生产粉针剂（粉末型） ····· 266
任务 无菌粉末分装 ················· 266
能力目标 ······························ 266
背景介绍 ······························ 266
任务简介 ······························ 266
实训设备 ······························ 266
BKFG250 无菌粉末分装机 ········· 266

实训过程 ······························ 266
一、分装准备与操作 ··············· 267
附 1：BKFG250 无菌粉末分装机标准
操作程序 ························ 268
附 2：分装中间品的质量检查 ··· 269
二、分装工序工艺验证 ············· 270
三、分装设备日常维护与保养 ··· 270
实训思考 ······························ 270
项目三 成品质量检验 ············· 271
任务 注射用青霉素钠质量检验 ··· 271
能力目标 ······························ 271
背景介绍 ······························ 271
任务简介 ······························ 271
实训过程 ······························ 271
一、解读注射用青霉素钠质量标准 ··· 271
二、注射用青霉素钠质量检验 ··· 272
实训思考 ······························ 273

附录 /274

附录 1 生产指令 ··················· 274
附录 2 固体制剂生产实训原始记录 ··· 275
附录 3 注射剂生产实训原始记录 ··· 294
附录 4 冻干粉针剂生产实训原始记录 ··· 304

附录 5 固体制剂验证记录 ········· 312
附录 6 注射剂验证记录 ··········· 316
附录 7 口服液验证记录 ··········· 317
附录 8 冻干粉针验证记录 ········· 318

参考文献 /321

片剂的生产

说明：

　　进入片剂生产车间工作，首先接收生产指令，解读片剂生产工艺规程，进行生产前准备（人员按正确方式进出 D 级洁净区，将物料采用正确方式传递进出 D 级洁净区），再按工艺规程要求生产片剂。生产过程如下：原料及辅料进行备料（粉碎过筛），再按处方进行称量配料，使用混合制粒机进行湿法制粒，湿颗粒在流化干燥机中干燥，干颗粒整粒后加入干掺崩解剂和润滑剂在混合桶中总混合，用旋转式压片机压片，在高效包衣锅中包衣，在瓶装生产线上进行瓶包装。熟悉操作过程的同时，进行各岗位的工艺验证，此验证是建立在安装确认、运行确认、性能确认基础上的生产工艺验证。岗位工作过程中，均应按要求进行设备的维护与保养。生产完成后进行片剂质量全检，检验合格后，进行包装及仓储。

项目一

接收生产指令

任务一 生产指令的下达、流转

■【能力目标】
1. 能按照生产指令的下达、流转程序进行操作
2. 能明确生产指令所包括的内容
3. 会根据产品的工艺规程，制订批生产指令

背景介绍

生产指令又称为生产订单，是计划部门下发给现场，用于指导现场生产安排的报表。生产指令是以批为单位，对该批产品的批号、批量、生产起止日期等项目作出的一个具体的规定，是以工艺规程和产品的主配方为依据的。

生产指令的下达是以"生产指令单"的形式实现的。生产指令单是生产安排的计划和核心，一般交给物流部门、质量管理部门和生产部门，是这三个部门（有的企业物流部门隶属于生产部门）行动的依据，也是考核和检查的依据。不同企业的生产指令各不相同，基本要素包含生产指令号、产品名称、产品批号、产品批量、生产时间，设计上还可加上原辅料的名称、内部代号、用量等。用于包装岗位的称为包装指令。指令下达的同时附上批生产记录和批包装记录。

生产指令可以一式一份、一式多份，企业可自行确定，但原件和复印件均需得到控制，发放数量和去向要明确、可追溯，不得随意复印。

任务简介

模拟生产企业的人员，完成生产指令的制订、下达、流转；明确生产指令应包含的主要内容。

实训过程

生产指令的制订与下达、流转

① 生产部生产主管根据月度生产计划和车间的生产情况，下达生产指令，注明品名、

代码、规格、批号、批量、生产日期、完成日期、原辅料名称、规格、代号、批生产用量，签名后将生产指令单交与生产部部长审核。

②　生产部部长审核完毕，并签名，再交由质量管理部门领导批准后，将生产指令单交给车间。

③　生产车间领料员根据生产指令填写领料单，并至仓库领料。

④　仓库管理员根据领料单发放原辅料，车间领料员按生产指令和领料单对原辅料进行核对。

⑤　车间主任根据生产指令和领料单准备车间生产。

⑥　车间技术主任根据生产指令，将本批产品的批生产记录收集好，将生产指令、配料单、批生产记录、笔放进一个洁净塑料袋中，生产前按物料进入各生产区的程序进入生产区，分发至各工序，各工序生产完毕，由班长将本班批生产记录审核后，放回洁净塑料袋中，按物料出各生产区的程序出生产区，上交车间办公室，经车间技术主任、车间主任审核后汇总，交生产部审核，最后交质量管理部 QA 审核。质检部门对成品取样检验，确认合格后，签发"成品检验合格报告单"。质量管理部 QA 对批生产记录进行审核，合格后，由质量受权人审核记录，签发"成品放行单"，由车间办理成品入库手续，挂绿色合格标识。

生产指令单、包装指令单、领料单范例如附录 1 所示。

实训思考

1. 生产指令单有何作用？
2. 生产指令单的流转程序是怎样的？

任务二　解读片剂生产工艺

■【能力目标】

1. 能描述片剂生产的基本工艺流程
2. 能明确片剂生产的关键工序
3. 能根据生产工艺规程进行生产操作

背景介绍

生产工艺规程是指规定为生产一定数量成品所需原辅料和包装材料的质量、数量、操作指导、加工说明、注意事项、生产过程中的控制等一个或一套文件。药品的生产工艺是在药品研发过程中建立起来的，经过中试放大生产，且通过工艺、系统、设备等方面的验证才能最终确立。在生产过程中还应进行有效监控，保证其按照既定的生产工艺生产出的产品符合预期的质量标准。

制剂生产工艺规程的主要内容包括三大块，即基本信息、生产处方、生产操作要求。

基本信息包含有产品名称、企业内部编号、剂型、规格、标准批量、规程依据、批准人签章、生效日期、版本号、页数。生产处方包含有生产所用全部原辅料和包装材料的名称、企业内部编号、原辅料用量（如有折算，需说明计算方法）、质量标准、检验发放号、产品理论收率。生产操作要求即操作过程及工艺条件，具体要求如下。

①　对生产场所和所用设备的说明（如操作间的位置和编号、洁净度级别、必要的温湿

度要求、设备型号和编号等)。

② 关键设备的准备(如粉碎、过筛、混合、压片、包衣等),所采用的方法或相应操作规程编号。

③ 详细的生产步骤和工艺参数说明(如物料的核对、预处理、加入物料的顺序、混合时间、温度等)。

④ 所有中间控制方法及标准。

⑤ 预期的最终产量限度,必要时,还应当说明中间产品的产量限度,以及物料平衡的计算方法和限度。

⑥ 待包装产品的贮存要求,包括容器、标签及特殊贮存条件。

⑦ 附上工艺规程修改记录。

生产工艺规程实施前应组织相关的操作人员、技术人员和质量管理人员培训,充分理解和掌握生产工艺规程后方可进行操作。须严格按照已批准的生产工艺规程操作,任何人不得擅自更改。技术、质量等部门在药品生产过程中应监控生产工艺执行情况,同时不断跟踪随访、改进和完善生产工艺规程。如需变更,需经批准且经过验证(如需要)后方可实行。

任务简介

学习片剂生产工艺,熟悉片剂生产操作过程及工艺条件。

实训过程

一、解读片剂生产工艺流程及质量控制点

片剂生产工艺流程如图 1-1 所示。

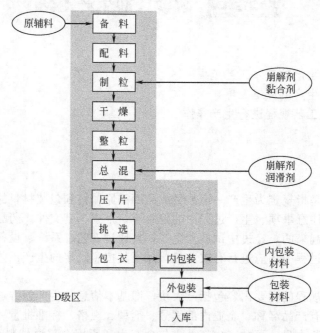

图 1-1　片剂生产工艺流程(以湿法制粒工艺为例)

1. 生产工艺流程

根据生产指令和工艺规程编制生产作业计划。

① 收料、来料验收：检验报告、数量、装量、包装、质量。

② 备料：领料、粉碎、过筛。

③ 配料：按处方比例进行称量、投料。

④ 制粒：可采用干法、湿法或直压（直接粉末压片），本流程以湿法制粒为例。

⑤ 干燥：湿法制粒（除流化床一步法制粒外）需干燥，可采用烘箱干燥或流化床干燥。

⑥ 整粒、总混：颗粒取样检测含量、水分，检查外观。

⑦ 压片：检查硬度、平均片重、片重差异、崩解度、含量、厚度、外观。

⑧ 挑选：检查外观光洁度、裂片，可选项。

⑨ 包衣：可选项，有的产品是压制片，有的是包衣片。

⑩ 内包装：瓶包装或铝塑包装。

⑪ 外包装：检查成品外观、数量、质量。

⑫ 入库。

2. 片剂生产质量控制要点

片剂生产质量控制要点如表 1-1 所示。

表 1-1 片剂生产质量控制要点

工序	质量控制点	质量控制项目	频次
备料	原辅料	异物	1次/批
	粉碎过筛	细度、异物	1次/批
配料	投料	品种、数量	1次/班
制粒	颗粒	黏合剂品种、浓度	1次/批（班）
		筛网	
		含量、水分	
干燥	烘箱	温度、时间	随时/班
	沸腾床	风量、温度、时间、滤袋	随时/班
压片	片	片重差异	定时/班
		片重、硬度、厚度	定时/班
		外观检查	定时/班
		崩解时限（溶出度）	定时/批（每批/次）
挑选	片	外观、异物	随时/班
包衣	片	色泽均匀、无花斑、光洁	随时/班
		崩解时限、片重差异	1次/锅
瓶包装	片	外观、附粉、异物	随时/班
	瓶	外观、装量、热封质量、塞纸、瓶盖、标签	随时/班
包装	装盒	装量、说明书、标签	随时/班
	标签	内容、数量、使用记录	随时/班
	装箱	数量、装箱单	1次/批（班）
		印刷内容	

二、片剂生产操作及工艺条件控制

1. 生产操作注意事项

① 生产部生产调度员根据公司下达的生产计划，结合实际，编制生产顺序和进度安排。

② 车间领料员按照作业进度计划要求按顺序、按计划量、开票领料、核对验收。保证车间按质、按量、按时完成所下达的生产任务。

③ 严格核对原辅料的品名、规格、数量、厂家、包装质量情况、本公司检验室合格报告。

④ 穿戴好个人劳动保护用品，认真做好岗位、设备、墙壁等的清洁卫生，准备好桶、袋等用具。

⑤ 按片剂工艺要求规定进行开桶、拆袋、粉碎、过筛处理，严格做到有物必有状态标识，以防发生混药事故。

⑥ 认真及时填写原始记录和清洁记录，并认真交接原辅料，核对品名、数量、批次、存放位置。

⑦ 按片剂工艺处方正确计算每料总用量，双人复核无误后准确配料。

⑧ 配料结束后及时结算用料，如果用料不足或有余时要及时查明原因，在保证质量的前提下，报告组长进行补料或退料。

⑨ 严格按片剂工艺要求，混合制粒。依据质量控制要点制出含量均匀、干湿度适宜、粒度合格、色泽一致的颗粒。

⑩ 用料时严格做到有物必有状态标识。凡无状态标识的物料，在未真正搞清楚之前，任何人不得随便动用，以防发生混药事故。

⑪ 沸腾干燥器袋滤器中捕集的细粉要及时均匀回掺到颗粒中，以免影响颗粒含量。

⑫ 换产品前，务必彻底清洗设备、用具等，以免发生混药污染。

⑬ 整粒后，加入外加辅料进行总混，再交中检站待验，由检验室取样化验颗粒含量和水分。

⑭ 工艺员根据颗粒含量和本批颗粒总重，计算出片重（含量应在标示量100%）及片重差异并出具通知单交车间主任。

⑮ 严格按片剂工艺规定的要求清洁压片机。

⑯ 开机试装按规定进行片重、硬度、厚度，重量差异、外观、崩解时限等检查。

⑰ 符合要求后正式开机生产。每20分钟检查一次平均片重及外观等，每2小时检查片重差异，换桶时要勤加检查。

2. 备料（粉碎过筛）

（1）粉碎操作工艺过程

① 检查粉碎机、过筛机已清洁，机器正常，筛网完好，接料袋完好、清洁、已消毒。检查备料间清场合格。

② 复核配好的物料包装完好，标签内容与生产指令一致。

③ 扎紧接料袋口，防止跑药粉。

④ 将物料加入料斗内，操作者加料时不得裸手直接接触。

⑤ 在筛分机上下出口处扎紧接料袋。

⑥ 将粉碎后的粉末加入筛分机内过筛。

⑦ 装细粉的容器应标明品名、批号、重量、日期、操作者、复核者，密封后转入中间库备用。

⑧ 粉碎过筛完毕后清场。

⑨ 计算粉碎过筛前后的收得率，收得率不少于98%。

计算公式：收得率=过筛后重量/粉碎前重量×100%

注：过筛后重量包括粗粉。

⑩ 随时做好粉碎记录。

（2）粉碎操作工艺条件

① 粉碎时粉碎机电流不超过设备要求。

② 粉碎和过筛时加料速度注意控制。

③ 接料口应系紧，不得漏药粉。

3. 配料

（1）配料操作工艺过程

① 检查配料室已清场，核对生产指令无误，方可生产。

② 复核校对计量器具的合格标识，应在有效期内。

③ 复核原辅料的品名、规格、数量，检查外包装情况，有生产指令方可配料。

④ 上述项目符合标准后，将所需配料的原辅料按照生产指令分别将粉碎用料、提取用料，进行称量分别装入洁净的容器内，并标明品名、用途、批号、数量、日期、配料人，按批码放整齐备用。

⑤ 配料称量时双人复核，双人签字。

⑥ 配料完毕进行清场，整理配料记录。

（2）配料操作工艺条件

① 计量器具必须在检验合格期内，误差符合标准。

② 配料准确，质量符合标准。

4. 制粒干燥（以烘箱为例）

（1）制粒干燥操作工艺过程

① 检查制粒、干燥设备已清洁无误，制粒间清场合格。

② 复核并领取物料细粉的批号、数量、合格证无误后方可投料。

③ 先将物料按比例放入制粒机内制成均匀的颗粒，平摊放入干燥盘内，送入干燥箱内进行干燥或放入流化床内进行流化干燥。

④ 烘箱干燥过程中，须上下左右倒盘和翻动颗粒，使颗粒不黏结。

⑤ 将规定时间干燥后的颗粒装入洁净的容器中，称量、密封，贴签标明批号、数量、日期、操作人，转入中间站。

（2）制粒干燥操作工艺条件（以常用的为例）

房间洁净度：D 级。

干燥温度：60～80℃。

盘中物料厚度：1～2cm。

干颗粒水分：3%～5%。

5. 整粒总混

（1）整粒总混生产操作过程

① 检查整粒机、混合机已清洁，整粒总混间已清场。

② 复核所需整粒的品名、数量、批号、件数、与生产指令一致。

③ 按工艺要求，安装好整粒机（颗粒摇摆机），上规定目数筛网，上紧，上匀。

④ 开动整粒机均匀加料。

⑤ 将整好的颗粒与外加成分加入混合机内总混。

⑥ 总混好的物料，标明批号、数量、日期、操作人，转入中间站。

（2）整粒总混操作工艺条件（以常用的为例）

房间洁净度：D 级。

整粒筛网目数：14～16 目（根据产品确定整粒筛网目数）。

6. 压片

（1）压片操作工艺过程

① 检查压片设备，模具符合标准，操作间清场合格，校对计量器具。

② 复核待压片的药粉品名、批号、数量，与生产指令无误。

③ 将药粉装入物料斗内。

④ 点动机器调整装量，装量符合标准。

⑤ 正常运转时，要随时检测重量是否符合标准，如出现偏差要及时进行调整，并做好检测记录。

⑥ 压制好的片由出料口过筛，除去细粉，放入洁净干燥的容器中。

⑦ 压制好的片进行挑选，剔除碎片、裂片等不合格片。

⑧ 将挑选好的片子盛在洁净的容器内，密闭、防潮，容器中外贴标签，标明品名、批号、数量、规格、日期、操作者，转中间站。

⑨ 压片中的不合格品及剩余物料按规定转回中间站，并做好记录。

⑩ 一批压片完成后，清场并整理记录。

（2）压片操作工艺条件

① 室内温度 18～26℃，相对湿度 45％～65％。

② 片重差异：按具体的品种工艺要求核定。

③ 压片速度：按设备核定。

④ 每 20 分钟抽检平均片重一次，及时调整片重，并做记录。

⑤ 压制好的片应表面光洁、无裂片。

7. 包衣

（1）包衣操作工艺过程

① 检查包衣设备，模具符合标准，操作间清场合格，校对计量器具。

② 空机试运行，调试喷雾系统、热风等，判断设备是否正常。

③ 领取包衣材料和溶剂配制包衣液；中间站领取素片，核对品名、批号、规格、重量、检验报告单。

④ 待达到工艺条件要求，将片子加入包衣锅内，进行包衣，检查增重情况和包衣片外观。

⑤ 将包衣完成的片子盛在洁净的容器内，密闭、防潮，容器外贴标签，标明品名、批号、数量、规格、日期、操作者，转中间站。

（2）包衣操作工艺条件

① 包衣时注意随时观察片子外观。

② 增重达到要求时即可停止包衣。

8. 内包装（以瓶包分装为例）

① 核对瓶子、纸带等包装材料的品名、规格、领用数量，核对待包装片的品名、规格、数量。

② 将空瓶放入理瓶机内，使瓶口朝上进入轨道。

③ 在数片盘内加入片剂，随时检查粒数。

④ 在塞纸机❶处塞入纸片，塞纸杆头部最低位置时进入瓶内 5～15mm，使纸全部塞入瓶中，又不撞伤药片。

---

❶ 也有塞棉花的，设备功能不同。

⑤ 在旋盖机处旋紧盖子，检查盖子松紧度。

⑥ 清场，并整理好原始记录。

9. 外包装

① 核对标签、说明书等包装材料的品名、规格、文字内容、领用数量。

② 纸盒❶外观整洁，纸颜色一致，表面不允许有明显的损坏，纸盒方正，无凸角和漏洞、盒盖压合适中，落盖后要严密，对角线相等，内径规格最大允许偏差量为±2mm。

③ 盒内药品及数量与盒面标识一致，必须装有说明书，每批抽检 20 盒，装量必须100%准确。

④ 小盒装中盒时，要求数量 100%准确，小盒文字图案顺序一致，每批抽检 10 个中盒。

⑤ 外包装所用纸箱，要求箱体方正，箱盖对齐，对角线相等，不压不错，误差<3mm。

⑥ 纸箱外观整洁，箱面印刷图案、文字清晰，颜色深浅一致，表面不允许有明显的损坏和污迹。

⑦ 大箱板外面层、内面层不得有裂缝。

⑧ 每批抽检 5 箱，要求数量 100%准确，摆放顺序一致，每箱要求有内容完全的装箱单。

⑨ 包装材料领用数、实用数、剩余数、损耗数应核对无差错，退库或销毁应有记录。

⑩ 清场，并整理好原始记录。

三、生产过程 GMP 控制

生产过程管理包括生产过程文件管理、生产过程技术管理和批号管理。

1. 生产过程文件管理

生产过程中主要标准文件有生产工艺规程、岗位操作法和标准操作规程（SOP）等。

① 生产工艺规程如前述。

② 岗位操作法是对各具体生产操作岗位的生产操作、技术、质量等方面所作的进一步详细要求，是生产工艺规程的具体体现。具体包括：生产操作法，重点操作复核、复查，中间体质量标准及控制规定，安全防火和劳动保护，异常情况处理和报告，设备使用、维修情况，技术经济指标的计算，工艺卫生等。

③ 标准操作规程（SOP）是指经批准用以指示操作的通用性文件或管理办法，是对某一项具体操作的书面指令，是组成岗位操作法的基础单元，主要是操作的方法及程序。

生产标准文件不得随意更改，生产过程应严格执行。

2. 生产过程技术管理

（1）生产前准备

① 生产指令下达。生产部门根据生产作业计划和生产标准文件制定生产指令，经相关部门人员复核、批准后下达各工序，同时下达标准生产记录文件。

② 领料。领料员凭生产指令向仓库领取原料、辅料或中间产品。领料时核对名称、规格、批号、数量、供货单位、检验部门检验合格报告单，核对无误方可领料，标签凭包装指令按实际需用数由专人领取，并计数发放。发料人、领料人需在领料单上签字。

③ 存放。确认合格的原辅料按物料清洁程序从物料通道进入生产区配料室，并做好记录。

---

❶ 纸盒一般应用于铝塑包装中。塑料瓶可直接装入中盒，也可用 PE 收缩膜裹包装入大箱中。目前制药行业包装方式有多种，但最小销售单元应有说明书，标识清晰完整。

（2）生产操作阶段

① 生产操作前须做好生产场地、仪器、设备的准备和物料准备。

② 生产操作

a. 严格按生产工艺规程、标准操作规程进行投料生产，设备状态标识换成"正在运行"。

b. 做好工序关键控制点监控和复核，做好自检、互检及质量管理员监控。

c. 设备运行过程做好监控。

d. 生产过程做好物料平衡。

e. 及时、准确做好生产操作记录。

f. 工序生产完成后将产品装入周转桶，盖好盖，称重，填写"中间产品标签"。

（3）中间站的管理　中间站是存放中间产品、待重新加工产品、清洁的周转容器的地方。中间站必须有专人管理，并按中间站清洁规程进行清洁。进出中间站的物品的外包装必须清洁，无浮尘。进入中间站物品必须有内外标签，注明品名、规格、批号、重量。中间站产品应有状态标识：合格——绿色，不合格——红色，待检——黄色，不合格品限期处理。进出中间站必须有传递单，并且填写"中间产品进出站台账"。

（4）待包装中间产品管理　车间待包装中间产品，放置中间站（或规定区域）挂上黄色待检标识，填写品名、规格、批号、生产日期和数量；及时填写"待包装产品请验单"，交质检部取样检验；检验合格后由质检部门通知生产部，生产部下达包装指令，包装人员凭包装指令领取标签，核对品名、规格、批号、数量、包装要求等，进入包装工序。

（5）包装后产品与不合格产品的管理　包装后产品置车间待验区（挂黄色待验标志），由车间向质量管理部门填交"成品请验单"。质检部门取样检验，确认合格后，质检部门签发"成品检验报告单"。

检验不合格的产品，由质检部门发出检验结论为不符合规定的检验报告单，将产品放于不合格区，同时挂上红色不合格标志，并标明不合格产品品名、规格、批号、数量。

3. 批号管理

批号是用于识别"批"的一组数字或字母加数字，用于追溯和审查该批药品的生产历史。每批药品均应编制生产批号。

正确划分批是确保产品均一性的重要条件。在规定限度内具有同一性质和质量，并在同一连续生产周期中生产出来的一定数量的药品为一批。按 GMP 规定批的划分原则：固体、半固体制剂在成型或分装前使用同一台混合设备一次混合量所生产的均质产品为一批；中药固体制剂，如采用分次混合，经验证，在规定限度内，所生产一定数量的均质产品为一批。

实训思考

1. 片剂的生产工艺流程包括哪些？
2. 简述片剂的生产工艺条件。

项目二

片剂生产前准备

任务一 人员进出固体制剂生产区域

【能力目标】

1. 能正确进出 D 级区域
2. 能正确进出一般生产区

背景介绍

　　口服固体制剂洁净区的空气洁净度等级为 D 级。各工序生产区域的划分见图 1-1。空气净化处理一般采用初效、中效、高效三级过滤器，针对 D 级空气净化处理，可采用亚高效空气过滤器代替高效过滤器。人员进入 D 级区的着装要求：应将头发、胡须等相关部位遮盖；应穿合适的工作服和鞋子或鞋套；应采用适当措施，以免带入洁净区外的污染物。

　　任何进入生产区的人员均应按规定进行更衣。工作服的选材、式样及穿戴方式应与所从事的工作和洁净度级别要求相适应，不得混用。用过的衣服如需再次使用，应与洁净未使用的衣服分开保存，并规定使用期限。

　　在洁净室工作的人员必须遵守洁净室的规则，在洁净区内人员进出次数应尽可能的少，同时在操作过程中应尽量减少动作幅度，避免不必要的走动或移动，以保持洁净区的气流、风量和风压等，保持洁净区的净化级别。

　　进入洁净生产区的人员不得化妆和佩戴饰物。操作人员应避免裸手直接接触药品、与药品直接接触的包装材料和设备表面，因此在暴露药品岗位上需戴手套。

　　生产区、仓储区禁止吸烟和饮食，禁止存放食品、饮料、香烟和个人药品等非生产用物品。

　　洁净服和口罩应具备透气、吸湿、少发尘（菌）、少透尘（菌）等性能，应能阻止皮屑、人体携带的微生物群、颗粒以及湿气（汗），并且尽可能阻止其穿透。洁净服材质一般为防尘去静电材质，常见的为涤纶长丝加导电纤维，棉质和混合纤维亦可。式样有连体或分体（上衣和头罩相连），见图 1-2。洁净服少设或不设口袋，无横褶、带子，袖口、裤腰及裤管口收拢，尺寸大小应宽松合身，边缘应封缝，接缝应内封。帽子或头罩必须遮住全部头发。口罩应由 4～6 层纱布制成，洗涤 15 次后的 5 层纱布阻菌率仍可达 97％；也可采用一次性口罩，但应对其生产条件和包裹方式提出要求。

(a) 分体式　　　　　　　　(b) 连体式

图 1-2　洁净服

　　生产厂房仅限于经批准的生产人员出入。应当采取适当措施，防止未经批准人员的进入。生产、贮存和质量控制区不应当作为非本区工作人员的直接通道。

　　体表有伤口、患有传染病或其他可能污染药品疾病的生产人员不得从事直接接触药品的生产。

任务简介

　　按标准操作程序正确进出一般生产区和洁净区。

实训过程

一、人员进出一般生产区

　　① 进入一般生产区人员，先将携带物品（雨具等）存放于指定的位置。

　　② 进入更鞋室，更换工作鞋，将换下的鞋放入鞋柜内。

　　③ 进入第一更衣室：更换工作服（更衣时注意不得让工作服接触到易污染的地方），扣好衣扣，扎紧领口和腕口。佩戴工作帽，应确保所有头发均放入工作帽内，不得外露。在衣镜前检查工作服穿戴是否合适。

　　④ 清洁手部：进盥洗间用药皂（或洗手液）将双手反复清洗干净。

　　⑤ 进入一般生产区操作室。

　　⑥ 退出一般生产区时，按进入时逆向顺序更衣，将工作服、工作鞋换下，分别放入自己衣柜、鞋柜内，离开车间。

二、人员进出 D 级区

　　人员进入 D 级区的程序见图 1-3。

　　① 进入 D 级区人员，先将携带物品（雨具等）存放于指定的位置。

图 1-3　人员进入 D 级区的程序

② 进入更鞋室，更换工作鞋，将换下的鞋放入鞋柜内。

③ 进入第一更衣室，脱去外衣，放置个人物品于柜内，按洗手程序进行手部清洗。

④ 进入第二更衣室，按号穿洁净服，将袖口扎紧、扣好纽扣，戴工作帽，必须将头发完全包在帽内，不外露，对镜自检。

⑤ 按洗手程序进行手消毒。

⑥ 通过气锁间进入洁净室。

⑦ 退出更衣应按进入更衣的程序逆向顺序，在第二更衣室换下洁净服，将洁净服按号归位（包括衣服、裤子、工作帽），在第一更衣室穿上外衣，更鞋柜处换下工作鞋在指定鞋柜内，离开洁净区。

三、洗手

1. 手清洗

① 流水浸湿双手。

② 取适量洗手液，揉搓手掌产生丰富泡沫。

③ 搓洗双手指尖。

④ 用左手掌搓洗右手手背，并交换。

⑤ 用左手指尖揉搓右手手掌，并交换。

⑥ 用左手握住右手拇指揉搓，并交换。

⑦ 搓洗双手腕部。

2. 手消毒

① 用手掌接取消毒液。

② 在消毒液下卷曲手指，充分浸润指甲及手指。

③ 离开消毒器，手掌相互揉搓。

④ 重复上述手清洗步骤③～⑦进行搓洗。

⑤ 揉搓至干。

实训思考

1. 人员进出一般生产区的程序包括哪些？

2. 人员进出 D 级洁净区的程序包括哪些？

3. 洗手的标准程序为何？

任务二　物料进出固体制剂生产区域

【能力目标】

1. 能将物料正确进出 D 级区域

2. 能将物料正确进出一般生产区

背景介绍

物料进入固体制剂生产区域时，首先要与仓库管理员进行交接。作为仓库管理方，通常物料发放的基本原则是先进先出（FIFO）原则和近效期先出（FEFO）原则，具体操作时采用其中一种原则即可，同时为防止零头（开封物料）累积，参照零头先发的原则。一般均采取整包发送的原则，每种物料的发放总量稍大于生产指令中的处方量。

物料交接常见有两种方式：一种是仓库管理员按生产指令和领料单将所需物料从仓库备料区转移至生产区，物料在生产区进行交接；另一种是生产接收人员将生产指令和领料单所需物料从仓库备料区转移至生产区，物料在仓库的备料区进行交接。

生产区域物料的接收由领料员来完成。领料员按生产指令和领料单，负责及时领回本批次生产所用原辅材料及包装材料；及时准确填写领料单。出库前应检查所发物料标识完好，外包装状态完好，如发现异常情况应拒收，并按偏差处理。

通常领料员应从以下几方面进行复核。

①原辅料的物料名称、物料代码、物料批号、物料所需量、实际发放数量等信息与领料单上是否相符；②核对包装材料的物料名称、物料代码、物料批号、物料所需量，详细清点实际发放包装材料数量，检查包装材料上所印刷的文字内容及尺寸大小与所要包装的药品是否相符。根据 2010 年修订《药品生产质量管理规范》（GMP）的要求包装材料清点发放的基本原则是专人发放，印刷包装材料还应专人保管并计数发放。

仓储区内的原辅料应当有适当的标识，并至少标明下述内容：

① 指定的物料名称和企业内部的物料代码；

② 企业接收时设定的批号；

③ 物料质量状态（如待验、合格、不合格、已取样）；

④ 有效期或复验期。

只有经质量管理部门批准放行并在有效期或复验期内的原辅料方可使用。

中间产品和待包装产品应当有明确的标识，并至少标明下述内容：

① 产品名称和企业内部的产品代码；

② 产品批号；

③ 数量或重量（如毛重、净重等）；

④ 生产工序（必要时）；

⑤ 产品质量状态（必要时，如待验、合格、不合格、已取样）。

与药品直接接触的包装材料和印刷包装材料的管理和控制要求与原辅料相同。

包装材料应当由专人按照操作规程发放，并采取措施避免混淆和差错，确保用于药品生产的包装材料正确无误。

印刷包装材料应当设置专门区域妥善存放，未经批准不得进入。切割式标签或其他散装印刷包装材料应当分别置于密闭容器内贮运，以防混淆。

印刷包装材料应当由专人保管，并按照操作规程和需求量发放。

任务简介

模拟领料员，完成物料进出一般生产区和洁净区的操作。

实训设备

一、风淋室

风淋室或风淋间（air shower）（图1-4）是人员或物料进入洁净区由风机通过风淋喷嘴喷出经过高效过滤的洁净强风吹除人或物体表面吸附尘埃的一种通用性很强的局部净化设备。一般由箱体、门、高效过滤器、送风机、配电箱、喷嘴等几大部件组成。安装于洁净区与非洁净区之间。风淋室有人用和货用之分，吹淋方式有单侧吹淋、双侧吹淋、顶部吹淋等多种组合。其前后两道门为电子互锁，可起到气闸的作用。门有手动门、自动门、快速卷帘门等多种选择。

二、传递窗

传递窗（pass box）（图1-5）是洁净室的一种辅助设备，主要用于洁净区之间、洁净区与非洁净区之间小件物品的传递，可减少洁净室的开门次数，最大限度降低洁净区的污染。两侧门具有互锁装置，确保两侧门不能同时处于开启状态。可选配件有紫外线杀菌灯、对讲机等。

三、气闸室

气闸室（airlock）利用相对于连接两侧的环境均为负压，将空气全排，从而阻止两侧（或以上）房间之间的气流贯通，防止不同环境之间产生交叉污染。为维持气闸室的压力，气闸室门需安装空气锁，空气锁是具有强制性的带延迟时间控制的出入口互锁装置，强制保证最小通过时间，能维持一定的压差。空气锁显示面板如图1-6所示。

图1-4　风淋室

图1-5　传递窗

图1-6　空气锁显示面板

气闸室可人用或货用，前者称为PAL（personnel airlock），后者称为MAL（material airlock），一般亦称为缓冲。对于物料缓冲室，还具有"搁置"自净，以免进入洁净区后，对洁净区造成污染。

实训过程

一、领料准备与操作

（1）领料时按生产指令和领料单进行领料，检查物料的品名、批号、规格、数量。

（2）领料时发现下列问题时领料操作不得进行。

① 未经企业 QC 检验或检验不合格的原辅料、包装材料（无物料放行单）。

② 包装容器内无标签、合格证。

③ 因包装被损坏、内容物已受到污染。

④ 外包装和内容物已霉变、生虫、鼠咬烂。

⑤ 在仓库存放已过复检期，未按规定进行复检。

⑥ 其他有可能给产品带来质量问题的异常现象。

（3）做好物料领用记录，核对无误并签名和日期。

（4）将原辅料及包装材料推进脱包室。

（5）物料进入生产区。

① 原辅料、内包材：物料应在风淋室（或缓冲间）脱去其外包装，无法脱去外包装的物料外包装清洁消毒干净或更换包装后可进入车间，脱去外包装的物料应标上"物料标识"，注明物料名称、内部批号、重量、物料状态等内容。

② 外包材：仓库管理员直接根据领料单需求量按件计数发放，无须脱外包装。

（6）物料、包装成品、废料退出生产区，均从物料通道搬运。

二、物料、容器具进出一般生产区

① 从物流通道进出物料。

② 仓库：存放物料外包装应保持清洁整齐完好，码放在指定区域。

③ 车间不允许堆积多余物料，车间领料员按批生产指令领取物料，并摆放整齐。

④ 凡进入操作室的物料一般情况下在指定区域风淋室（或缓冲间）脱去外包装，然后进入操作室。不能脱去外包装的特殊物料，操作者应用清洁抹布在风淋室（或缓冲间）将灰尘擦净，然后进入操作室，避免把灰尘带入车间。

⑤ 物料、包装成品、废弃物退出一般生产区，均应从物料通道搬运。

实训思考

1. 从仓库领料要做哪些工作？
2. 物料进入洁净区要做哪些处理？

任务三 片剂生产前准备

■【能力目标】

1. 能采用正确方法进行清场
2. 能进行常用计量器具的校验
3. 能按操作规程记录温湿度、压差
4. 能识别各种状态标识
5. 能正确填写生产记录

背景介绍

生产前准备需进行清场和清洁状况、工艺条件、现场 SOP 及记录、现场标识等的检查。生产开始前应当进行检查，确保设备和工作场所没有上批遗留的产品、文件或与本批产品生产无关的物料，设备处于已清洁及待用状态。检查结果应当有记录。

生产操作前，还应核对物料或中间产品的名称、代码、批号和标识，确保生产所用物料或中间产品正确且符合要求。

为防止药品生产中不同批号、品种、规格之间的污染和交叉污染，各生产工序在生产结束、更换品种及规格或换批号前，应彻底清理及检查作业场所。有效的清场管理程序，可以防止混药事故的发生。

每批药品的每一生产阶段完成后必须由生产操作人员清场，并填写清场记录。清场记录内容包括：操作间编号、产品名称、批号、生产工序、清场日期、检查项目及结果、清场负责人及复核人签名。清场记录应当纳入批生产记录。

清场分为大清场和小清场，大清场是指换品种时或者连续生产一定批次后进行的清场，小清场是指同品种生产的批间清场和生产完工后的每日清场。

不得在同一生产操作间同时进行不同品种和规格药品的生产操作，除非没有发生混淆或交叉污染的可能。

在生产的每一阶段，应当保护产品和物料免受微生物和其他污染。

在干燥物料或产品，尤其是高活性、高毒性或高致敏性物料或产品的生产过程中，应当采取特殊措施，防止粉尘的产生和扩散。

每次生产结束后应当进行清场，确保设备和工作场所没有遗留与本次生产有关的物料、产品和文件。下次生产开始前，应当对前次清场情况进行确认。

应当尽可能避免出现任何偏离工艺规程或操作规程的偏差。一旦出现偏差，应当按照偏差处理操作规程执行。

应当进行中间控制和必要的环境监测，并予以记录。

任务简介

片剂生产区进行清场和清洁状况检查，熟悉生产状态标识，并学会如何正确填写记录，为进行片剂批生产做好准备。

实训过程

一、清场

清洁是对设备、容器具等具体物品进行擦拭或清洗，属卫生方面的行为。清场是在清洁基础上对上一批生产现场的清理，以防止药品混淆、差错事故的发生，防止药品之间的交叉污染。

1. 清场原则

先物后地，先里后外，先上后下的顺序进行清场。

2. 洁净区清场管理

（1）清场分类　同品种产品在连续生产周期内，批与批之间生产，以及单班结束后需进行小清场，设备进行简单清洁。换品种或超过清洁有效期后重新使用前要进行大清场，设备需进行彻底清洁。

（2）清洁工具　清洁布、一次性洁净布、无纺布拖把、擦窗器、吸尘器、塑料刷、不锈钢清洁桶、塑料清洁桶、各设备专用工具等。

（3）清洗介质　饮用水、热饮用水、纯化水、75%乙醇溶液、95%乙醇溶液、压缩空气等。

（4）设备清洁规定

① 每台设备有相应的标准清洁程序，清洁开始前需对设备进行必要的拆卸和清洁，根据产品溶解性选择清洗介质，清洁所用时间、清洗介质用量、在线清洗的关键参数。与药物直接接触的设备内外表面，最后一遍必须用纯化水冲洗或用一次性洁净布以纯化水擦洗。

② 简单清洁结束后，应在设备日志上进行记录。彻底清洁结束后，悬挂"已清洁"状态标识。

③ 其他特殊情况，如与药物直接接触部分每次维修后，应及时挂"待清洁"状态标识。

④ 转移至容器清洗室清洁的部件，在转移前应先进行初步清洁：用吸尘器吸除或清洁布擦拭物品表面粉尘，或用聚乙烯袋包裹，防止粉尘飞扬。

⑤ 各设备零部件、容器具、工器具、取样装置清洁后，将待烘物及时移至烘干室或烘箱中进行烘干，烘干后及时转移至容器具存放室。

⑥ 清洁效果评价：简单清洁设备外表面无堆积物料；彻底清洁则设备内外表面均无可见残留物。

（5）房间的清场规定

① 操作间小清场：将所有物料移至中间站，生产用具、衡器、记录台、桌椅、回风口等外表面用清洁布以饮用水擦拭至目测表面整洁，收集生产废弃物，用拖把或吸尘器清洁地面，清场结束后，在房间日志上做好记录。

② 操作间大清场：将所有物料移至中间站，清理生产废弃物，用吸尘器吸除地面较多粉尘。用清洁布以饮用水擦拭生产用具、衡器、记录台、桌椅内外表面、防护栏、货架、回风口等至目测无尘。用擦窗器以饮用水擦拭照明灯罩外表面、送风口外表面、天花板、墙壁、门窗等至目测无尘。用拖把以饮用水清洁地面至目测无尘。清场结束后，挂上"已清场"状态标识。

③ 非操作间大清场或小清场完成后做好清洁记录。小清场一般每天一次，大清场每周一次或更换品种时进行。

④ 清场效果评价：小清场，房间内无物料、物品摆放整齐。大清场，房间内无物料，房间及物品内外表面目测均无尘。

3. 清场检查

① 生产后检查，清场结束后，操作人员自检合格后，进行记录，QA 签字确认。

② 生产前检查，通过检查，确保生产前生产设备及车间区域卫生符合生产要求。

二、计量器具管理

1. 计量器具必须贴有定期检定/校验合格证并确保计量器具在有效期内

计量器具无上述证件不得使用，合格证应能反映出器具类别及有效截止日期。

① 校准的量程范围应当涵盖实际生产和检验的使用范围。

② 校准记录应当标明所用计量标准器具的名称、编号、校准有效期和计量合格证明编号，确保记录的可追溯性。

③ 不得使用未经校准、超过校准有效期、失准的衡器、量具、仪表以及用于记录和控制的设备、仪器。

2. 使用与维护保养

① 对于操作复杂的计量器具，使用部门应根据说明书制订出操作规程（包含操作步骤、注意事项、维护保养等内容）。

② 计量器具须专人保管（设备上的附件除外），关键计量器具必须有使用记录。

③ 各部门的计量器具经检定/校验合格后方可使用，不合格的计量器具、没有合格证书/内校记录的计量器具、合格证/内校记录逾期的计量器具均严禁使用。

④ 计量器具的使用环境（温度、湿度等）应符合操作规程或使用说明书的要求。

⑤ 使用计量器具应严格按规程或说明书的要求，不得擅自改变操作方法，不得超量程使用，以确保测试的准确性。

⑥ 使用人员应按操作规程或使用说明书要求进行维护保养，对长期不使用的计量器具应擦洗干净并妥善保管。

⑦ 使用中发现计量器具出现异常情况、对器具性能有疑虑时，应立即停止使用，及时上报并联系检修。

3. 分类管理及周期检定制度

根据计量器具的使用场合、对示值的精度及测试要求的实际需要，将计量器具分为A、B、C三类。

（1）A类计量器具的内容和管理

① 定义：用于安全防护、医疗卫生、环境监测方面的列入国家强制检定目录的工作计量器具；用于工艺控制、质量检测对计量数据要求很高的计量器具。

② 举例：天平（砝码）、电子天平、台秤（用于生产控制或检验）、电子秤、玻璃液体温度计（用于生产控制或检验）、酒精计、压力表（用于安全防护，如安装于蒸汽管道、灭菌锅等）、氧压表、酸度计、可见分光光度计、紫外分光光度计、红外分光光度计、原子吸收分光光度计等。

③ 管理：A类计量器具应严格按照国家规定的检定周期送到国家指定部门进行周期检定。

（2）B类计量器具的内容和管理

① 定义：除A类外，其他用于工艺控制、质量检测对计量数据准确度要求较高的计量器具。

② 举例：洁净车间及空调机组上的压差计；数显式及指针式的温湿度表；配液罐上的数显温度表及温控仪；电导率仪；磅秤；滴定管；容量瓶；单标线吸管；质检处其他不属于A类的精密仪器如恒温培养箱、生化培养箱、尘埃粒子计数器等。

③ 管理：对于要求相对严格的或没有能力自行校验的B类计量器具应送到有资格的单位（计量检定部门或生产厂家）进行校验；对于有能力自行校验的计量器具，必须严格按校验规程中规定的校验环境及步骤进行校验，校验完毕后填写校验记录并保存。所有B类计量器具必须按《计量器具周期检定计划及记录》中规定的周期进行校验。

（3）C类计量器具的内容和管理

① 定义：固定安装、与设备配套不可拆卸的计量器具；安装在管路上仅起指示性作用的仪器仪表；不易拆卸且可靠性高，量值不易改变的计量器具；对计量器具无严格准确度要求的、性能不易变化的低值易耗品。

② 举例：制水系统、空调系统上的压力表；空调机组上的玻璃温度计；固定于设备上的压力表、电流、电压表；玻璃量筒等。

③ 管理：固定在设备的仪表可在设备验证时或大修时安排校验，安装在管路上的仪表及玻璃类仪表，可通过与经过检定的计量器具比对的方法判定其是否合格，所有C类计量器具的校验周期均可适当延长，不装碱液的C类玻璃仪器可一次性校验。盛装碱液的三年校验一次。C类计量器具校验后可直接录入计量器具校验计划及记录中。

4. 封存与启用

暂时不用的计量器具应到设备管理员处备案，贴上封存标志，封存的计量器具可不进行周期检定或校验。重新启用计量器具时必须经重新检定或校验，合格后方可投入使用。

5. 降级使用与报废

一般工作计量器具经校验，发现准确度下降，但误差在下一级精度范围内，可降级使用，如果性能不稳定，经相关部门维修后仍不能达到相应的精度，经使用部门主管同意并到时设备管理员处备案后可直接报废，如果属于公司固定资产，按固定资产管理流程办理。

6. 数显温度计、数显温控仪的校验

(1) 环境　温度 15～35℃，相对湿度＜80%。

(2) 条件　经计量检定的比对温度计 1 支；恒温水浴（室温至 95℃）。

(3) 校验步骤及合格标准

① 外观检查：器具应无破损，引线接触良好，开关或旋钮调节灵活。

② 示值误差：在被测仪器满量程范围内取最少三个检测点（平均分布），将温度计或温控仪的测温传感及玻璃温度计插入恒温水浴中，缓慢升温。当温度到达检定点时，读取被测仪器的示值及玻璃温度计的示值，两者之差即为示值误差。示值允许误差＝正负准确度等级(%)×满量程，示值误差应小于示值允许误差。

③ 温控仪需测定设定点误差与切换差：与温控仪的示值误差同时测定，将温控器设定值定为检测点的温度值，恒温水浴缓慢升温过程中，当温控仪切换指示灯变换时，记录玻璃温度计的读数为上切换值，然后缓慢降温，当切换指示灯变换时，记录玻璃温度计的读数为下切换值。同样方法再读取一次。两次上切换温度平均值与下切温度平均值的差值的绝对值即为切换差。两次上切换温度平均值与下切温度平均值与设定点指示温度的最大差值为设定点误差。数显温控仪的切换差应小于示值允差。数显温控仪的设定点误差应小于示值允差与分辨力之和。

7. 压差计的校验

液位式或指针式压差计可用经计量检定合格的同型号压差计进行比对校验，步骤如下。

① 校准零位：分别将比对压差计和被测压差计的"L"端和"H"端短接（或拔出高、低位软管，使"L"端与"H"端气压一致）。液位压差计垂直放置，目测水平检测窗的气泡居中，调节零位调节旋钮，使红色液面指示零位。指针式压差计应调节零位螺钉使之与零位线重合。

② 分别用三通连接比对压差计和被测压差计的"L"端和"H"端，将三通的另一端分别接至高低压侧，在不同的压差环境下测三次，分别记录比对压差计和被测压差计的示值，最大允差应小于±2Pa。

8. 温湿度表的校验

① 校验环境：常温库、阴凉库、冷库。

② 将经过检定的表与被校表放在同一环境中，待指示值稳定后，分别读取并记录标准表和被校仪表的示值。

③ 对记录数值进行如下处理：

被校表的示值误差＝被校表的读数值－标准表的读数值

被校表的最大允许误差＝被校表的精度等级(%)×被校表的测量范围

④ 根据计算出的被校表的示值误差与被校表的最大允许误差相比较的结果，判断被校仪表是否合格，给出校验结论。

9. 电压表、电流表的校验

① 电压表可在通电状况下用万用表直接并联在电压表的两个输入端进行测量。电流表可以将万用表选择合适挡位，串联在电路中，记录万用表与电流表的示值。

② 示值误差不超过被测表允许误差视为合格。

三、生产区温湿度、压差控制

1. 洁净区操作间

温湿度、压差每天上午和下午各记录一次。

2. 洁净区非操作间

按以下程序监控。

① 原辅料及中间品存放点（如物料接收室、物料暂存室、中间站、物料暂存区等）采用温湿度记录仪进行 24 小时监控，如有必要监控压差，每天上午、下午各记录一次。

② 洁净区人流出入口只监控压差，每天上午和下午各记录一次。物料出入口，在物料进出时监控压差，并记录。

③ 容器具烘干室监控温湿度和压差，每天上午和下午各记录一次。

④ 洁具清洗室、容器清洗室、清洗区只监控压差，每天上午和下午各记录一次。

⑤ 其他非操作间只监控温湿度，每天上午和下午各记录一次。

3. 生产区监控项目的可接受范围

① 温度范围：18～26℃，容器具烘干室烘干温度小于 45℃。

② 相对湿度范围：生产期间，洁净区为 45%～65%（如产品有特殊要求，按该产品工艺要求进行控制），控制区为 70% 以下。

③ 压差范围：洁净区与控制区的静压差≥10Pa；洁净区内产尘间、防爆间及特殊区域（潮湿、易污染的房间）与相邻房间的静压差≥5Pa，其中产尘间和防爆间包含粉碎称量间、制粒间、压片间、包衣间、胶囊填充间、铝塑包装间等。特殊区域包括：容器具烘干室、容器具清洗室、洁具清洗室、物料接收室等。

4. 监控程序

① 操作人员应确保温湿度计、压差表在校验有效期内。

② 操作人员每天使用前应对压差表进行零点校验：将门打开后确认压差表指针回零，如果没有回零，则由专业技术人员进行零点调节，并在监控记录的备注中注明。

③ 操作人员按 1、2 对房间温湿度、压差进行观察，并做好记录。

四、生产状态标识管理

1. 操作间状态标识

① 所有操作间均应有状态标识。

② 生产开始时，小清场时和小清场后，房间挂"生产中"状态标识，并填写房间名称、房间编号、产品名称、产品批号、规格、操作者及日期。

③ 生产结束后进行大清场，房间未清洁或正在清洁挂"待清场"或"清场中"状态标识，填写产品名称、产品批号、签名及日期；清场完毕，换"已清场"状态标识，并填写名称、编号、清洁人/日期及有效期。

2. 生产设备状态标识

① 生产设备都应有状态标识。

② 开始生产时，小清场时和小清场后，设备挂"生产中"状态标识。

③ 生产结束后对设备进行大清场时，设备未清洁或设备正在清洁时挂"待清洁"状态标识；设备清洁完毕后，换"已清洁"状态标识。

④ 需进行清洗检测或清洗验证的设备及所属房间清洁完毕后，操作人员除需进行操作间状态标识的步骤③与生产设备状态标识的步骤③的操作外，还需在房间状态标识的右上角粘贴"确认"状态标识，对存放在非操作间内的设备零配件或可移动设备，直接在"已清洁"标识右上角粘贴"确认"状态标识。操作人员通知 QA 进行目测。QA 目测合格后，在"确认"状态标识的已目测项打"√"，并通知检验人员取样。检验人员取样后，在已取样项打"√"。检验合格经 QA 确认后，在放行项打"√"，并填写"QA/日期"。若目测或检测结果不符合要求，操作人员将该房间换"待清洁"状态标识，设备换挂"待清洁"状态标识，对不合格项重新进行清洁。

⑤ 未完成验证的新设备挂"待确认"状态标识。

⑥ 待修设备挂"待修"状态标识。

3. 容器具状态标识

① 生产区流转的容器均应有状态标识。

② 容器清洗室未清洁的容器，应挂"待清洁"状态标识，填写品名、批号、签名及日期。

③ 已清洁的直接接触物料的容器具挂"已清洁"状态标识，并填写名称、编号、清洁人/日期及有效期。

④ 对需要清洗检测或清洗验证的容器具，在"已清洁"状态标识上粘贴"确认"状态标识。操作同生产设备状态标识的步骤④。

4. 物料状态标识

① 所有中间产品均应有区域状态标识。

② 车间内生产工序各中间品生产过程中，领取用于盛装中间品的容器具在领取至岗位时应做好产品标识，填写预装入产品名称、批号、规格、皮重及操作者/日期，待生产结束后入中间站时填写毛重、净重，复核者在复核标识信息后签名及日期。

③ 车间内包装工序的各中间产品，如铝塑板、塑瓶等，完成内包装的铝塑板、塑瓶在进行外包装前挂"待包装"状态标识，填写产品名称、产品批号、规格、签名及日期，并按批进行隔离。

④ 检验不合格，换"不合格"证，并进行隔离保管。

⑤ 生产过程中如发现异常，应立即停止使用，换"待处理"状态标识，并进行隔离。

⑥ 计划销毁的不可利用物料及非商业化产品等所有废弃物均贴上"待销毁"状态标识。

5. 物料标识

① 车间接收物料时，确保物料包装上有物料标识。

② 配料时，原辅料称量后装入聚乙烯袋中，按件做好物料标识，填写以下内容：物料名称、物料编号、容器号、皮重、毛重、单件净重、件数、总重、用于产品的批号、规格、标识人、复核人、日期及有效期，按批次将不同用途物料分别装入不同料桶内，并做好"产品标识"。

③ 车间内生产工序各中间品，操作人员入中间站时桶上外挂产品标识，填写内容有：产品名称、产品批号、规格、工序、容器号、皮重、毛重、单件净重、件数、有效期、标识人、复核人及日期。

④ 外包装时，本批次未能达到整箱的包装产品，做好零箱标识，填写以下内容：名称、

规格、产品批号、数量、标识人及日期。

6. 生产状态标识的管理及销毁

① 车间生产状态标识由专人管理、专柜贮存。

② 生产过程中使用过的标识由各工序操作人员放置于专用聚乙烯袋中，生产结束后，上交统一销毁。

7. 标识规定

标识规定见表 1-2。

表 1-2　标识规定

生产状态	状态标识	颜色
操作间状态	生产中	绿色
	待清场	黄色
	清场中	黄色
	已清场	绿色
生产设备状态	生产中	绿色
	待清洁	黄色
	已清洁	绿色
	待修	红色
	待确认	黄色
	确认状态	白色
容器状态	已清洁	绿色
	待清洁	黄色
	确认状态	白色
物料状态	不合格	红色
	待包装	绿色
	待销毁	红色
	待处理	黄色
	合格	绿色

五、填写生产记录表

1. 生产记录应当及时填写，内容真实、完整，不得超前记录和回顾记录

记录应当留有填写数据的足够空格。

① 及时：即要求在操作中及时记录。不提前、不滞后，记录与执行程序同步。

② 准确：要求按实际执行情况和数据填写，填写数据精度应与工艺要求和显示一致。

③ 真实：严禁不真实、不负责地随意记录或捏造数据和记录，根据实际情况，如实填写。

④ 完整：对影响产品质量的因素均应记录，对异常情况必须详细记录。记录表格中的某项没有数据或不适用时需要按规定划掉或标注，不得留有空格，如无内容填写时要用"—"或"N/A"表示，内容与前面相同时应重新抄写，不得用"〃"或"同上"表示，对于出现大批空格的部分，可用"＼"将空白处划掉或在整个区域内横贯的划"Z"线，同时

签上划线人的名字及日期。

2. 记录字迹清晰、易读、不易擦除

记录应使用黑色或蓝色的碳水笔填写，不得使用铅笔和圆珠笔，确保长时间保存仍能从记录中追溯当时生产的情况。应当尽可能采用生产和检验设备自动打印的记录、图谱和曲线图等，并标明产品或样品的名称、批号和记录设备的信息，操作人应当签注姓名和日期。

3. 日期、时间、姓名填写规定

① 日期填写规定：日期格式年月日必须按顺序写全，年份应用四位数表述，不得简写。例 2012 年 1 月 5 日，可以写成"2012.1.5"或"2012.01.05"，但不得写成"12.1.5"或"12/1/5"。按当前日期签写。若未及时记录日期，应签名及当前日期，还应注明实际操作日期及原因。

② 时间填写规定：时间应采用北京时间。小时应采用 24 小时制式，或 12 小时制式，如"9:00～19:30"等价于"9:00a.m.～7:30p.m."。小时分钟秒钟可表述为 HH:MM:SS 和 MM′SS″种格式。例：10:30:45，1′35″。

③ 姓名填写规定：应签全名，不可简写、草写或只写姓或只写名。

4. 记录的修改

① 记录应当保持清洁，不得撕毁和任意涂改。

② 记录如需修改，应在原数据处整齐划上两条线，注意应仍可辨认，在修改附近空白处写上更正的内容，并由更改者签名并注明修改日期，必要时，注明修改原因。

③ 记录如需重新誊写，原有记录不得销毁，应当作为重新誊写记录的附件保存。

④ 记录需要备注时，应在需要备注的地方注明上标符号，如"＊"、"△"或数字等，在当页备注栏进行备注说明（也可备注在其他适当页，但需做好备注说明的链接和签名确认），并由备注者签名/日期，必要时由上级主管或 QA 进行确认签名/日期。

5. 记录复核

凡对产品质量、收率、安全生产及环境保护有重要影响的工艺参数、操作过程必须由岗位复核人进行复核。

6. 记录的保存和处置

① 生产记录应保存至该批产品有效期后一年。在规定保存期限内不得遗失或擅自处理，到保存期限的生产记录需进行处置时，应填写文件销毁处置记录，由质量管理部门主管批准，批准后应在 QA 监督下销毁。

② 标识的填写要求等同记录，使用完的或废弃的物料包装的标识（状态标识、产品标识等）应及时用记号笔将原标识划去或将标志撕毁。

实训思考

1. 大清场和小清场分别适合于什么情况，应挂怎样的状态标识？
2. 简述温湿度计与压差计的校验频次。
3. 记录填写不正确时，应怎样处理？

项目三

生 产 片 剂

任务一　固体制剂备料（粉碎筛分）

【能力目标】

1. 能根据批生产指令进行备料（粉碎过筛）岗位操作
2. 能描述粉碎过筛的生产工艺操作要点及其质量控制要点
3. 会按照 FGJ-300 高效粉碎机、XZS400-2 旋涡振动筛分机的操作规程进行设备操作
4. 能对粉碎过筛中间产品进行质量检查
5. 会进行粉碎过筛岗位工艺验证
6. 会对 FGJ-300 高效粉碎机、XZS400-2 旋涡振动筛分机进行清洁、保养

背景介绍

粉碎是依靠外力（人力、机械力、电力等）克服固体物料分子之间的内部凝聚力而将其分裂的操作。大块物料分裂成小块，称为破碎；将小块物料磨成细粉，称为粉磨。破碎和粉磨又统称为粉碎。粉碎后的粉末需进行筛分（亦称为过筛）。筛分是借助筛网孔径大小将物料进行分离的方法。筛分的目的是为了获得较均匀的粒子群。粉碎、过筛一般由同一组操作人员完成。每处理一种物料必须彻底清场，清洁卫生后经检查合格方能进行另一种物料的处理。

粉碎和过筛设备应有吸尘装置，含尘空气经处理后排放。滤网、筛网每次使用前后，均应检查其磨损和破裂情况，发现问题要追查原因并及时更换。

随着原辅料加工工艺以及生产工艺水平的提高，一些产品生产工艺不需要对原辅料进行粉碎与过筛，粉碎与过筛等预处理操作会带来交叉污染的风险，应尽可能避免。

任务简介

按批生产指令选择合适设备将物料粉碎至适宜的粒度大小，并进行中间产品检查。粉碎机、筛分机已完成设备确认，进行粉碎过筛工艺验证。工作完成后，对设备进行维护与保养。

实训设备

一、粉碎设备

1. 冲击式粉碎机（高效粉碎机）

高效粉碎机由粉碎机主机、物料收集袋和除尘机组成，见图1-7。工作原理是利用活动齿盘和固定齿盘间的高速相对运动，使被粉碎物经齿盘间冲击，摩擦及物料彼此间冲击等综合作用进行粉碎。在粉碎机器壁的底部，配有筛网，比筛网尺寸小的物料经过筛网出料。粉碎的粒度由刀片的形状、大小，轴转速和筛网的孔径来调节。特点是结构简单、坚固、运转平稳、粉碎效果良好，被粉碎物可直接由主机粉碎腔中排出，粒度大小通过更换不同孔径的网筛获得。

2. 气流粉碎机（流能磨）

气流粉碎机的主要构成为粉碎室和控制叶轮，见图1-8。粉碎室的喷射系统由若干处于同一平面或三维分布的粉碎喷嘴组成。喷嘴与压缩空气分配站相连，粉碎室下部呈锥体，底面有清洗盖。物料由进料仓进入粉碎室，压缩空气通过粉碎喷嘴加速，以高于音速两倍的速度，带动原料在多喷嘴的交汇点剧烈对撞、摩擦。在强大负压差的作用下，对撞后的物料随上升气流一起运动到粉碎机上部控制叶轮的分选范围，粗颗粒被叶轮产生的强制涡流场形成的高速离心力抛向筒壁，下落继续粉碎，上升物料与下落粗粉形成了流化状态。符合细度要求的微粉则通过控制叶轮，经出料口输送到叶轮分级机、旋流分级机，被层层分级形成多个成品，少量微粉由脉冲式除尘器收集达到气固分离。净化空气由引风机排出系统。

图1-7 冲击式粉碎机

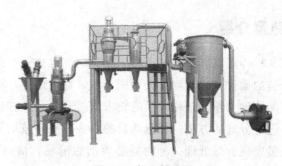

图1-8 气流粉碎机

二、筛分设备

1. 旋涡振动筛（旋振筛）

旋振筛是以立式振动电机或专用激振器为振动源，立式振动电机（或激振器）上、下端装有偏心重锤，可产生水平、垂直、倾斜的三元运动，通过调节上、下偏心重锤的相位角，改变物料在筛面上的运动轨迹以达到筛分各种物料的目的。其特点是：物料运动轨迹和振幅可调，满足不同工艺要求；颗粒、细粉、浆液均可筛分过滤；筛分效率高，既可概略分级，又可进行精细筛分或过滤；体积小、重量轻、安装移动方便；网架设计独特、换网容易，筛网寿命长、清洗方便、操作简单；全封闭，无粉尘逸散，有利于改善劳动条件；粗、细料自动分级排出，能实现自动化作业；出料口绕轴线360°任意设置，便于布置配套设备；耗能小，噪声低，满足节能、环保要求；保养简单，可单层或多层使用。如图1-9所示。

2. 电磁式往复高频筛

电磁式往复高频筛由电机、高频振动器、往复装置等组成，如图1-10。工作原理是电机带动往复装置使筛箱往复运动，同时利用2～10组高频振动器使筛网高频振动，保持筛网网孔通畅，不堵塞，并可打碎易黏结物料。通过这种复合振动方式，使物料在筛网上高效筛分。特别适用于超轻、超细、易黏结物料的筛分，分级和选型。

图1-9 旋涡振动筛

图1-10 电磁式往复高频筛

实训过程

实训设备：FGJ-300高效粉碎机、XZS400-2旋涡振动筛分机。

进岗前按进入D级区要求进行着装，进岗后做好厂房、设备清洁卫生，并做好操作前的一切准备工作。

一、粉碎筛分准备与操作

1. 生产前准备

① 检查生产现场、设备、容器具的清洁状况，检查清场合格证，核对其有效期，确认符合生产要求。

② 检查房间的温湿度计、压差表有"校验合格证"并在有效期内。

③ 确认该房间的温湿度、压差符合规定要求，并做好温湿度、压差记录，确认水、电、气（汽）符合工艺要求。

④ 检查、确认现场管理文件及记录准备齐全。

⑤ 生产前准备工作完成后，在房间及生产设备换上"生产中"状态标识。

2. 设备安装配件、检查及试运行

① 打开粉碎机主盖，安装好规定目数的筛网，筛网两头拧紧并紧固螺母，用手转动主轴时应无卡住现象，主轴活动自如。

② 检查齿盘螺栓是否松动；排风除尘系统是否运行正常。

③ 接通粉碎机电源，开启粉碎机，确保无异常情况，停机待用。

④ 打开筛分机上盖，安装好规定目数的筛网，盖上上盖，上紧卡箍。

⑤ 接通筛分机电源，开启筛分机，确保无异常情况，停机待用。

3. 生产过程

① 按批生产记录，从原辅料暂存间领取物料，确认物料名称、批号等无误，并对物料进行目检后送至称量间。

② 按称量配料准备与操作对物料、接料袋进行称量，做好记录，并进行双人复核。

③ 在粉碎机出口处扎紧接料袋，筛分机上下出口处分别扎紧接料袋。

④ 将物料加入料斗内，开启粉碎机，进行粉碎。

⑤ 粉碎完毕，进行称重，记录粉碎后物料重量。

⑥ 将粉碎后物料加入筛分机，开启筛分机进行筛分。

⑦ 如有必要，可将上出口的物料再次加入筛分机内进行筛分。

⑧ 筛分完毕，进行称重，记录筛分后物料重量。

4. 生产结束

① 将处理好的原辅料分别装于内有洁净塑料袋的洁净容器中，填写好称量标签，标明物料的名称、规格、数量、批号、日期和操作者，放在塑料袋上，交下一道工序，或放入中间品暂存间。

② 生产结束后，按清场标准操作程序要求进行清场，做好房间、设备、容器等清洁记录。

③ 按要求完成记录填写。清场完毕，填写清场记录。上报 QA 检查，合格后，发"清场合格证"，挂"已清场"状态标识。

5. 异常情况处理

① 生产过程中发现设备问题及故障，必须停机，关闭电源，及时报告，确定故障排除后，再开机生产。

② 粉碎机常见故障发生原因及排除方法见表 1-3。

表 1-3　粉碎机常见故障发生原因及排除方法

常见故障	发生原因	排除方法
主轴转向相反	电源线连接不正确	检查并重新连接
钢齿、钢锤磨损严重	物料的硬度过大或使用过长时间	更换钢齿、钢锤
粉碎时声音沉闷、卡死	加料速度过快或皮带过松	减慢加料速度；调紧或更换皮带
运转时有胶臭味	皮带过松或已损坏	调紧或更换皮带

③ 筛分机常见故障发生原因及排除方法见表 1-4。

表 1-4　筛分机常见故障发生原因及排除方法

常见故障	发生原因	排除方法
粉料粒度不均匀	筛网安装不密闭，有缝隙	检查并重新安装
设备不抖动	偏心失效、润滑失效或轴承失效	检查润滑，维修更换

6. 注意事项

① 粉碎机应空载启动，启动顺畅后，再缓慢、均匀加料，不可过急加料，以防粉碎机过载以致塞机、死机。

② 定期为机器加润滑油。

③ 每次使用完毕，必须关掉电源，方可进行清洁。

④ 旋振筛加料必须均匀，不可过多过快。

⑤ 操作时手不得伸向转动部位。

⑥ 不允许在未安装筛子和夹子未紧固的情况下开机。

⑦ 不允许在超负荷的情况下开机。

⑧ 不允许在机器运行时进行任何调整。

附1：FGJ-300 高效粉碎机标准操作程序

1. 生产前检查

① 检查生产设备的清洁状态，检查设备是否完好，应处于"设备完好"、"已清洁"状态。检查水、电是否到位，房间温湿度、压差是否正常。

② 检查设备所有紧固螺钉是否全部拧紧，发现松动后及时排除。

③ 筛网完整性检查：检查筛网是否完好，是否有磨损、破损（每批生产结束也应进行此项检查）。如发现筛网有破损，应立即报告。

④ 凡装有油杯处应注入适量润滑油，并检查旋转部分是否有足够的润滑油。

⑤ 打开活动门检查粉碎腔内是否有异物，检查料斗闸门有无卡住。

⑥ 检查上下皮带轮在同一平面是否平行，皮带是否张紧。

⑦ 检查电气部分的完整性。

2. 配件安装

① 从容器存放室领取已清洁的粉碎机配件，并确认在清洁有效期内。

② 打开主盖，将筛网卡进槽内，筛网两头拧紧并紧固螺母，用手转动主轴时应无卡住现象，主轴活动自如。

3. 操作过程

① 将接料袋结实捆扎于出料口处，再把接料袋放入专用料桶中。

② 将电源闭合，按下粉碎电机启动按钮和吸尘电机启动按钮，使机器空载运转 2～3min，应无异常噪声。

③ 运转正常后，方可加料粉碎。调节料斗闸门保持均匀加料，加料时不宜过快或过慢。

④ 粉碎过程中，可取样对粉碎物的质量情况进行检查。

4. 结束过程

① 先停止加料，让机器继续运转数分钟，以减少粉碎腔内残留物。

② 按"停止"键，停机。

5. 注意事项

① 经常检查润滑油杯的油量是否足够。

② 设备外表及内部是否洁净，需无污物聚集。

③ 运转时严禁进行任何调整、清理或检查等工作。

④ 粉碎机或电气设备均应良好地接地。

⑤ 粉碎机在无负荷情况下，转动应是无杂音的，如有不正常现象发生，应立即停机，根据故障性质加以消除。

⑥ 检查固定齿盘和转动齿盘是否磨损严重，如严重需调整安装使用另一侧，如两侧磨损严重需要换齿。

⑦ 每季度检查一次电动机轴承，检查上下皮带轮是否在同一平面内，检查皮带的松紧程度以及磨损情况，如有必要及时调整更换。

附 2：XZS400-2 旋涡振动筛分机标准操作程序

1. 生产前检查

① 检查生产设备的清洁状态，检查设备是否完好，应处于"设备完好"、"已清洁"状态。检查水、电是否到位，房间温湿度、压差是否正常。

② 检查设备各部件，紧固件有无松动，发现问题及时排除。

③ 筛网完整性检查：检查筛网是否完好，是否有磨损、破损（每批生产结束也应进行此项检查）。如发现筛网有破损，应立即报告。

2. 配件安装

① 从容器存放室领取已清洁的筛分机配件，并确认在清洁有效期内。

② 打开上盖，放好密封圈和筛网，放上上盖，上紧卡箍。

3. 操作过程

① 开机空载运转应正常，无异常噪音。

② 将洁净的接料袋捆结于出料口，并放入接收的容器中。

③ 加物料于筛盘中，开机生产。

④ 筛分过程中注意加料速度必须均匀，一次加料不要太多，否则容易溅出并影响筛分效果。

⑤ 筛分过程中，取样检查过筛物的质量情况。

4. 结束过程

① 工作完毕，关机。

② 松开锁紧装置，将上盖、筛网及密封圈卸下。

5. 注意事项

① 保证设备各部件完好可靠。

② 设备外表及内部应洁净，无污物。

③ 各润滑油杯和油嘴应每班加润滑油和润滑脂。

④ 操作前检查筛网是否完好、是否变形，维修正常后方可使用。

二、备料工序工艺验证

1. 验证目的

备料工序工艺验证主要针对粉碎机粉碎效果进行考察，评价粉碎工艺稳定性。

2. 验证项目和标准

工艺条件包括筛目大小、药粉的细度、进出料速度等。

测试程序：按规定的粉碎机转数、筛网目数和加料速度，进行生产。在粉碎特定时间取样。选取时间点应分布在粉碎开始的 1/3 部分 A、中间 1/3 部分 B 和末尾 1/3 部分 C，分别取 3 个样品，取样量保持一致。

取样后进行粉末粒度检测，计算过筛率（粉碎收率）和物料平衡。

过筛率＝通过××目筛网的粉末重量/粉末总重×100％

粉碎物料平衡＝（实收量＋尾料量＋残损量）/领料量×100％

过筛物料平衡＝（细粉量＋粗粉量＋残损量）/领料量×100％

验证通过的标准：按制定的工艺规程粉碎，粉碎后物料应符合质量标准的要求，原料粉通过××目，过筛率大于工艺规定的某一固定值（如 99％），说明粉碎、过筛工艺合理。

三、备料设备日常维护与保养

1. 粉碎机日常维护与保养

① 设备使用前应检查设备各部件是否正常。

② 设备使用结束后应及时清洁，料斗、筛网、粉碎腔等要清洁干净。

③ 清洗零部件时应轻拿轻放，机器拆装过程中注意正确顺序和位置，避免部件损坏。

④ 每次生产前，空机试运行设备，检查有无漏油、异常噪声和振动，若发现异常情况，则检查排除，必要时通知维修人员进行检修。

2. 筛分机日常维护与保养

① 设备使用前应检查设备各部件是否正常。

② 设备使用结束后应及时清洁，上盖、筛网、筛分腔等要清洁干净。

③ 清洗零部件时应轻拿轻放，机器拆装过程中注意正确顺序和位置，避免部件损坏。

④ 每次生产前，空机试运行设备，检查有无漏油、异常噪声和振动，若发现异常情况，则检查排除，必要时通知维修人员进行检修。

实训思考

1. 用于制粒时粉碎机的筛网一般选用何种规格？具体范围是多少？
2. 粉碎机先启动再加入物料还是先加入物料再启动？原因是什么？
3. 粉碎机轴转向不正确是什么原因造成的？
4. 皮带过松，如何检查和排除？
5. 转盘钢锤磨损严重如何处理？
6. 粉碎操作中设备运行声音沉闷是什么原因造成？如何处理？
7. 旋涡振动筛分机工作的基本原理是什么？
8. 如何更换旋涡振动筛分机的筛网？

任务二　称量配料

■【能力目标】

1. 能根据批生产指令进行称量配料岗位操作
2. 能描述称量配料工艺操作要点及其质量控制要点
3. 会按照 TCS-150 电子秤的操作规程进行设备操作
4. 会对 TCS-150 电子秤进行日常维护和保养

背景介绍

配料前应按领料单先核对原辅料品名、规格、代码、批号、生产厂、包装情况。处方计算、称量及投料必须复核，操作者及复核者均应在记录上签名。配好的料应装在洁净容器内，容器内、外都应有标签，写明物料品名、规格、批号、重量、日期和操作者姓名。

配料方式有手动配料和自动配料两种。

手动配料除需要配套合适的称量衡器外，建议配备局部除尘设施。设有初、中、高效过滤器，采用自循环的方式运行，垂直向下出风，该方式可以有效控制粉尘不会飞扬。粉尘全部收集在初效过滤袋中，同一产品定期或者根据压差指示进行更换，不同活性成分更换不同过滤袋，既可避免空气污染也避免了交叉污染。对高致敏物料可在配有半身或装有手套孔的独立柜子中进行操作。

自动配料是使物料从贮料容器中被卸载并以受控的方式进入接收容器，在接受容器中物料被称量。通常采用重力卸载或启动输送的方式进行物料转移。当所需重量的物料被分配至接收容器时，下料系统会自动停止，然后分配下一种物料。

任务简介

按所需称量物料的重量选择称量器具，依据称量器具使用标准操作规程进行物料称量，确保称量的准确性。按处方量进行配料。工作完成后，对设备进行维护与保养。

实训设备

电子秤

电子秤是国家强制检定的计量器具，未按照规定申请计量检定，或者经检定后不合格的，不予使用。

1. 置零键作用

确保零位指示灯亮。若在秤盘上有大于 $d/4$（d：感量，该台秤的最小刻度）的非被称量重物时，即使显示窗显示零，零位指示灯也不会亮，只有按"置零"键后，零位指示灯才亮。

2. 去皮键作用

① 去皮功能，即当包装袋置于秤盘上后，按"去皮"键，去皮灯亮，显示器显示零，此时，再拿掉包装袋，去皮灯亮、零位灯也亮、显示器显示出负的皮重量。

② 改变皮重，即只要将新的包装袋置于秤盘上，按"去皮"键，则自动改变了皮重。

③ 清除皮重功能，此时必须拿掉秤盘上重物，然后按"去皮"键，则皮重自动清除。需要注意的是，当使用另一专用秤盘时，不能将其放在原秤盘上并在"去皮"状态下长期使用，因为这会使零位自动跟踪功能丧失而引入零位漂移，影响秤的准确度，应该将原秤盘换上新的专用秤盘后再开启电源，使零位指示灯亮。

实训过程

实训设备：TCS-150 电子秤。

进岗前按进入 D 级洁净区要求进行着装，进岗后做好厂房、设备清洁卫生，并做好操作前的一切准备工作。

一、称量配料准备与操作

1. 生产前准备

① 检查生产现场、设备及容器具的清洁状况，检查"清场合格证"，核对其有效期，确认符合生产要求。

② 检查房间的温湿度计、压差表有"校验合格证"并在有效期内。

③ 确认该房间的温湿度、压差符合规定要求，并做好温湿度、压差记录，确认水、电、

气（汽）符合工艺要求。

④ 检查、确认现场管理文件及记录准备齐全。

⑤ 生产前准备工作完成后，在房间及生产设备换上"生产中"状态标识。

2. 设备校验

① 确认电子秤水平状态正常。

② 开机，进行零点校正，确认零点正常。

③ 操作人员戴上手套，根据测量范围选择标准砝码进行校验，校验合格方可投入使用。

3. 生产过程

① 根据生产指令，到原辅料暂存间领取加工好的原辅料，并进行双人核对、签名。

② 按投料计算结果进行称量配料操作，双人核对，逐项进行配制、记录。

③ 配料时将各种处理好的原辅料按顺序排好，依照批生产记录，按所需称量物料的重量选择称量器具，依据称量器具使用标准操作规程进行称量。

④ 配料桶进行编号，做好物料状态标识。标明物料名称、批号、皮重、毛重、净重、件数、总重、用于产品的批号、规格、配制人、复核人、配制日期等内容。

⑤ 每称完一种原辅料，将称量记录详细填入生产记录。

⑥ 配制完毕后再进行仔细核对检查，确认正确后，双人核查签字。

4. 生产结束

① 剩余物料退回原辅料暂存间，对所用量及剩余量进行过秤登记，并标明品名、规格、批号、剩余数量，备下批使用或按退库处理。

② 生产结束后，按清场标准操作程序要求进行清场，做好房间、设备、容器等清洁记录。

③ 按要求完成记录填写。清场完毕，填写清场记录。上报 QA 检查，合格后，发"清场合格证"，挂"已清场"状态标识。

5. 注意事项

① 配料称量实行双人复核制度。

② 毒剧药品、麻醉药品、细贵药品与精神药品应由 QA 人员监督投料，并记录。

③ 安全使用水、电、气（汽），操作间严禁吸烟和动用明火。

④ 开启设备时应注意操作是否在安全范围之内，穿戴好工作服和手套，以免在工作中受伤。

⑤ 在称量或复核过程中，每个数值都必须与规定值一致，如发现有偏差，必须及时分析，并立即报告，直到做出合理的解释，由生产部与质量管理部有关人员共同签发，方可进入下一步工序，同时在批记录上详细记录，并有分析、处理人员的签名。

附：电子秤使用标准操作规程

1. 生产前检查

① 检查生产设备的清洁状态，检查设备是否完好，应处于"设备完好"、"已清洁"状态。检查水、电是否到位，房间温湿度、压差是否正常。

② 检查电子秤是否处于水平。

③ 若电子秤被拆卸或非整体水平移动后则需重新进行确认。

2. 操作过程

（1）天平校验

① 每天使用前均需用砝码进行校验。

② 接通电源，按下"清零"键，进行零点校正，确定零点状态正常。

③ 戴上手套，根据不同测量范围选择标准砝码进行校验。

（2）天平使用

① 称量物料前，对电子秤进行清零，再进行称量。

② 将物料置于秤台进行称量，待仪表上的数值稳定，该数值便是此次称量的毛重数。

③ 当称同一物体或同一批数量的物体时可采用按"累计"键把单次重量进行贮存，在称完之后再按"累计重示"键可显示出此次所称物体的毛重。如想随时察看累计重量，按"累计重示"键，则显示已累计次数及累计重量值，保持 2s 后，返回称重状态。如想长时间察看，则按"累计重示"键不放。如清除累计可同时按"扣重"和"累计重示"键，即可清除累计结果，此时累计指示符号熄灭，中途开、关机后，累计结果丢失。

④ 被称物体需要去皮时，将物体置于秤台上，待显示稳定后，按"扣重"键，即完成去皮重程序，此时仪表显示净重为"0"，扣重标志符号亮。

⑤ 每种物料称量后需用清洁布以饮用水拧干后擦拭外表面至目测无明显物料黏附。

3. 结束过程

称重完毕后按"开/关"键便进入关机状态。

4. 注意事项

① 在配制称量过程中，实际称量值与理论称量差值不超过±5‰。

② 处方量有效位数与电子秤显示有效位数不一致时，按四舍五入法进行称量。

二、电子秤的日常维护和保养

① 使用时应注意仪表显示情况，如电力不足应先充电再使用。

② 使用时应注意仪表是否自动回零，以确保称量的准确性。

③ 将所需称量的物体轻轻放在秤台上，不能过急、用力过猛、超重等，否则影响称量的准确性。

④ 在使用过程中切勿把水溅在仪器上，除正常按触键位外切勿使用尖锐的东西按键，以防止仪器损坏。

⑤ 使用完毕后，应及时关机并做好秤台、仪器清洁工作。

⑥ 清理时禁止使用丙酮或酒精清洁仪表，可用干净的布擦拭。

⑦ 当称量不准确时，不要随意打开仪器机壳，必须由专业人员检修。

实训思考

1. 称量岗位的作用是什么？

2. 电子秤使用前校验的步骤是什么？

任务三 制 粒

【能力目标】

1. 能根据批生产指令进行制粒岗位操作
2. 能描述制粒的生产工艺操作要点及其质量控制要点
3. 会按照 HLSG-50 湿法混合制粒机、FL-5 型沸腾干燥制粒机操作规程进行设备操作
4. 能对制备的颗粒进行质量检查
5. 会进行制粒岗位工艺验证
6. 会对 HLSG-50 湿法混合制粒机和 FL-5 型沸腾干燥制粒机进行清洁、保养

背景介绍

制粒就是将粉状物料加工成颗粒的操作。根据物料情况选择是否干燥，常作为压片和胶囊填充前的物料处理步骤，以改善粉末的流动性，防止物料分层和粉尘飞扬。

制粒分为湿法制粒和干法制粒两种。采用湿法制粒时，要完成制软材、制湿粒、干燥、整粒。制湿粒的方法有挤压制粒、高速搅拌制粒、流化床制粒、喷雾制粒、挤出滚圆制粒等。不同制粒方法制得的颗粒形状、大小、强度、崩解性、压缩成型性也不同。干法制粒完成预混合即可制粒，且不需干燥。

制粒操作时应注意使用的容器、设备和工具应洁净、无异物。一个批号分几次制粒时，颗粒的松紧要一致。采用高速搅拌制粒时，按工艺要求设定干混、湿混时间以及搅拌桨和制粒刀的速度和加入黏合剂的量。当混合制粒结束时，彻底将混合器的内壁、搅拌桨和盖子上的物料擦刮干净，以减少损失，消除交叉污染的风险。

干燥可采用烘箱干燥和流化床干燥。烘箱干燥应注意控制干燥盘中的湿粒厚度、数量，干燥过程中应按规定翻料，并记录。流化床干燥时所用空气应净化除尘，排出的气体要有防止交叉污染的措施。操作中随时注意流化室的温度、颗粒流动情况，应不断检查有无结料现象。更换品种时应更换过滤袋。定期检查干燥温度的均匀性。

将干燥后的颗粒再给予适当地粉碎以使结块、粘连的颗粒散开得到大小均匀一致的颗粒，称为整粒。一般采用过筛的方法进行整粒。

任务简介

按批生产指令选择合适的制粒设备将固体物料制备成符合粒度要求并加以干燥的粒状物料。已完成设备验证，进行制粒工艺验证。工作完成后，对设备进行维护与保养。

实训设备

一、制粒可选设备

1. 流化床制粒机

流化床制粒机如图 1-11 所示，又称一步制粒机，是使药物粉末在自下而上的气流作用下保持悬浮的流化状态，黏合剂液体向流化层喷入使药物粉末聚结成颗粒的设备。混合、制粒、干燥集中在同一密闭容器内完成，运作快速、高效，并避免粉尘飞扬、泄漏和污染。操

作时物料装入容器中，从流化床底下通过筛板吹入适宜温度的气流，使物料在流化状态下混合均匀，然后开始喷入黏合剂液体，粉末开始聚结成粒，经过反复喷雾和干燥，当颗粒大小符合要求时停止喷雾，形成的颗粒继续在床层内送热风干燥制得干颗粒。

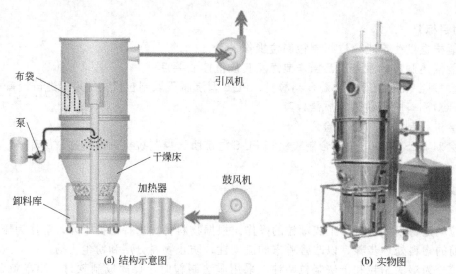

(a) 结构示意图　　　　　　　　(b) 实物图

图 1-11　流化床制粒机

黏合剂喷入方向有两种，一种顶部喷枪，喷入流动粉末上方；一种底座上有喷枪，喷嘴位于导流管内，导流管的作用是保证恒定流量的粉末在喷射角内。后一种方式通常用于微丸包衣。

2. 高速搅拌制粒机

高速搅拌制粒机如图 1-12 所示。将粉体物料与黏合剂在圆筒（锥形）容器中由底部搅拌桨充分混合成湿软物料然后由侧置的高速切割刀切割成均匀的湿颗粒。特点充分密封驱动轴，清洗时可切换成水，较传统工艺减少 25％黏合剂，干燥时间缩短。每批仅干混 2min，造粒 1～4min，功效比传统工艺提高 4～5 倍。在同一封闭容器内完成干混-湿混、制粒。手工上料产尘量大，采用管道将料桶与制粒机密闭连接，真空上料。黏合剂可配制成溶液加入，传统黏合剂如淀粉、明胶，需要加热成为胶体，则选择有夹套加热的黏合剂溶液的制备系统。当前的趋势是将黏合剂粉末直接加入干粉混合物中，只有润湿剂需要单独加入。

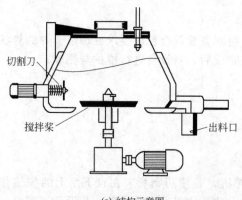

(a) 结构示意图　　　　　　　　(b) 实物图

图 1-12　高速搅拌制粒机

目前常见的方式是将高速混合制粒机和流化床干燥器结合在一起制粒。

3. 挤压式摇摆颗粒机

挤压式摇摆颗粒机如图1-13所示。物料采用适当的黏合剂制成软材后，用强制挤压的方式使其通过具有一定大小筛孔的孔板或筛网而制得湿颗粒。此类设备有螺旋挤压式、旋转挤压式、摇摆挤压式。先经过混合机干混，并加入黏合剂，制成软材，再通过挤压式进行制粒。黏合剂的加入量、加入方式、速度、混合时间、桨转速、桨叶形状对软材质量有显著影响。筛网孔径或挤压轮上的孔的大小则决定了颗粒的大小。

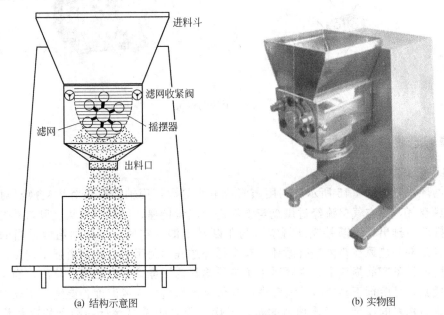

(a) 结构示意图　　　　　　　　　　　　　　　　　(b) 实物图

图1-13　挤压式摇摆颗粒机

4. 喷雾制粒机

将药物溶液或混悬液用雾化器喷雾于干燥室内的热气流中，使水分迅速蒸发以直接制成球状干燥细颗粒。在数秒内完成原料液的浓缩、干燥、制粒的过程，原料液的含水量可在70%～80%。干颗粒可连续或间歇出料，废气由干燥室下方的出口流入旋风分离器，进一步分离成固体粉末，经风机和袋滤器后排出。喷雾制粒机的雾化器是关键零件。常用雾化器有压力式雾化器、气流式雾化器、离心式雾化器。

5. 干法制粒机

干法制粒机又称为辊压式制粒机，如图1-14所示，是利用物料中的结晶水，直接将物料脱气预缩通过液压作用于压轮挤压成薄片，再经过粉碎整粒，分级除尘回收等工艺制成满足工艺要求的颗粒。特别适用于传统湿法制粒无法操作的，湿、热条件下不稳定药物的制粒。可能影响薄片形成以及颗粒特性的关键辊压参数有：辊压压力、进料速度、进料夹角等。粉末原料应能稳定进料，不稳定的进料速度会导致泄漏量超出范围，甚至影响颗粒分布与其堆密度和强度。在辊压之前增加真空吸气装置，可使料斗内锁住的空气抽出，从而保证粉料均衡进料。粉料随双螺旋挤压杆进入夹角，此时粉料与辊轮的摩擦力产生推力使其穿过辊压区。在辊压区，粉料被高度密度化，粉粒被挤压变形或变碎，最后辊压缝最窄处形成薄片。此时的真空压力、液压压力等影响了颗粒的特性，而其后的碾磨和筛网控制颗粒成合适大小。

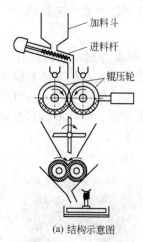

加料斗
进料杆
辊压轮

(a) 结构示意图

(b) 实物图

图 1-14　干法制粒机

二、干燥可选设备

1. 热风循环烘箱

热风循环烘箱如图 1-15 所示。利用蒸汽或电为热源，用轴流风机对热交换器对流换热的方式加热空气，热空气层流经过烘盘与物料进行热量传递。新鲜空气从进风口补充，废湿热空气从排湿口排出，不断补充新鲜空气与不断排出湿热空气，保持烘箱内适当的相对湿度。其特点是部分热风在箱内进行循环，整个循环过程为封闭式，从而增强了传热，节约了能源。采用该设备产品损耗少，主要适用于少量物料的干燥，如产品研发阶段，当主料用量很少又很贵重，且溶剂不易燃时。需考虑的参数有入风量、入风温度、湿度、干燥时间，干燥盘的摆放、物料的厚度、干燥物料的量，干燥过程是否需要翻盘和翻盘的次数均需经过验证。

2. 流化床干燥机

流化床干燥机如图 1-16 所示。利用有孔的板或气体分散的盘，使热空气均匀接触湿物料，使物料呈沸腾状态，水分被热空气向上带走，经过气固分离装置（如袋滤器）截住所有颗粒。利用袋滤器的抖动来收集截住的物料，也有采用不锈钢滤器，再用反吹的压缩空气将过滤器上的产品吹落，在过滤器下游配有风机，创造负压环境，以保证最少的粉尘泄漏。关键控制参数有入风速度、流量、入风温度、湿度、集尘滤袋材质和致密度等。

三、整粒可选设备——粉碎整粒机

整粒机多用于粗颗粒原料的粉碎和整粒、块状原料的粉碎和整粒、结块原料的分解。加工的原料进入粉碎整粒机的进料口后，落入锥形工作室，旋转回转刀对原料起旋流作用，并以离心力将颗粒甩向筛网面，同时由于回转刀的高速旋转与筛网面产生剪切作用，颗粒在旋转刀与筛网间被粉碎成小颗粒并经筛网排出。粉碎的颗粒大小，由筛网的数目、回转刀与筛网之间的间距以及回转转速的快慢来调节。原料粉碎、湿料制粒、干料整粒，不符合要求的药片，需回收利用的可按颗粒度的大小要求进行整粒。

实训过程

实训设备：HLSG-50 湿法混合制粒机、FL-5 型沸腾干燥制粒机。

图 1-15 热风循环烘箱

图 1-16 流化床干燥机

进岗前按进入 D 级洁净区要求进行着装，进岗后做好厂房、设备清洁卫生，并做好操作前的一切准备工作。

一、制粒准备与操作

1. 生产前准备

① 检查生产现场、设备及容器具的清洁状况，检查"清场合格证"，核对其有效期，确认符合生产要求。

② 检查房间的温湿度计、压差表有"校验合格证"并在有效期内。

③ 确认该房间的温湿度、压差符合规定要求，并做好温湿度、压差记录，确认水、电、气（汽）符合工艺要求。

④ 检查、确认现场管理文件及记录准备齐全。

⑤ 生产前准备工作完成后，在房间及生产设备换上"生产中"状态标识。

2. 设备检查试运行

① 将设备、工具和容器用 75％乙醇溶液擦拭消毒。

② 设备试运行，开启混合制粒机、流化床干燥机、整粒机等设备，确保无异常情况，停机待用。

3. 生产过程

（1）领料 按批生产记录，向物料暂存室领取物料，确认品名、批号、桶号无误，运送至制粒间待用。

（2）制黏合剂 按批生产记录核对黏合剂及溶剂数量、名称、桶号，配制黏合剂，配制过程采用双人复核。

（3）投料 打开桶盖检查聚乙烯袋袋口密封捆扎，再次双人复核物料名称、数量、桶号等。按批生产记录要求的顺序及方式进行投料。

（4）预混合 按批生产记录设定搅拌桨转速和搅拌时间，进行预混合。

（5）制软材 按批生产记录设定搅拌桨转速、运行时间，加入黏合剂，开始制软材，制成合适的软材。

（6）制湿粒 按生产工艺设定搅拌桨转速、制粒刀转速和制粒时间，将软材制成均匀的湿颗粒。

（7）出料 将湿颗粒出料至容器中，再检查物料是否出尽，如有必要进行人工出料，将制粒锅内的物料完全出尽。

（8）干燥方式　流化床干燥、烘箱干燥。

① 流化床干燥：按生产工艺设定进风温度、进风量对流化床预热；预热结束后，加入物料。设定进风温度、进风量，待物料达到规定物料温度或出风温度时，岗位操作人员取样，送中控室或分析室检测，待检测合格，再进行整粒。

② 烘箱干燥：将湿颗粒平铺至烘盘，每个烘盘物料高度不超过 2cm。设定温度进行干燥。每隔一段时间对物料进行翻动，烘盘位置上下左右进行交换。经过规定时间干燥后冷却。

（9）整粒　选择合适的筛网规格、垫片厚度，控制转子转速，将干颗粒通过整粒机进行整粒。取适量物料进行干燥失重检测。

4. 生产结束

① 整粒结束后，将干颗粒进行称重，做好产品标识，贮存于中间站。

② 生产结束后，按清场标准操作程序要求进行清场，做好房间、设备、容器等清洁记录。

③ 按要求完成记录填写。清场完毕，填写清场记录。上报 QA 检查，合格后，发"清场合格证"，挂"已清场"状态标识。

5. 异常情况处理

① 生产过程中发现设备问题及故障，必须停机，关闭电源，及时报告，确定故障排除后，再开机生产。

② 颗粒干燥失重失控时，要及时报告 QA 进行处理。

③ 在投料时发现有异物应立即停止生产并及时报告 QA。

④ 湿法制粒过程中，常遇到的问题及解决办法见表 1-5。

表 1-5　湿法制粒过程中常遇到的问题及解决办法

常遇到的问题	产生原因	解决办法
颗粒过松	黏合剂用量不够或黏性不够	根据产品工艺程序适当增加黏合剂用量
	制粒时间过短	增加制粒时间
颗粒过湿	黏合剂用量过多	适当降低搅拌桨转速，防止物料堵塞，并在流化床干燥初始阶段加大进风量
流化床过滤袋堵塞	有较多的物料黏附在过滤袋上	手动振荡过滤袋，或加大振荡频率
流化床塌床物料结块	流化床风量不够，物料堆积于筛网上无法沸腾	1. 适当加大风量 2. 将结块物料去除，手工过筛，再进行干燥

⑤ 湿法混合制粒机常见故障发生原因及排除方法，见表 1-6。

表 1-6　湿法混合制粒机常见故障发生原因及排除方法

常见故障	发生原因	排除方法
出料门速度不当	1. 单向节流阀调节不当 2. 电磁阀排气量调节不当	1. 调整单向节流阀 2. 调整电磁阀排气回路节流阀
运行、制粒、搅拌不工作	观察状态显示，如显示"准备"状态时锅盖未降下或清洗门柄盖未旋紧，急停按钮来复位	将锅盖放下，旋紧柄盖。旋转释放其急停按钮，使状态显示为"就绪"状态
运动中电机停转	观察变频器故障显示状态	对照变频器说明书，查原因改参数
触摸屏出现"?"	通讯线接触不良	检查通讯线插头、插座
未成颗粒（程序未完成自动出料）	峰值电流设定过低	调高峰值电流值

续表

常见故障	发生原因	排除方法
指令开关拨至进气位置无气	管路阻塞或膜片阀圈烧坏	通管路、更换线圈
指令开关拨至进水位置无水		

⑥ 沸腾制粒机常见故障发生原因及排除方法见表1-7。

表1-7　沸腾制粒机常见故障发生原因及排除方法

常见故障	产生原因	排除方法
流化状态不佳	1. 长时间没有抖动，布袋上吸附的粉末太多 2. 滤袋没有锁紧 3. 床层负压过高，粉末吸附在袋滤上 4. 各风道发生阻塞，风道不畅通 5. 油雾器缺油	1. 检查过滤抖动气缸 2. 检查锁紧气缸 3. 调小风门的开启度，抖动过滤袋 4. 检查并疏通风管 5. 油雾器加油
排出空气中的细粉末	1. 过滤袋破裂 2. 床层负压过高将细粉抽出 3. 滤袋破旧	1. 检查过滤袋，如有破口、小孔，必须补好，方能使用 2. 调小风门开启度 3. 更换滤袋
制粒时出现沟流或死角	1. 颗粒含水量过高 2. 湿颗粒进入原料容器里放置过久 3. 温度过低	1. 降低颗粒水分 2. 先不装足量，等其稍干后再将湿颗粒加入；颗粒不要久放料容器中；启动鼓造按钮将颗粒抖散 3. 升温
干燥颗粒时出现结块现象	1. 部分湿颗粒在原料容器中压死 2. 抖动过滤袋周期太长	1. 启动鼓按钮将颗粒抖散 2. 调节抖袋时间
制粒操作时分布板上结块	1. 压缩空气压力太小 2. 喷嘴有块状物阻塞 3. 喷雾出口雾化角度不好	1. 检查喷雾开闭情况是否灵活在可靠，调节雾化压力 2. 调节输流量，检查喷嘴排除块状异物 3. 调整喷嘴的雾化角度
制粒时出现豆粒大的颗粒且不干	雾化质量不佳	1. 调节输液量 2. 调节雾化压力
蒸汽压力不足够，温度达不到要求	1. 换热器未正常工作 2. 疏水器出现故障	1. 检查换热器，处理故障 2. 排除疏水器故障放出冷凝水

附1：HLSG-50湿法混合制粒机标准操作规程

1. 生产前检查

① 检查生产设备的清洁状态，检查设备是否完好，应处于"设备完好"、"已清洁"状态。检查水、电是否到位，房间温湿度、压差是否正常。

② 接通水源、气源、电源，检查设备各部件是否正常。水、气压力是否正常，气压调至0.5MPa。

③ 打开控制开关，操作出料的开关按钮，检查出料塞的进退是否灵活，运动速度是否适中，如不理想可调节气缸下的接头式单向节流阀。

④ 开动混合搅拌浆和制粒刀运动时无刮器壁，观察机器的运转情况，无异常声音情况后，再关闭物料缸和出料盖。

⑤ 检查各转动部件是否灵活，安全联锁装置是否可靠。

2. 操作过程

① 打开控制面板电源，将气阀旋转到通气位置，检查气压是否符合要求，所有显示灯红灯亮，检查确认"就绪"灯，指示灯亮。

② 打开物料缸盖，将原辅料投入缸内，然后关闭缸盖。

③ 把操作台下旋钮旋至进气的位置。

④ 手动操作模式：启动搅拌桨、制粒刀，设定搅拌桨、制粒刀的转速由最小调至中低速，预混合一段时间，再调至中高速；加入黏合剂，搅拌至适宜湿颗粒。

⑤ 自动操作模式：设定参数，选择自动模式，启动程序即可完成。

⑥ 将料车放在出料口，按出料按钮，出料时黄灯亮，搅拌桨、制粒刀继续转动直至物料排尽为止。

3. 结束过程

① 生产结束，对设备内外表面进行清理，按设备清洁要求进行清洁。

② 工作结束，关闭水、电、气源。

4. 注意事项

① 试机前检查切割刀、搅拌桨的垫圈是否安装到位。检查切割刀是否向顺时针方向旋转；搅拌桨是否刮到锅底。

② 预混合前应做好喷浆测试。

附2：FL-5型沸腾干燥制粒机标准操作程序

1. 生产前检查

① 检查生产设备的清洁状态，检查设备是否完好，应处于"设备完好"、"已清洁"状态。检查水、电是否到位，房间温湿度、压差是否正常。

② 检查设备各部件、紧固件有无松动，发现问题及时排除。

③ 按岗位工艺指令核对物料品名、规格、批号、数量、合格标签等。

2. 配件安装及试运行

① 安装捕集袋。

② 接通电、气源，打开送风阀门。

③ 安装温度传感器，如采用设备进行制粒或喷雾干燥，需安装合适的喷枪。

④ 在操作屏上按下"按此键进入操作画面"，即进入设备操作画面。

⑤ 按下"参数设定"，进入参数设定页面，设定进风温度、进风量、抖袋时间和间隔时间等参数。

⑥ 按下"操作画面"，回到操作主画面。

⑦ 按程序启动→容器升→风机启动→手动→加热→干燥，进行流化床预热。

3. 操作过程

① 将物料加入原料容器中，推至喷雾室下方。

② 按"2. 配件安装及试运行"的步骤⑦进行物料预热。

③ 顶喷制粒：调节进风温度、进风量、蠕动泵转速、雾化压力、物料温度，开启喷雾进行顶喷制粒。

④ 干燥：设定进风温度、干燥温度等，当物料达到规定物料温度或出风温度时，岗位操作人员取样，送中控室检测干燥失重。待检测合格后，方可进行下一道工序。

⑤ 颗粒符合要求后，停止加热，待温度降到一定程度，风机停止。降下容器，取下物料温度传感器，推出原料容器出料。

4. 结束过程

① 生产结束，对设备内外表面进行清理，按设备清洁要求进行清洁。

② 工作完毕，断开电源，关闭水阀门，关闭压缩空气阀门。

5. 注意事项

① 拆卸过滤袋时严禁设备下站人。

② 推出原料容器前，务必取出物料温度传感器。

附 3：FZB-300 整粒机标准操作程序

1. 生产前检查

① 检查生产设备的清洁状态，检查设备是否完好，应处于"设备完好"、"已清洁"状态。检查水、电是否到位，房间温湿度、压差是否正常。

② 检查各转动部件是否灵活，安全联锁装置是否可靠。

③ 检查设备各部件，紧固件有无松动，发现问题及时排除。

2. 配件安装及试运行

① 选择合适大小的筛网，将筛网套在出料筒上，并拧紧出料筒与工作腔连接螺母。

② 根据需要调整回转刀与筛网之间的间距：用专用扳手固定回转轴逆时针方向旋转回转刀，并取下回转刀；调换调整垫片（调整垫片厚度增加，则回转刀与筛网的间距减少。相反，减少调整垫片厚度，则回转刀与筛网的间距增大。但要注意回转刀与筛网的间距不得小于 0.25mm，否则将损坏筛网）。

③ 顺时针方向旋转安装回转刀，用专用扳手固定回转轴，安装筛网，拧紧出料筒与工作腔连接螺母。

④ 空载试运行，确认无异常。

3. 操作过程

① 将贮存加工成品的布袋口扎紧在出料筒口上。

② 打开料斗盖，加入所需粉碎、整粒加工的物料，并盖上料斗盖。

③ 打开电源，启动开机按钮，调节调速变频器至适宜转速。

④ 逐渐拉开进料闸板，使物料进入工作腔进行加工。

4. 结束过程

① 停止加料，至整粒腔内无异物，调节调速变频器使转速为零，按下"关闭"按钮及电源。

② 对设备内外表面进行清理，按设备清洁要求进行清洁。

5. 注意事项

① 每一次往整粒机料斗中加入颗粒都不可太多，应等槽内颗粒减少后方可进行追加颗粒，防止因加料过多造成机器堵塞。

② 整粒过程中，要注意颗粒的性状和色泽。

附4：颗粒的质量控制检测规程

干颗粒质量控制检测项目有干燥失重、固体密度、粒径分布；总混后颗粒的质量控制检测项目有固体密度和粒径分布，方法相同。

（1）干燥失重

① 打开红外水分测定仪，进行预热。如连续测定几个样品时，仅需第一次检测前预热即可。

② 除另有规定外，一般以 Auto 和 105℃测定。

③ 清零。

④ 除另有规定外，一般取 4～5g 样品量平铺样品盘。

⑤ 盖上盖子检测。

（2）固体密度

① 取 100ml 量筒放置天平，去皮。缓缓加入供试品 50～100ml，记录供试品重量及供试品体积，按下式计算松装密度：

$$松装密度＝供试品重量/供试品体积$$

② 将量筒放入振实仪，选择振动方式（振动距离 3mm，振动频率 250 次/min），振动 500 次，记录供试品振动后体积；继续振动 750 次，若前后两次体积差在 2% 以下，便可判为终点，若达不到要求，继续振动 750 次直至达到终点。记录最后一次振动后的体积，按下式计算振实密度：

$$振实密度＝供试品重量/供试品最后一次振动后体积$$

（3）粒径分布

① 按要求选择合适规格的分析筛，称定并记录各个分析筛及底盘的皮重。

② 将分析筛按孔径从大到小，从上至下排列，最下面放底盘。

③ 一般称取 50～100g 供试品，放入最顶端的分析筛中，将准备好的一系列分析筛放入振动筛，振动约 5min 后，将分析筛小心移下，称定每个分析筛及底盘中样品重量。若两次测定中，所用分析筛中样品重量差均在 5% 以内，便可判断为终点，计算样品的颗粒分布率。若达不到此要求，则继续振动 5min 直至达到要求。

二、制粒工序工艺验证

1. 验证目的

制粒工序工艺验证主要针对制粒机所制备的颗粒效果进行考察，评价制粒工艺稳定性。

2. 验证项目和标准

工艺条件包括预混时间、黏合剂用量、搅拌转速、制粒刀转速、制粒时搅拌转速、搅拌制粒时间、干燥温度和时间。

验证程序：按制定的工艺规程制粒。在 3 个不同的部位分别取样，取样量保持一致。

检测水分、含量、固体密度、外观。计算制粒收率和物料平衡。

$$制粒收率＝总混合后颗粒总量/（投入原辅料量＋投入粉头量）×100\%$$

$$制粒物料平衡＝（总混合后颗粒总量＋粉头量＋可见损耗量）/（投入原辅料量＋$$
$$投入粉头量）×100\%$$

验证通过的标准：按制定的工艺规程制粒，所生产的颗粒应符合质量标准的要求。

三、整粒工序工艺验证

1. 验证目的

确认该过程能对团块、大颗粒进行整粒，产生分布均匀的干颗粒。

2. 验证项目和标准

按标准操作规程进行整粒，取样测定颗粒的堆密度、粒度范围。

合格标准：整粒前后颗粒的堆密度之差应≤0.2g/ml，整粒后的颗粒能全部通过××目筛，小于100目的细粉不应超过总重的10%。

四、制粒岗位设备日常维护与保养

1. 湿法混合制粒机日常维护及保养

① 检查设备连接压缩空气管线有无泄漏、真空管有无破损。

② 检查搅拌桨以及切割刀是否安装正确可靠。

③ 检查真空泵油位是否正常，油质是否变化，必要时更换或加注真空泵油。清洁真空泵空气过滤器。

④ 检查出料活塞是否灵活、到位，清洗喷头是否正常。

2. 沸腾干燥制粒机日常维护与保养

① 风机要定期清除机内的积灰、污垢等杂质，防止锈损、第一次拆修后应更换润滑油。

② 进气源的油雾器要经常检查，在用完前必须加油，润滑油为5″、7″机械油，如果缺油会造成气缸故障或损坏，分水滤气器有水时应及时排放。

③ 喷雾干燥室的支撑轴承转动应灵活，转动处定期加润滑油。

④ 设备闲置未使用时，应每隔十天启动一次，启动时间不少于1h，防止气阀因时间过长润滑油干枯，造成气阀或气缸损坏。

⑤ 清洗：拉出原料容器，喷雾干燥室，放下滤袋架，关闭风门，用有一定压力的自来水冲洗残留的主机各部分的物料，特别对原料容器内气流分布板上的缝隙要彻底清洗干净。冲洗不了的可用毛刷或布擦拭。洗净后，开启机座下端的放水阀，放出清洗液。特别对过滤袋应及时清洗干燥，烘干备用。

实训思考

1. 造成摇摆式颗粒机制粒不均匀的原因是什么？
2. 简述沸腾干燥制粒机的正确操作程序。
3. 如何判断物料的干燥程度？如何把握干燥的时间和温度？
4. 使用快速混合制粒机混合时发生物料从缸盖逸出是什么原因？
5. 整粒机有哪些用途？
6. 为保证颗粒剂的粒度符合要求，应如何选取整粒筛网？

任务四 总 混

■【能力目标】

1. 能根据批生产指令进总混岗位操作
2. 能描述总混的生产工艺操作要点及其质量控制要点

3. 会按照 HDA-100 型多向运动混合机的操作规程进行设备操作

4. 会进行总混岗位的工艺验证

5. 会对 HDA-100 型多向运动混合机进行清洁、保养

背景介绍

总混是在经整粒后的颗粒中加入润滑剂和外加崩解剂等辅料，使之混合均匀的操作，是保证药物含量均一性的重要操作工艺。合适的混合体积对混合结果至关重要。可通过混合物的堆密度得出的数据计算出理论装载量。有效体积通常在 20%～85%，或使用 1/3～2/3 的装载体积为合理体积原则。

任务简介

按批生产指令选择合适混合设备将物料与外加成分进行总混，进行中间产品检查。混合设备已完成设备验证，进行混合工艺验证。工作完成后，对设备进行维护与保养。

实训设备

混合设备常用的非常多，从大类上可分为干法混合和湿法混合两大类。干混的设备主要包括旋转式混合机、二维运动混合机、三维多向运动混合机等，湿混的设备主要包括槽型混合机、双螺旋锥形混合机等，总混设备通常选用干混机。混合机的转速、装料体积、装料方式、混合时间等会影响混合的效果。

一、V 型干混机

V 型干混机，如图 1-17 所示，其工作原理是电机通过 V 带带动减速器转动，继而带动 V 型混合筒旋转。装在筒内的干物料随着混合筒转动，V 型结构使物料被分开至两臂，旋转中又回到单臂中重组合，反复分离、合一，用较短时间即可混合均匀。

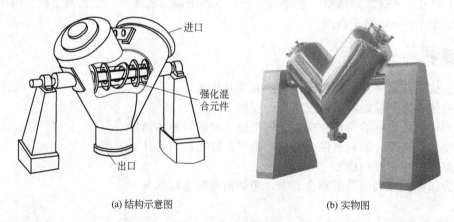

(a) 结构示意图　　　　　　　　　　　(b) 实物图

图 1-17　V 型混合机

二、方形料筒混合机

与 V 型混合机相似，容器在中轴上转动，物料以连续转动的方式进行流动。但其优势在于，混合后物料不经过转移，可直接将方形混合桶移至压片机上方采用重力下料方式进行

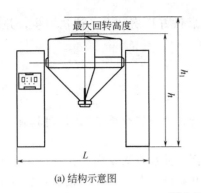

(a) 结构示意图   (b) 实物图

图 1-18 方形料筒混合机

压片，是目前推荐使用的混合机，如图 1-18 所示。

三、二维混合机

二维混合机（图 1-19）主要由转筒、摆动架、机架三大部分构成。转筒装在摆动架上，由四个滚轮支撑并由两个挡轮对其进行轴向定位，在四个支撑滚轮中，其中两个传动轮由转动动力系统拖动使转筒产生转动，摆动架由机架上的一组曲柄白杆机构来驱动，并由轴承组件支撑在机架上。转筒可同时进行两个运动，一个为转筒的转动，另一个为转筒随摆动架的摆动。被混合物料在转筒内随转筒转动、翻转、混合的同时，又随转筒的摆动而发生左右来回的掺混运动，在这两个运动的共同作用下，物料在短时间内得到充分的混合。

四、三维多向运动混合机

三维多向运动混合机（图 1-20）由主动轴被动及万向节支持着混料桶在 x、y、z 轴方向作三维运动。筒体除了自转运动，还作公转运动，筒体中的物料不时地作扩散流动和剪切运动，加强了物料的混合效果。因筒体的三维运动克服了其他种类的混合机混合时产生离心力的影响，减少了物料比重偏析，保证物料的混合效果。混合均匀性好，时间短。三维运动混合机由机座、传动系统、电器控制系统、多向运动机构、混合桶等部件组成。由于混合桶具有多方向的运动，使桶体内的物料混合点多，混合效果好，其混合均匀度要高于一般混合机混合的均匀，药物含量的均匀度误差要低于一般混合机。三维运动混合机的混合桶体型设计独特，桶体内壁经过精细抛光、无死角、无污染物料，出料时物料在自重作用下顺利出料，不留剩余料，具有不污染、易出料、不积料、易清洗等优点。

图 1-19 二维混合机   图 1-20 三维多向运动混合机

实训过程

实训设备：HDA-100 型多向运动混合机。

进岗前按进入 D 级洁净区要求进行着装，进岗后做好厂房、设备清洁卫生，并做好操作前的一切准备工作。

一、总混准备与操作

1. 生产前准备

① 检查生产现场、设备及容器具的清洁状况，检查"清场合格证"，核对其有效期，确认符合生产要求。

② 检查房间的温湿度计、压差表有"校验合格证"并在有效期内。

③ 确认该房间的温湿度、压差符合规定要求，并做好温湿度、压差记录，确认水、电、气（汽）符合工艺要求。

④ 检查、确认现场管理文件及记录准备齐全。

⑤ 生产前准备工作完成后，在房间及生产设备换上"生产中"状态标识。

2. 设备安装检查及试运行

① 检查设备是否正常完好。

② 对有直接接触药品的设备表面、容器、工具等进行消毒备用。

③ 设定转速和时间，进行空机试运行。

3. 生产过程

① 按批生产记录仔细核对待混合的原辅料品名、批号、数量等。外加的其他物料应进行过筛处理。

② 打开总混机加料口，往筒内加入工艺规定量的原辅料，然后锁紧加料口。

③ 将总混机转速调整至工艺规定的转速和混合时间，启动机器进行混合。

④ 混合结束后，一般不能马上下料，需等筒内药粉平复下来再行出料。

4. 生产结束

① 及时收料，将其放入周转桶内挂上状态标识，按照工艺要求进行流转。

② 生产结束后，按清场标准操作程序要求进行清场，做好房间、设备、容器等清洁记录。

③ 按要求完成记录填写。清场完毕，填写清场记录。上报 QA 检查，合格后，发清场合格证，挂"已清场"状态标识。

5. 注意事项

① 操作人员要与总混机的运行轨迹保持一段安全距离，防止造成人身事故。

② 更换品种时，必须对混合机筒体进行彻底清洗。

③ 混合过程中，操作员不得离开现场，以免发生意外。

附：HDA-100 型多向运动混合机标准操作程序

1. 生产前检查

① 检查生产设备的清洁状态，检查设备是否完好，应处于"设备完好"、"已清洁"状态。检查水、电是否到位，房间温湿度、压差是否正常。

② 接通电源，检查设备各部件是否正常。

③ 检查安全联锁装置是否可靠。

2. 配件安装

① 盖上加料平盖，上紧卡箍，关闭出料蝶阀；

② 将安全护栏杆置水平位置，按点动按钮，确认混合机运行正常。

3. 操作过程

① 把安全护栏杆提起，置垂直位置。

② 松开加料口卡箍，取下平盖，确认关闭出料蝶阀后；把物料放入混合机内。

③ 加料后盖上平盖，上紧卡箍（注意密封）。

④ 打开电器操作箱门，推上电器断路器 K，然后合上开关箱。

⑤ 根据混合工艺要求，设定时间继电器（本机将按调整的时间自动控制混合时间），按"启动"钮启动进行混合。

⑥ 按"停止"钮，或机器在时间继电器与位置光电传感器控制下停机后，机器自动运转至出料位置时。

⑦ 打开蝶阀即可出料。

4. 结束过程

工作完毕，断开电源，关闭蝶阀。

5. 注意事项

① 加料量不得超过额定量。（本机最大装料容积为 80L，最大装料质量为 80kg。一般为设备容积的 2/3。）

② 混合机加料盖未盖好时不得开机。

③ 操作过程中任何人员严禁进入安全防护栏以内。

二、总混工序工艺验证

1. 验证目的

确认该过程能够将颗粒与外加辅料混合均匀。

2. 验证项目和标准

操作按标准程序进行，在设定的混合时间后按对角线法取样，根据质量标准测定颗粒的主药含量均匀度，填写记录。

合格标准：混合后颗粒的主药含量均匀度（测定值之间的相对标准偏差 $RSD \leqslant 2\%$）。

三、总混设备日常维护与保养

总混设备的日常维护与保养应注意以下几点。

① 保证机器各部件完好可靠。

② 设备外表及内部应洁净，无污物聚集。

③ 加料、清洗时应防止损坏加料口法兰及桶内抛光镜面，以防止密封不严与物料黏积。

④ 各润滑杯和油嘴应每班加润滑油和润滑脂。

⑤ 定期检查皮带及链条的松紧，必要时应进行调整或更换。

实训思考

1. 如何判断物料已经混合均匀？

2. 说明不同类型的混合机的工作原理。

3. 如何保证小剂量药物的混合均一性？

4. 针对不同性质的物料，该如何选择合理的方法进行混合？

任务五　压　片

■【能力目标】

1. 能根据批生产指令进行压片岗位操作
2. 能描述压片的生产工艺操作要点及其质量控制要点
3. 会按照 ZPS008 旋转式压片机的操作规程进行设备操作
4. 能对压片工艺过程中间产品进行质量检查
5. 会进行压片岗位的工艺验证
6. 会对 ZPS008 旋转式压片机进行清洁、保养

背景介绍

压片是指将合格的药物颗粒或粉末，使用规定的模具和专用压片设备，压制成合格片剂的工艺过程。压片机必须独立安置在一个操作间内，机器运转部分应密封在安全门内使得噪声降到最低并保证安全。压片室与外室保持相对负压，粉尘由吸尘装置排除。压片工段应设冲模室，由专人负责冲模的核对、检测、维修、保管和发放。冲模使用前后均应检查品名、规格、光洁度，检查有无凹槽、卷皮、缺角和磨损，发现问题应追查原因并及时更换。

旋转式多冲压片机是制药企业生产广泛采用的设备。通常按转盘上的模孔数来区分，如5冲、7冲、8冲、19冲、21冲、27冲、33冲等。

按转盘旋转一周填充、压缩、出片等操作的次数，可分为单压、双压等。单压是指转盘旋转一周只填充、压缩、出片一次；双压指转盘旋转一周时填充、压缩、出片各进行两次，因此生产效率是单压的两倍。双压压片机有两套压轮，为使机器减少振动及噪声，两套压轮交替加压可使动力的消耗大大减少，因此压片机的冲数皆为奇数。

按模具的轴心随转台旋转的线速度可分为普通型和高速型，不低于 60m/min 的旋转式压片机为高速旋转式压片机。也有产能介于二者之间的亚高速旋转式压片机和用于生产缓控释制剂的旋转式包芯压片机等。更换异形冲头，可压制异形片。有些压片机通过更换冲台，也可生产双层片。

压片机的进料系统是影响药片质量的关键部件。普通压片机通常采用人工加料，高速压片机则需要气动传输或重力加料。现有国外进口的高速压片机通过冲台上的叶轮设计可精确控制物料进入模孔的流量和流速。

压片过程中需进行取样，检查片重、脆碎度和崩解度。片剂入桶前可采用刷子式或振动式除尘器，再通过在线金属检测器进行检测并剔片。金属检测器可将设备磨损、人工疏忽产生的金属粉末、金属离子等金属异物的风险降低。药片一般收集于聚乙烯塑料袋内，再放置于不锈钢料桶内。也有专门收置药片的料桶，带有上料口和布袋式软质下料口阀门。

任务简介

按批生产指令选择合适的压片设备将颗粒压制成合格的片剂，并进行中间产品检查。压片机已完成设备验证，进行压片工艺验证。工作完成后，对设备进行维护与保养。

实训设备

旋转式多冲压片机

　　旋转式多冲压片机，如图1-21所示。本机的上半部为压片结构：它的组成主要由上冲、中模、下冲三个部分的小单元构成，中模圈均匀排列在转盘的边缘上，上、下冲杆的尾部嵌在固定的曲线导轨上，当转盘做旋转运动时，上下冲即随着曲线导轨作升降运动而达到压片目的。

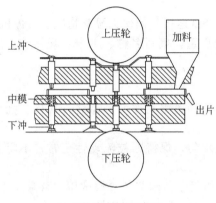

(a) 压片单元结构示意图

(b) 实物图

图1-21　旋转式多冲压片机

　　主要工作过程分为：①充填（filling）；②压片（compression）；③出片（ejection）。三道程序连续进行。充填和压片有调节控制机构。采用流栅式加料机构，可使物料均匀地充满模孔，减少片重差异。

　　电动机装在机座内，用V带拖动蜗杆传动转盘，并在电动机轴上装置无级变速V带轮，通过电机的移动，可任意调节速度。

　　机座的侧面装有吸粉箱，其中有鼓风机、贮粉室、滤粉室，当机器在高速运转中，产生飞粉和中模下坠的粉末，通过吸粉嘴排除，不致黏结塞住，保持运转平稳正常。

实训过程

　　实训设备：ZPS008旋转式压片机。

　　进岗前按进入D级洁净区要求进行着装，进岗后做好厂房、设备清洁卫生，并做好操作前的一切准备工作。

一、压片准备与操作

1. 生产前准备

　　① 检查生产现场、设备及容器具的清洁状况，检查"清场合格证"，核对其有效期，确认符合生产要求。

　　② 检查房间的温湿度计、压差表有"校验合格证"并在有效期内。

　　③ 确认该房间的温湿度、压差符合规定要求，并做好温湿度、压差记录，确认水、电、气（汽）符合工艺要求。

　　④ 检查、确认现场管理文件及记录准备齐全。

⑤ 生产前准备工作完成后，在房间及生产设备换上"生产中"状态标识。

2. 设备安装配件、检查及试运行

① 冲模领取：从模具室领出冲模，核对模具名称、规格、编号、数量与批生产记录一致，检查光洁度，剔除有缺陷的冲头。

② 冲模清洗：用95%乙醇溶液清洗冲模至无可见油污，再用一次性清洁布擦干（必要时放烘干室烘干），并检查冲模不得留有水迹、油迹，冲头表面光洁、无损伤。同时用95%乙醇溶液将转台擦拭至无可见油污。

③ 配件安装：从容器存放室领出压片机配件，检查是否完好、清洁，并确保在清洁有效期内，再按设备标准操作程序组装模具、配件。

④ 设备试运行：接通电源，开启压片机，经试运行，确保无异常情况后，停机待用。

⑤ 装料袋准备：领取聚乙烯袋，称量容器皮重，填写名称、批号、规格、工序、容器号、皮重等，挂在容器外。

3. 生产过程

① 领料：从中间站领取总混好的颗粒，确认桶盖密封完好，品名、规格、批号等与批生产记录一致。

② 加料：在压片机加料斗内加入物料，应均匀，保持颗粒流动性正常，不阻塞，防止填充不均。

③ 试压：根据产品工艺要求及设备标准操作程序，调节各参数试压，待片子平均片重、硬度、外观、重量差异、崩解时限等项目符合要求后开始正式压片。

④ 正式压片：根据试压合格的参数进行正式压片，压好的素片放入素片桶内或衬有两层洁净聚乙烯袋的料桶内。操作人员需按要求进行外观、平均片重等项目检查，并记录；操作人员另需按要求取样送至中控室，检测重量差异、硬度、崩解时限等项目，并记录。

4. 结束过程

① 压片结束，关闭压片机。将装有素片的聚乙烯袋袋口扎紧，送至中间站，并做好产品标识。

② 生产结束后，按清场标准操作程序要求进行清场，做好房间、设备、容器等清洁记录。

③ 按要求完成记录填写。清场完毕，填写清场记录。上报QA检查，合格后，发"清场合格证"，挂"已清场"状态标识。

5. 异常情况处理

（1）压片过程中，出现片量差异、硬度、崩解时限等生产过程中质量控制指标接近标准上限或下限时，应及时调节填充量、压片机转速、主压片厚等参数；如超出标准范围，或外观出现松片、裂片、粘冲、黑点等问题时，应停止生产，及时报告QA进行调查处理。

（2）压片过程中常遇到的问题及其主要产生原因和解决办法如下。

① 松片是由于片剂硬度不够，受振动易松散成粉末的现象，松片主要产生原因及解决措施如表1-8所示。检查方法：将片剂置中指和食指之间，用拇指轻轻加压看其是否碎裂。

表 1-8　松片主要产生原因及解决措施

主要产生原因	解决措施
黏合剂黏性不够或用量不足	选择合适的黏合剂或增加用量
颗粒过干	控制适宜含水量,可喷入适宜浓度的乙醇
压力过小	适当增加压力
转速过快	减慢转速

② 裂片是指片剂受到振动或经放置后，从腰间开裂或顶部脱落一层的现象，裂片主要产生原因及解决措施如表1-9所示。检查方法：取数片置小瓶中振摇，检查是否产生裂片；或取20~30片放在手掌中，两手相合，用力振摇数次，检查是否有裂片。

表1-9 裂片主要产生原因及解决措施

主要产生原因	解决措施
室内温湿度过低	调整温湿度
黏合剂选择不当或用量不足	选择合适的黏合剂或增加用量
细粉过多	调整细粉比例
压力过大	适当降低压力
推片阻力过大	增加润滑剂
压缩速度较快,空气不能顺利排出	增加预压力,或降低转速
颗粒过干	控制适量的水分,喷入适宜浓度的乙醇

③ 粘冲是指片剂的表面被冲头粘去一薄层或一小部分，造成片面粗糙不平或有凹陷的现象，粘冲主要产生原因及解决措施如表1-10所示。刻有文字或横线的冲头更易发生粘冲现象。

表1-10 粘冲主要产生原因及解决措施

主要产生原因	解决措施
颗粒含水量过多	适当干燥,确定最佳含水量
润滑剂作用不当	选择合适润滑剂或增加用量
冲头表面粗糙、表面已磨损或冲头表面刻有图案	更换冲头,冲头抛光,保持高光洁度
物料易吸湿,工作场所湿度太高	控制环境相对湿度

④ 片面有异物主要产生原因及解决措施，如表1-11所示。

表1-11 片面有异物主要产生原因及解决措施

主要产生原因	解决措施
颗粒内有异物	检查颗粒并处理
上冲润滑过量	延长润滑间隔
上冲挡油圈破损、脱落	更换挡油圈

⑤ 变色/色斑主要产生原因及解决措施，如表1-12所示。

表1-12 变色/色斑主要产生原因及解决措施

主要产生原因	解决措施
颗粒过硬	控制颗粒硬度,将颗粒适当粉碎
物料混合不匀	应充分混合均匀

⑥ 重量差异超限主要产生原因及解决措施，如表1-13所示。

表1-13 重量差异超限主要产生原因及解决措施

主要产生原因	解决措施
颗粒大小不匀,细粉太多	重新制粒,控制颗粒大小
颗粒流动性不好	改善颗粒流动性
下冲升降不灵活或长短不一	更换下冲
加料斗装量时多时少	保持加料斗装量恒定,在1/3~2/3之间

⑦ 崩解迟缓主要产生原因及解决措施如表1-14所示。

表 1-14 崩解迟缓主要产生原因及解决措施

主要产生原因	解决措施
崩解剂品种、用量不当	调整崩解剂品种、用量,改进加入方法
疏水性润滑剂用量过多	减少疏水性润滑剂用量或改用亲水性润滑剂
黏合剂的黏性太强或用量过多	选择合适的黏合剂及其用量
压力过大	调整压力
颗粒粗硬	将颗粒适当粉碎

6. 注意事项

① 初次试车应将充填量减少,片厚放大,将颗粒倒入斗内,用点动开车,同时调节充填和压力,逐步增加到片剂的重量和硬软度达到质量要求,然后启动电动机,空转 5min,待运转平稳后方可投入生产。

② 运转过程中操作工不得离岗,观察加料斗是否磨转盘,经常检查机器运行状态,出现异常声音及时停车处理。

③ 注意物料余量,当接近无物料时及时停车,以防止机器空转损坏模具。

④ 速度的选择对机器的使用寿命有直接的影响,由于原料的性质、黏度及片径大小和压力,在使用上不能作统一规定,因此使用者必须根据实际情况而定,一般可根据片剂直径和压力区别,直径大的宜慢,小的可快。压力大的宜慢,小的可快。

附 1: ZPS008 旋转式压片机标准操作程序

1. 生产前检查

① 检查生产设备的清洁状态,检查设备是否完好,应处于"设备完好"、"已清洁"状态。检查水、电是否到位,房间温湿度、压差是否正常。

② 检查设备各部件、配件及模具是否齐全,紧固件有无松动。

③ 检查机器润滑情况是否良好。

④ 检查电器控制面板各仪表及按钮、开关是否完好。

2. 配件安装

① 在使用前需重复检查冲模的质量,冲模需经严格探伤试验和外形检查,要求无裂缝、无变形、无缺边、硬度适宜和尺寸准确,如不合格切勿使用,以免机器遭受严重损坏。冲模安装前,首先拆下下冲装卸轨,拆下料斗、出料嘴、加料器,打开右下侧门,把手轮柄扳出,然后将转台工作面、模孔和安装用的冲模逐件擦干净,将片厚调至 5mm 以上位置,预压也调至 6mm 以上位置。

② 中模的安装:将转台上中模紧固螺钉逐件旋出转台外缘 2mm 左右,勿使中模安装时与紧固螺钉的头部碰撞为宜。中模放置时要平稳,将打棒穿入上冲孔,上下锤击中模轻轻打入。中模进入模孔后,其平面不高出转台平面为合格,然后将紧固螺钉固紧。

③ 上冲的安装:首先将上平行盖板Ⅱ和嵌边拆下,然后将上冲杆插入孔内,用大拇指和食指旋转冲杆,检验头部进入中模,上下滑动灵活,无卡阻现象为合格。再转动手轮至冲杆颈部接触平行轨。上冲杆全部装毕,将嵌轨、平行盖板Ⅱ装上。

④ 下冲的安装:按上冲安装的方法安装,装毕将下冲装卸轨装上。

⑤ 全套冲模装毕,装好防护罩、安全盖等。转动手轮,使转台旋转两周,观察上下冲杆进入中模孔及在轨道上的运行情况。无碰撞和卡阻现象为合格。把手轮柄扳入,关

闭右下侧门。[注意：下冲杆上升到最高点时（即出片处），应高出转台工作面0.1～0.3mm。]

⑥ 装好填料器、出料导轨和料斗。

⑦ 检查转台、上下冲、中模孔有无异物，发现异物立即清理，中模固定螺钉是否锁紧。手动盘车2～3圈，观察上下冲头活动是否自如，上下冲与中模配合是否良好，中模上平面是否与旋转转台面在同一平面上，有无异响。

⑧ 检查所有防护、保护装置是否安装到位。

3. 操作过程

① 将总混好的颗粒加入料斗内。

② 连接好吸尘接口，开启吸尘器开关，启动吸尘器。

③ 操作控制箱一侧的凸轮开关转至"1"，此时触摸屏将被点亮，进行实际操作控制。

④ 在触摸屏调节转速至低速，按动"启动"按钮。

⑤ 调节压力轮压力至要求值，其值显示在触摸屏上，以略大于压片压力为宜。

⑥ 充填量调整：充填量调节是由安装在机器前面左端调节手轮控制。调节手轮按顺时针方向旋转时，充填量减少，反之增加。

⑦ 片厚度的调节：片剂的厚度调节是由安装在机器前面右端的调节手轮控制。当调节手轮按顺时针方向旋转时，片厚增大，反之片厚减少。直到达到工艺要求的硬度。

⑧ 粉量的调整：当充填量调妥后，调整粉体的流量。首先松开斗架侧面的滚花螺钉，再旋转斗架顶部的滚花，调节料斗口与转台工作面的距离，或料斗上提粉板的开启距离，从而控制粉体的流量。

⑨ 所有调试完毕后，即可正式生产，在触摸屏调节压片速度到高速。

⑩ 生产过程中，定期记录工艺参数并对产品进行过程检查，确保工艺参数符合要求。

⑪ 料斗内所剩颗粒较少时，应降低压片速度，及时调整充填装置，以保证压出合格的片剂。

⑫ 料斗内接近无颗粒时，把变频电位器调至零位，然后关闭主电机。待机器完全停下后，把料斗内余料放出，盛入规定容器内。

4. 结束过程

① 工作完毕，断开电源，关闭吸尘器，并清理吸尘器内的粉尘。

② 按顺序拆下压片机零配件和冲模。

5. 注意事项

① 检查各润滑点润滑油是否充足，压力轮转动是否自如。

② 安装加料斗时，防止间隙过大或过小而产生漏粉或磨坏旋转台。

③ 冲模的安装与调整时，机器应处在停止运行状态，并且按下"急停"开关后，方可开启下部三扇不锈钢门。机器运行前，必须关闭上部四扇透明有机玻璃视窗和下部三扇不锈钢门。

④ 启动主电机时确认转速处于零位。

⑤ 拆装模具时要用手轮转动，按下"急停"按钮或关闭总电源，只限一人操作，以免发生危险。

⑥ 紧急情况下，按下操作台左侧"急停"按钮来停下机器，机器故障灯亮时会自动停机。

附2：素片质量控制项目检测规程

（1）素片的质量控制项目有外观、平均片重、片厚、片重差异、硬度、脆碎度、崩解时限。

（2）外观　取供试品，目视检测外观，应无裂片、粘冲等现象。

（3）平均片重　取供试品10片精密称定总重，平均片重按以下公式计算：

$$平均片重＝片子总重/10$$

（4）片厚　取供试品，用游标卡尺测定最厚位置的厚度。

（5）片重差异　取供试品20片，精密称定总重 m，计算平均片重，分别精密称定每片重量，均在规定范围内。平均片重按以下公式计算：

$$平均片重＝m/20$$

（6）硬度　取供试品，横向水平放置在硬度仪上测定。平均硬度按以下公式计算：

$$平均硬度＝每片硬度之和/测试片数$$

（7）脆碎度

① 取供试品约 6.5g（若片子平均片重大于 0.65g，则取样品10片进行试验），吹风机吹去表面粉末后精密称定总重，记为 w_1。

② 将供试品置于脆碎度检查仪中运行 4min 或 100 转后，取出供试品检查，不得出现断裂、龟裂或粉碎现象，用吹风机吹去粉末后精密称定总重，记为 w_2。

③ 脆碎度按下式计算：

$$脆碎度＝(w_1－w_2)/w_1×100\%$$

④ 本试验一般仅做1次，如减失重量超过1‰时，应复检2次，计算3次的平均减失重量不得超过1‰，并不得有断裂、龟裂及粉碎的片子。

（8）崩解时限

① 将吊篮通过上端的不锈钢轴悬挂于金属支架上，浸入 900ml 或 1000ml 烧杯中，并调节吊篮位置使其下降至筛网距烧杯底部 25mm 处。

② 调节水位高度使吊篮上升时筛网在水面下 15mm 处。

③ 温度计测量烧杯，确认水温为（37±1）℃

④ 除另有规定外，取供试品6片，分别置于吊篮的玻璃管中，启动仪器（如供试品漂浮，则需添加挡板）。

⑤ 当玻璃管中的片子完全崩散并通过筛网时，停止仪器，记录崩解时间。

二、压片工序工艺验证

1. 验证目的

压片工序工艺验证主要针对压片机的压片效果进行考察，评价压片工艺的稳定性，确认按制定的工艺规程压片后的片剂能够达到质量标准的要求。

2. 验证项目和标准

参数：压片机转速、压力、压片时间等。

按规定的压片机转速、压力及相关工艺参数进行生产，分开始、中间、结束三次取样，检测片重差异、外观、脆碎度、崩解度，每次取样量为20片。

检测半成品的外观、崩解度、脆碎度、片重差异，并计算崩解时限的 RSD 值。

验证通过的标准：按制定的工艺规程压片，制备片剂应符合质量标准的要求，外观、片重差异、脆碎度以及含量均应符合质量标准，崩解时限 $RSD \leqslant 5.0\%$，说明压片工艺合理。

三、压片设备日常维护与保养

压片机的日常维护与保养应注意以下几点。

① 保证机器各部件完好可靠。

② 各润滑油杯和油嘴每班加润滑油和润滑脂，蜗轮箱加机械油，油量以浸入蜗杆一个齿为宜，每半年更换一次机械油。

③ 每班检查冲杆和导轨润滑情况，用机械油润滑，每次加少量，以防污染。

④ 每周检查机件（蜗轮、蜗杆、轴承、压轮等）是否灵活，上下导轨是否磨损，发现问题及时与维修人员联系，进行维修，方可继续进行生产。

实训思考

1. 压片前要进行压片机的组装，其顺序怎样？
2. 生产过程中出现片重差异超限应采取哪些措施来解决？
3. 调整加料器出口高度的作用是什么？
4. 压片机有预压装置，有何作用？
5. 压片时细粉过多对片剂质量有何影响？
6. 压片过程中出现粘冲应如何处理？

任务六 包 衣

【能力目标】

1. 能根据批生产指令进行包衣岗位操作
2. 能描述包衣的生产工艺操作要点及其质量控制要点
3. 会按照 BGB-10C 高效包衣机的操作规程进行设备操作
4. 能对包衣工艺过程中间产品进行质量检查
5. 会进行包衣岗位的工艺验证
6. 会对 BGB-10C 高效包衣机进行清洁、保养

背景介绍

包衣是指使用合适的包衣材料，采用适宜的包衣工具，在素片或片芯表面上均匀地喷洒使成一定厚度的衣膜，也可用于颗粒或微丸的包衣。包衣的目的主要包括：①避光、防潮，以提高药物的稳定性；②掩盖药物的不良气味，增加患者的顺应性；③隔离配伍禁忌和成分；④采用不同颜色包衣，增加药物的辨识能力，提高用药的安全性；⑤提高美观度，尤其

是中药片剂；⑥改变药物释放的位置及速度，如胃溶、肠溶、缓控释等。

包衣室与外室应保持相对负压，并带有吸尘装置去除粉尘。使用有机溶剂的包衣室和包衣液配制室应进行防火防爆处理。进入包衣锅内的空气应经过滤。包糖衣时配制糖浆应经煮沸、滤除杂质，色素经溶解、过滤，再加入糖浆中搅匀。包薄膜衣时，根据工艺要求计算薄膜包衣的重量、包衣材料的浓度，按规定配制包衣液。注意控制进风温度、出风温度、锅体转速、压缩空气的压力，使包衣片快速干燥，不粘连而细腻。

薄膜包衣的过程：

包衣溶液或混悬液的配制→装料→预热→喷雾→干燥和冷却→卸料

包衣过程是片剂通过喷雾区域后，所黏附的包衣液被干燥后，再接收下一循环的包衣物料，这个过程需要重复多次直至包衣完成。薄膜衣的膜厚度通常在 $20\sim100\mu m$，由于薄膜形成的不连续性以及包衣液中不溶性成分存在，导致了薄膜衣的结构相对不均一。

包衣过程中需进行排气，以带走水分。需注意的是排出空气中会含有一定量的粉尘微粒，因此需采用除粉装置除去粉尘。

卸料时可采用手工卸料、重力卸料。目前较常见是利用特制的卸料铲斗使包衣片提起，正向转动下进行出料。也有反向转动包衣锅的卸料方式，利用锅内挡板，在反向转动时，通过包衣锅前的密闭滑道卸到容器中，这种方式可以不用打开包衣锅门。

任务简介

按批生产指令选择合适的包衣设备将检验合格的药物素片，喷洒上所需包衣的材料，使成为包衣片，并进行中间产品检查。包衣设备已完成设备验证，进行包衣工艺验证。工作完成后，对设备进行维护与保养。

实训设备

片剂包衣机可分为普通包衣机、网孔式高效包衣机、无孔式高速包衣机和流化包衣机。前三者采用滚转包衣技术，后者采用流化包衣技术。旋转式包芯压片机也可实现压制包衣技术。

一、普通包衣机

普通包衣机（图 1-22）是由荸荠形或球形包衣锅、动力部分、加热器和鼓风装置等组成。材料一般使用紫铜或不锈钢等金属。包衣锅轴与水平呈 $30\sim45°$ 角，使药片在包衣锅转动时呈弧形运动，在锅口附近形成漩涡。包衣时，可将包衣材料直接从锅口喷到片剂上，调节加热器对包衣锅进行加热，同时用鼓风装置通入热风或冷风，使包衣液快速挥发。在锅口上方装有排风装置。另外可在包衣锅内安装埋管，将包衣材料通过插入片床内埋管，从喷头直接喷到片剂上，同时干热空气从埋管吹出穿透整个片床，干燥速度快。

二、网孔式高效包衣机

包衣时，片芯在具网孔的旋转滚筒内做复杂的运动。包衣介质由蠕动泵至喷枪，从喷枪喷到片芯，在排风和负压的作用下，热风穿过片芯、底部筛孔，再从风门排出。使包衣介质在片芯表面快速干燥。网孔式高效包衣机是目前较为常见的包衣设备，除包衣主机外，还有

图 1-22 普通包衣机

图 1-23 高效包衣机组

热风风机和排风风机组成的包衣机组（图 1-23），可实现封闭式包衣。

三、无孔式高速包衣机

无孔式高速包衣机，如图 1-24 所示。包衣时，片芯在无孔的旋转滚筒内做复杂的运动，包衣介质也是从喷枪喷到片芯，热风由滚筒中心的气道分配器（图 1-25）导入，经扇形风桨穿过片芯，在排风和负压作用下，从气道分配器另一侧风抽走，使包衣介质在片芯表面快速干燥。可适用于直径较小的颗粒、微丸等的包衣。

图 1-24 无孔式高速包衣机

图 1-25 气道分配器

四、流化床包衣机

流化床包衣机是利用高速空气流使药片悬浮于空气中，上下翻滚，呈流化状态。将包衣液喷入流化态的片床中，使片芯表面附着一层包衣材料，通入热空气使其干燥。

实训过程

实训设备：BGB-10C 高效包衣机

进岗前按进入 D 级洁净区要求进行着装，进岗后做好厂房、设备清洁卫生，并做好操作前的一切准备工作。

一、包衣准备与操作

1. 生产前准备

① 检查生产现场、设备及容器具的清洁状况，检查"清场合格证"，核对其有效期，确认符合生产要求。

② 检查房间的温湿度计、压差表有"校验合格证"并在有效期内。

③ 确认该房间的温湿度、压差符合规定要求，并做好温湿度、压差记录，确认水、电、气（汽）符合工艺要求。

④ 检查、确认现场管理文件及记录准备齐全。

⑤ 生产前准备工作完成后，在房间及生产设备换上"生产中"状态标识。

2. 设备检查及试运行

① 打开电源，连接压缩空气，将包衣机、搅拌桶空机运转 5min 确保无异常情况，停机待用。

② 根据批生产记录，领取包衣材料。操作人员将溶媒加入各配制桶内，按工艺要求控制搅拌速度，戴上洁净手套将包衣材料溶解或混匀。难溶的包衣材料应用溶媒浸泡过夜，以彻底溶解、混匀。

3. 生产过程

① 领料：从中间站领取素片，核对桶外产品标识上品名、规格、批号和批生产记录一致。

② 包衣前调节喷浆系统，流量稳定，扇面正常；调节喷枪位置。

③ 打开桶盖，确认素片桶产品标识一致，素片外观无裂片、碎片、粘冲、黑点等后，再将素片倒入包衣锅内。

④ 根据批生产记录设定包衣锅转速、进风量和进风温度，进行预热除尘；当出风温度达到要求后，按工艺要求重新设定参数，开始喷雾包衣。

⑤ 包衣过程中，严格控制工艺参数，并随时检查片子的外观。

⑥ 包衣片增重达到工艺要求后，停止喷浆，按工艺要求进行干燥、冷却（抛光）；岗位操作人员根据工艺要求取样检测外观、增重等。

⑦ 安装出料器，将片子卸入衬有两层聚乙烯袋的圆形料桶内。

4. 结束过程

① 包衣结束，关闭包衣机。将装有包衣片的聚乙烯袋袋口扎紧，送至中间站，并做好产品标识。

② 生产结束后，按清场标准操作程序要求进行清场，做好房间、设备、容器等清洁记录。

③ 按要求完成记录填写。清场完毕，填写清场记录。上报 QA 检查，合格后，发"清场合格证"，挂"已清场"状态标识。

5. 异常情况处理

① 包衣前需检查素片外观，如有裂片、碎片、粘冲、黑点等情况，应立即停止生产。

② 包衣机常见故障及处理办法，见表 1-15。

表 1-15　包衣机常见故障及处理办法

故障现象	产生原因	处理方法
机座产生较大震动	1. 电机紧固螺栓松动 2. 电机与减速机之间的联轴器位置调整不正确 3. 减速机紧固螺栓松动 4. 变速皮带轮安装轴错位	1. 拧紧螺栓 2. 调整对正联轴器 3. 拧紧螺栓 4. 调整对正联轴器
包衣锅调速不合要求	1. 调速油缸行程不够 2. 皮带磨损	1. 油缸中添满油 2. 更换皮带

续表

故障现象	产生原因	处理方法
风门关闭不紧	风门紧固螺钉松动	拧紧螺钉
包衣机主机工作室不密封	密封条脱落	更换密封条
热空气效率低	热空气过滤器灰尘过多	清洗或更换热空气过滤器
异常噪声	1. 联轴器位置安装不正确 2. 包衣锅与送排风接口产生碰撞 3. 包衣锅前支承滚轮位置不正	1. 重新安装联轴器 2. 调整风口位置 3. 调整滚轮安装位置
蠕动泵开动包衣液未传送	1. 软管位置不正确或管子破裂 2. 泵座位置不正确	1. 调整软管位置或更换软管 2. 调整泵座位置,拧紧螺母
减速机轴承温度高	1. 润滑油牌号错误 2. 包衣药片超载 3. 润滑油少	1. 换成所需的机油 2. 按要求加料 3. 添加润滑油
喷浆管道泄漏	1. 管接头螺母松 2. 软管接口损坏 3. 组合垫圈坏	1. 拧紧螺母 2. 剪去损坏接口 3. 更换垫圈
喷枪不关闭或关得慢	1. 气源关闭 2. 料针损坏 3. 气缸密封圈损坏 4. 轴密封圈损坏	1. 打开气源 2. 更换料针 3. 更换气缸密封圈 4. 更换轴密封圈
枪端滴漏	1. 针阀与阀座磨损 2. 枪端螺母未压紧 3. 气缸中压紧活塞的弹簧失去弹性或已损坏	1. 用碳化矽磨砂配研 2. 旋紧螺母 3. 更换弹簧
压力波动过大	1. 喷嘴孔太大 2. 气源不足	1. 改用较小的喷嘴 2. 提高气源压力或流量
胶管经常破裂	1. 滚轮损坏或有毛刺 2. 同一位置上使用过长	1. 修复或更换滚轮 2. 适时更换滚轮压紧胶管的部位
胶管往外拖或往里缩	胶管规格不符	更换胶管

③ 包衣过程中常出现的问题可能原因及解决办法,见表1-16。

表1-16　包衣过程中常出现的问题可能原因及解决办法

常出现的问题	可能原因	解决办法
片面粘连	流量过大,进风温度过低	适当降低包衣液流量,提高进风温度,加快锅转速
色差	喷射扇面不均,或包衣机转速慢	调节喷枪喷射角度或适当提高包衣机转速
片面磨损	包衣机转速过快、流量太小或片芯硬度低	调节转速及流量大小或提高片芯硬度
花斑	包衣液搅拌不匀	配制包衣液时应充分搅拌均匀

6. 注意事项

① 喷雾包衣时应掌握的原则是：使片面湿润,又要防止片面粘连,温度不宜过高或过低。若温度过高,则干燥太快,成膜粗糙；若温度过低,浆液流量太大,则会导致粘连现象。

② 配置包衣液时,搅拌速度应使容器中液体完全被搅动,液面刚好形成漩涡为宜。

③ 采用乙醇制包衣液时,应仔细检查每个阀门,防止泄漏,以免爆炸。

附1：BGB-10C 高效包衣机标准操作程序

1. 生产前检查

① 检查生产设备的清洁状态，检查设备是否完好，应处于"设备完好"、"已清洁"状态。检查水、电是否到位，房间温湿度、压差是否正常。

② 检查设备各部件、配件是否齐全，紧固件有无松动。

③ 检查电器控制面板各仪表及按钮、开关是否完好。

2. 配件安装

① 将处方量包衣材料加入搅拌桶内，控制搅拌速度，以免包衣液飞溅。

② 调节喷枪和物料间的距离和角度，将气管和输浆管连接到喷枪。

③ 使用蠕动泵前，应检查泵头卡口位置是否正确，硅胶管有无变形和破损，如有这种现象应立即更换。管道安装完成后，检查管路连接是否正确，接头处是否锁紧。

④ 确认零部件均安装到位并完好。

3. 操作过程

① 打开电源开关，开启压缩空气总阀及各压缩空气分阀，确定正常。

② 点击"系统监控"，进入系统监控画面。点击"手动"，进入手动生产画面。

③ 打开视灯；点击"温控"，设定温度，并开启。返回原画面。打开"热风"，热风机运转；再打开"匀浆"，主机运转。

④ 确认正常后，打开"排风"，负压显示表指针偏向负压。接着打开"喷浆"，确定运转后立即关闭。然后关闭"热风"，观察热风温度是否已有下降倾向。

⑤ 待温度冷却后，关闭"匀浆"，关闭"排风"，打开包衣滚筒门，加入片芯。

⑥ 开启"热风"，让片芯预热，同时打开"匀浆"，转一圈后关闭。（若片芯质量较好，可低转速一直转动主机，并开着"排风"。）预热完毕，关闭"热风"，关闭"匀浆"，开启"排风"。

⑦ 开启喷枪减压阀，打开包衣滚筒门移出喷枪，一手捏紧喷枪气管，时放时捏，打开喷枪气开关，同时，检测喷枪通气情况，再开启"喷浆"。待包衣液快流至喷枪口处，捏紧包衣液管，时松时捏，看流出情况是否顺畅。确认喷枪喷雾流畅后，关闭喷枪气开关，关闭"喷浆"，关上包衣滚筒门，并将喷枪外调节旋钮调小。

⑧ 调整主机转速10.0r/min后，打开"主机"、"热风"、"排风"，开启喷枪气阀门，打开"喷浆"，调节喷枪外调节旋钮，逐渐加大（调节时要左右旋转，逐渐增大），至适宜喷雾度。包衣过程中不断调整喷枪喷量，并注意控制片芯受热温度，直至片芯包衣完成。

⑨ 包衣结束，首先关闭"温控"，返回，再关闭"喷浆"，等喷枪喷出量减少了，降低主机转速，然后关闭喷枪气开关，待冷却后关闭"热风"、"排风"、"匀浆"。

⑩ 打开喷枪滚筒；移出喷枪，将内外出料斗固定在滚筒上，连接好盛装药片容器，开启"匀浆"，筒内药片将自动落入外接容器中。

4. 结束过程

① 工作完毕，关闭压缩空气分阀，关闭压缩空气总阀，关闭总电源。

② 按顺序拆下零配件。

5. 注意事项

① 启动前检查确认各部件完整可靠。

② 操作顺序（必须严格执行）：开匀浆（滚筒）→开热风→开排风→开加热；停止：关加热→关热风→关排风→关滚筒。

附2：薄膜衣片质量控制项目检测规程

（1）薄膜衣片质量控制项目有外观、包衣增重、崩解时限、平均片重、硬度。

（2）包衣增重

① 除另有规定外，取样量为 100 片。

② 包衣预热除尘结束后，取素片 100 片称重，记为 m_1。

③ 包衣干燥结束后取薄膜衣片 100 片称重，记为 m_2。

④ 包衣增重计算：包衣增重（%）＝$(m_2-m_1)/m_1 \times 100\%$

（3）崩解时限：按素片的崩解时限操作，崩解介质可改在盐酸溶液（9→1000）中检查。

（4）平均片重、硬度同素片。

二、包衣工序工艺验证

1. 验证目的

包衣工序工艺验证主要针对包衣机包衣效果进行考察，评价包衣工艺稳定性。

2. 验证项目和标准

试验条件的设计：锅速、进风/排风温度、喷射速度、包衣液浓度、用量，每次取 5～10 个样品。

评估项目：外观、片重、片重差异、溶出度（崩解度）。

通过标准：上述检测项目的结果均符合药典规定。

三、包衣设备日常维护与保养

包衣机的日常维护与保养应注意以下几点。

① 整套设备每工作 50h 或每周需清洁、擦净电器开关探头，每年检查调整热继电器、接触器。

② 工作 2500h 后清洗或更换热风空气过滤器，每月检查一次热风装置内离心式风机。

③ 排风装置内离心式风机、排气管每月清洗一次，以防腐蚀。

④ 工作时要随时注意热风风机、排风风机有无异常情况，如有异常，须立即停机检修。

⑤ 每半年不论设备是否运行都需分别检查独立包衣滚筒、热风装置内离心式风机、排风装置内离心式风机各连接部件是否有松动。

⑥ 每半年或大修后，需更换润滑油。

实训思考

1. 包衣机包衣过程中出现喷枪不能关闭或关闭太慢，应采取哪些措施？

2. 包衣后衣膜表面粗糙，应采取哪些措施？

3. 简述包糖衣的顺序，包糖衣时各层需哪些辅料？

4. 试分析包衣液处方中各组分的作用？

5. 在包衣过程中应注意哪些问题？

项目四

片剂质量检验

任务一　阿司匹林片的质量检验

【能力目标】

1. 能根据 SOP 进行片剂的质量检验
2. 能进行硬度仪、崩解仪、脆碎仪、溶出仪、高效液相色谱仪等操作
3. 能描述片剂的质量检验项目和操作要点

背景介绍

药品检验是质量体系中的一种重要因素。药品生产企业的生产活动是一个上下工序紧密联系的过程。质量源于设计,在生产中进行控制,由于受人员、机器、物料、方法、环境等因素的影响,生产过程中出现的生产漂移、产品质量发生波动是必然的,因此必须进行药品检验。严格按照批准的方法对药品进行全项检验,是保证药品质量的重要措施和有效手段,对防止不合格物料或中间产品进入下一环节,杜绝不合格产品出厂销售,保证药品质量起到重要作用。因此,每批物料和产品均需进行检验并出具检验报告书。检验报告书中的结论作为物料和产品放行的依据之一。物料只有经质量管理部门批准放行并在有效期或复验期内方可使用。产品只有在质量受权人批准放行后方可销售。

质量标准是检验的依据,也是质量评价的基础,在完成中间产品、待包装品和成品的检验后,确认检验结果是否符合质量标准,完成其他项目的质量评价后,得出批准放行、不合格或其他结论。外购或外销的中间产品和待包装产品也应有质量标准,如果中间产品的检验结果用于成品的质量评价,则应制定与成品质量标准相对应的中间产品质量标准。

对于片剂而言,外观、重量差异、硬度、脆碎度和崩解时限是影响其成品质量的关键因素。因而在压片开始、中间及结束,均需进行外观、重量差异、硬度、脆碎度和崩解时限检查。当检验结果接近限度要求或与以往趋势不同时,应进行相应调节。超出限度要求时,则需进行相应的调查。

任务简介

对生产出的阿司匹林片进行全面质量检查,性状、鉴别、含量、游离水杨酸、溶出度等。

实训设备

一、硬度仪

片剂硬度仪用于测定片剂的硬度，见图 1-26。片剂应有适宜的硬度，以便完整成型，符合片剂外观的要求且不易脆碎。片剂的硬度涉及片剂的外观质量和内在质量，硬度过大，会在一定程度上影响片剂的崩解度和释放度，因此，在片剂的生产过程中要加以控制。具体的测定方法是：将药片立于两个压板之间，通过手动或者步进电机驱动沿直径方向徐徐加压，刚刚破碎时的压力即为该片剂的硬度，一般能承受 29.4～39.2N 的压力即认为合格。

二、崩解仪

崩解仪是按药典规定测定崩解时限的仪器，见图 1-27。崩解时限即是片剂及其他固体制剂如胶囊、丸剂等，在规定的液体介质中溶化或崩解为碎粒需要的时间。

崩解仪主要由升降装置和恒温控制两部分组成。升降装置主要由吊篮、吊杆等组成，用来使装有药片的六支试管上下运动，模拟胃肠的运动。试管的底部装有一定孔径的金属筛网，以利于碎粒漏出。恒温控制部分主要控制水温接近体温，一般为 (37±1)℃。

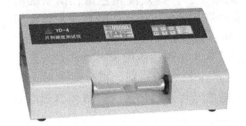

图 1-26 硬度仪

图 1-27 崩解仪

图 1-28 脆碎仪

三、脆碎仪

脆碎仪是检查非包衣片脆碎情况及其他物理强度，如压碎强度等的检测仪器，见图 1-28。

脆碎仪的基本组成和运行：内径约为 286mm，深度为 39mm，内壁抛光，一边为可打开的透明耐磨塑料圆筒，筒内有一自中心向外壁延伸的弧形隔片 (内径为 80mm±1mm)，圆筒转动时，片剂产生滚动。圆筒直立固定于水平转轴上，转轴与电动机相连，转速为 (25±1)r/min。每转动一圈，片剂滚动或滑动至筒壁或其他片剂上。

四、溶出仪

溶出仪是专门用于检测口服固体制剂溶出度或释放度的药物试验仪器，见图 1-29。它能模拟人体的胃肠环境及消化运动过程，是一种药物制剂质量控制的体外试验装置。

溶出仪可用于成品检验，也可用于制剂生产过程中的中间品控制：控制糖衣片、薄膜衣片片芯溶出度，确保包衣后成品合格；控制片剂试压后溶出度合格，保证整批成品合格；控制肠溶衣片包衣后每锅溶出度，确保成品批检验合格。

溶出仪由机座、机头、升降机构、水浴箱、加热组件及温度传感器、转杆、玻璃溶出杯组成。机座内的电动机运行时，使机头沿升降机构上升或下降。机头上的电动机运行时，通过机头内的传动机构带动各转杆在溶出杯内溶剂中转动。加热组件内的水泵、加热器用塑胶管与水浴箱连通，构成外循环式加温水浴，可使溶出杯内溶剂的温度保持恒定（一般为37℃）。机头内的微电脑测控装置使系统具有水温、转速、定时、位置等多项自动测控功能。用户通过机头面板上的显示窗和键盘，可以随时监视和操纵仪器的工作。

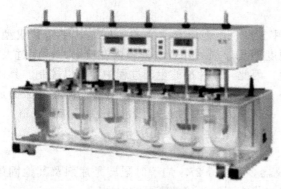

图 1-29　溶出仪

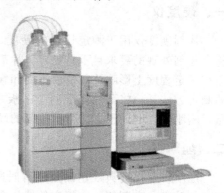

图 1-30　高效液相色谱仪

五、高效液相色谱仪

　　高效液相色谱仪主要用于药物含量的检测分析，见图 1-30。高效液相色谱仪的系统由贮液器、高压输液泵、进样器、色谱柱、检测器、记录仪等几部分组成。贮液器中的流动相被高压输液泵打入系统，样品溶液经进样器进入流动相，被流动相载入色谱柱（固定相）内，由于样品溶液中的各组分在两相中具有不同的分配系数，在两相中做相对运动时，经过反复多次的吸附-解吸的分配过程，各组分在移动速度上产生较大的差别，被分离成单个组分依次从柱内流出，通过检测器时，样品浓度被转换成电信号传送到记录仪，数据以图谱形式打印出来。

> **实训过程**

一、解读阿司匹林片质量标准

1. 成品质量标准

阿司匹林片成品质量标准见表 1-17。

表 1-17　阿司匹林片成品质量标准

检测项目	标　　准	
	法定标准	稳定性标准
性状	白色片	白色片
鉴别	1. 与三氯化铁试液反应显紫堇色 2. 含量测定项下的色谱图中，供试品溶液主峰和对照品主峰的保留时间一致	—
含量	90%～110%	90%～110%
游离水杨酸	＜3.0%	＜3.0%
溶出度	≥80%	≥80%
微生物限度 　细菌数 　霉菌和酵母菌数 　大肠杆菌	≤1000cfu/g ≤100cfu/g 不得检出	≤1000cfu/g ≤100cfu/g 不得检出

2. 中间品质量标准

阿司匹林片中间品质量标准，见表1-18。

表1-18 阿司匹林片中间品质量标准

中间产品名称	检测项目	标　准
干颗粒	干燥失重	≤3.0%
混颗粒	主药含量	95.0%～105.0%
片	性状	白色或类白色片
	片量差异	±7.5%
	硬度	5～10kg
	厚度	2.95～3.65mm(参考值①)
	崩解时限	≤15min
	脆碎度	≤1.0%,不得有断裂、龟裂和粉碎的片

① 根据处方工艺、设备等不同，制出片子厚度可偏离此值。

3. 贮存条件和有效期规定

① 贮存条件：密封，干燥处保存。

② 有效期：24个月。

二、阿司匹林片检验

1. 性状

目测。

2. 鉴别

① 取本品细粉适量（约相当于阿司匹林0.1g），加水10ml，煮沸，放冷，加三氯化铁试液1滴，即显紫堇色。

② 含量测定项下的色谱图中，供试品溶液主峰和对照品主峰的保留时间一致。

3. 游离水杨酸检查

（1）HPLC色谱条件　流动相 乙腈-四氢呋喃-冰醋酸-水（20∶5∶5∶70），检测波长303nm。

（2）供试液配制　取本品细粉适量（约相当于阿司匹林0.5g），精密称定，置100ml量瓶中，用1%冰醋酸的甲醇溶液振摇使阿司匹林溶解，稀释至刻度，摇匀，滤膜过滤，取续滤液为供试品溶液（临用新制）。

（3）对照品配制　取水杨酸对照品约15mg，精密称定，置于50ml量瓶中，加1%冰醋酸的甲醇溶液溶解并稀释至刻度，摇匀，精密量取5ml，置100ml量瓶中，加1%冰醋酸的甲醇溶液稀释至刻度，摇匀，为对照溶液。

（4）进样程序

① 进样体积10μl。

② 系统适应性：重复进样6针对照品溶液，记录峰面积，6针对照溶液峰面积 *RSD* ≤5.0%；进2针1%冰醋酸甲醇溶液；进1针程序控制对照品溶液。

③ 系统适应性建立后每个供试品溶液进样1针，每进样12针和序列的最后进1针程序控制对照品溶液。

（5）结果判断　$A_{test}C_{standard}/A_{standard}C_{test} \leqslant 3.0\%$

4. 溶出度

（1）溶出参数　溶出介质盐酸溶液（稀盐酸 24ml 加水至 1000ml）500ml（50mg 规格）1000ml（0.3g/0.5g 规格），第一法转篮法测定，转速 100r/min，取样时间 30min。

（2）对照品溶液　取阿司匹林对照品精密称定，加 1％冰醋酸甲醇溶液溶解并稀释成每 1ml 含 0.08mg（50mg 规格）、0.24mg（0.3g 规格）、0.4mg（0.5g 规格）的溶液为阿司匹林对照品溶液；取水杨酸对照品，精密称定，加 1％冰醋酸甲醇溶液溶解并稀释制成每 1 毫升含 0.01mg（50mg 规格）、0.03mg（0.3g 规格）或 0.05mg（0.5g 规格）的溶液，作为水杨酸对照品溶液。

（3）供试品溶液准备

① 测定前，应对仪器装置进行必要的调试，使转篮底部距溶出杯底部（25±2）mm。仪器运转时整套装置应保持平稳，均不能产生明显的晃动或振动（包括装置所处的环境）。

② 在 6 个溶出杯中各加入所需量的溶出介质，水浴恒温至（37±0.5）℃。

③ 检查每个溶出杯中的温度，必须保持在（37±0.5）℃。

④ 称取 6 片供试品，记录重量。分别将 6 片供试品投入 6 个溶出杯中，已调整好高度的桨叶立即开始以 100r/min 的速度搅拌，并记录开始时间。

⑤ 到规定取样时间后，从每个溶出杯中快速抽取 10ml，经滤器滤过，取续滤液为供试品溶液。

（4）色谱条件同含量测定方法

（5）进样　阿司匹林对照品溶液、水杨酸对照品溶液、供试品溶液各进样 10μl，分别注入液相色谱仪中，记录峰面积。

（6）数据处理　按外标法以峰面积分别计算每片中阿司匹林与水杨酸的含量，将水杨酸含量乘以 1.304 后，与阿司匹林含量相加即得每片溶出量。

5. 含量测定方法

① HPLC 色谱条件：流动相 乙腈-四氢呋喃-冰醋酸-水（20：5：5：70），检测波长 276nm。

② 供试品溶液配制：取 20 片，精密称定，充分研细，精密称取细粉约相当于阿司匹林 10mg，置 100ml 量瓶中，用 1％冰醋酸甲醇溶液强烈振摇使阿司匹林溶解，并用 1％冰醋酸甲醇溶液稀释至刻度，摇匀，滤膜过滤，续滤液为供试品溶液。

③ 对照品溶液配制：精密称定阿司匹林约 10mg，加 1％冰醋酸甲醇溶液振摇使溶解并定量稀释至 100ml。

④ 进样体积 10μl，外标法以峰面积计算，即得。

6. 干燥失重

① 采用水分测定仪进行测定。

② 取样品约 5g 置托盘上，精密测定，105℃条件下，自动干燥模式测定。

7. 平均片重和片重差异

① 采用万分之一分析天平精密测定。

② 片重差异：取 20 片，称取总重，所得数值除以 20 求得平均片重。再精密称取每片片重，片重差异应在规定范围内。

8. 硬度

取 10 片，用硬度测定仪测定，取平均值。

9. 厚度

取 5 片，用游标卡尺测定。

10. 脆碎度

取本品约 6.5g，在脆碎仪中检查，减失重量应符合规定。

实训思考

1. 片剂的质量检查项目有哪些？
2. 片剂在线检查项目有哪些？

任务二　阿司匹林肠溶片的质量检验

【能力目标】

1. 能根据 SOP 进行肠溶衣片的质量检查
2. 能进行肠溶衣片释放度检验操作

背景介绍

包衣片的质量检查项目与片剂的检查项目基本一致。在片重差异检查中，薄膜包衣片在包衣后检查，而糖衣片在包衣前检查。肠溶衣片需检查释放度。

任务简介

进行阿司匹林肠溶衣片的质量检验。

实训设备

溶出仪、高效液相色谱仪，介绍详见"任务一　阿司匹林片的质量检验"。

实训过程

一、解读阿司匹林肠溶衣片成品质量标准

阿司匹林肠溶衣片成品质量标准，见表 1-19。

比较阿司匹林肠溶片与阿司匹林片的质量检验要求，主要在释放度检查，接下来要完成的任务是阿司匹林肠溶片的释放度检查。

二、阿司匹林肠溶衣片释放度检测规程

1. 释放参数

① 酸中释放：酸释放介质 0.1mol/L 的盐酸溶液 600ml（50mg 规格）或 750ml（0.3g 规格），第一法转篮法测定，转速 100r/min，取样时间 2h。

② 缓冲液中释放：在酸释放介质中继续加入 37℃ 的 0.2mol/L 的磷酸钠溶液 200ml（50mg 规格）或 250ml（0.3g 规格），混匀，用 2mol/L 盐酸溶液或 2mol/L 氢氧化钠溶液调节溶液 pH 至 6.8±0.05，取样时间 45min。

表 1-19　阿司匹林肠溶衣片成品质量标准

检测项目	标　　准	
	法规标准	稳定性标准
性状	白色片	白色片
鉴别	1. 与三氯化铁试液反应显紫堇色 2. 含量测定项下的色谱图中,供试品溶液主峰和对照品主峰的保留时间一致	—
含量	90%～110%	90%～110%
游离水杨酸	＜3.0%	＜3.0%
释放度 　酸介质 　缓冲液	＜10%(2h) ≥70%(45min)	＜10%(2h) ≥70%(45min)
微生物限度 　细菌数 　霉菌和酵母菌数 　大肠杆菌	≤1000cfu/g ≤100cfu/g 不得检出	≤1000cfu/g ≤100cfu/g 不得检出

2. 对照品溶液

① 酸释放对照品溶液：取阿司匹林对照品精密称定，加1%冰醋酸甲醇溶液溶解并稀释成每1毫升含 $8.25\mu g$（50mg 规格）、$40\mu g$（0.3g 规格）的溶液为阿司匹林对照品溶液1。

② 缓冲液释放对照品：取阿司匹林对照品，精密称定，加1%冰醋酸甲醇溶液溶解并稀释制成每1毫升含 $44\mu g$（50mg 规格）、0.2mg（0.3g 规格）的溶液，作为阿司匹林对照品溶液2；取水杨酸对照品，精密称定，加1%冰醋酸甲醇溶液溶解并稀释至每1毫升含 $3.4\mu g$（50mg 规格）、$5.5\mu g$（0.3g 规格）的溶液，作为水杨酸对照品溶液。

3. 供试品溶液准备

① 测定前，应对仪器装置进行必要的调试，使转篮底部距溶出杯底部（25±2）mm。仪器运转时整套装置应保持平稳，均不能产生明显的晃动或振动（包括装置所处的环境）。

② 在6个溶出杯中各加入所需量的酸释放介质，水浴恒温至（37±0.5）℃。

③ 检查每个溶出杯中的温度，必须保持在（37±0.5）℃。

④ 称取6片供试品，记录重量。分别将6片供试品投入6个溶出杯中，已调整好高度的桨叶立即开始以 100r/min 的速度搅拌，并记录开始时间。

⑤ 到规定取样时间后，从每个溶出杯中快速抽取 10ml，经滤器过滤，取续滤液为供试品溶液1。

⑥ 在溶出杯中加入所需量的37℃缓冲液释放介质，并用 2mol/L 盐酸溶液或 2mol/L 氢氧化钠溶液调节 pH 至 6.8±0.05，继续溶出，并记录时间。

⑦ 到规定取样时间后，从每个溶出杯中快速抽取 10ml，经滤器过滤，取续滤液为供试品溶液2。

4. HPLC 色谱条件

流动相 乙腈-四氢呋喃-冰醋酸-水（20∶5∶5∶70），检测波长 276nm。

5. 进样

① 阿司匹林对照品溶液、水杨酸对照品溶液、供试品溶液各进样 $10\mu l$，分别注入液相色谱仪中，记录峰面积。

② 数据处理：按外标法以峰面积分别计算每片中阿司匹林与水杨酸的含量，供试品溶

液 1 以阿司匹林对照品溶液 1 为对照，计算酸中释放量；供试品溶液 2 则以阿司匹林对照品溶液 2 和水杨酸对照品溶液为对照，将水杨酸含量乘以 1.304 后，与阿司匹林含量相加即得缓冲液中释放量。

6. 质控标准

酸中释放量小于阿司匹林标示量 10%；缓冲液中释放量为标示量 70%。

实训思考

哪些品种需检查释放度？

项目五

片剂包装贮存

【能力目标】

1. 能根据批生产指令进行片剂内包（瓶包装）岗位操作
2. 能描述瓶包装的生产工艺操作要点及其质量控制要点
3. 会按照 PA2000 Ⅰ 型数片机、PB2000 Ⅰ 型变频式塞纸机、PC2000 Ⅱ 型变频式自动旋盖机等的操作规程进行设备操作
4. 能对瓶包装工艺过程中间产品进行质量检查
5. 会进行瓶包装岗位的工艺验证
6. 会对瓶包装设备进行清洁、保养

背景介绍

包装是在流通过程中保护产品，方便贮运，促进销售，按一定的技术方法所用的容器、材料和辅助物等的总体名称；亦指为达到上述目的，采用适宜的容器、材料和辅助物进行的操作。包装材料本身毒性要小，与所包装的产品不起反应，以免产生污染，应具有防虫、防蛀、防鼠、抑制微生物等性能，能一定程度上阻隔水分、水蒸气、气体、光线、气味、热量等。

片剂的包装有塑瓶包装生产线和铝塑包装生产线，本任务主要完成塑瓶包装生产线，铝塑包装生产线见"实训二　硬胶囊的生产中铝塑包罩包装任务"。

任务简介

按批生产指令将片剂装入塑瓶中，并进行质量检查。包装设备已完成设备验证，进行包装工艺验证。工作完成后，对设备进行维护与保养。

实训设备

塑瓶包装生产线一般由以下几个机组组成，见图1-31。

一、自动理瓶机

把空瓶子放入贮料部分，经正瓶装置保证所有进入输送带的瓶子直立放置，输送到自动

图 1-31 塑瓶生产线

包装线上。

二、自动吹风式洗瓶机

把经过特殊处理的空气，吹入瓶内，使瓶内的尘埃或异物吹出瓶外，并由吸尘装置将其回收。

三、自动数片机

按每瓶装量要求设定，药片经过机器预数后通过检测轨道落入，被记忆挡板挡住，当空瓶到达出片口时，预先数好的片子会落入瓶中，如此循环下去。

四、自动塞入机

根据装瓶工艺要求，自动把辅料（干燥剂、棉花、减震纸）塞入瓶内。

五、自动旋盖机

盖子进入旋盖机的轨道为可调式，根据盖子尺寸不同进行调整，可剔除瓶子未旋盖或盖内无铝箔的情况。

六、自动封口机

在高频电磁场的作用下，使铝箔产生巨大涡流而迅速发热，熔化铝箔下层的黏合膜并与瓶口黏合，从而达到快速非接触式气密封口的目的。

实训过程

实训设备：PA2000Ⅰ型数片机、PB2000Ⅰ型变频式塞纸机、PC2000Ⅱ型变频式自动旋盖机等。

一、瓶包装（内包）准备与操作

1. 生产前准备

① 检查生产现场、设备及容器具的清洁状况，检查"清场合格证"，核对其有效期，确认符合生产要求。

② 检查房间的温湿度计、压差表有"校验合格证"并在有效期内。

③ 确认该房间的温湿度、压差符合规定要求，并做好温湿度、压差记录，确认水、电、气（汽）符合工艺要求。

④ 检查、确认现场管理文件及记录准备齐全。

⑤ 生产前准备工作完成后，在房间及生产设备换上"生产中"状态标识。

2. 设备安装配件、检查及试运行

① 数片机、塞纸机等设备的零部件按要求进行安装。

② 生产线上各空机试运行正常后停机。

3. 生产过程

① 领料：从中间站领取待包装的检验合格的片剂；按领料操作规程领取合格的包装材料（瓶子、盖子、纸带等）。

② 理瓶：开启总电源和压缩空气。将空瓶加入理瓶机料斗内，开启电源后，瓶子随转盘瓶口朝上进入轨道。瓶口朝下则会落下。

③ 数片：在数片盘中加入片剂，调整两导轨挡板的间距和调瓶闸门位置及落片斗的高低，选择手动方式，调节皮带调速旋钮，药瓶进入输送带机并被送至落片漏斗下时，按动工作"启动"按钮。根据产品性质种类调节数片筛动频率。调试正常后，采用自动方式工作。

④ 塞纸：安装纸卷，调节夹瓶闸门和挡瓶闸门，调整塞纸杆至合适高度，使纸全部塞入瓶中，又不致撞伤药片。打开转动指令开关和输送链条开关，开启塞纸。

⑤ 旋盖：加入瓶盖，打开电源开关，瓶盖输送带和理盖盘开始工作。调节理盖盘的旋转速度，使盖迅速滑入导盖路轨。待输送带上端有一定量药瓶及导盖路轨内有一定量的瓶盖后，按开关控制箱上的"开动"按钮进行开车生产。开启自动，实现来瓶起动，缺瓶停车。

4. 结束过程

① 内包装结束，关闭各设备电源。将产品送至外包装间，并做好产品标识。

② 生产结束后，按清场标准操作程序要求进行清场，做好房间、设备、容器等清洁记录。

③ 按要求完成记录填写。清场完毕，填写清场记录。上报 QA 检查，合格后，发"清场合格证"，挂"已清场"状态标识。

5. 异常情况处理

旋盖机常见故障发生原因及解决办法，见表 1-20。

表 1-20　旋盖机常见故障发生原因及解决方法

故障现象	故障原因	处理方法
旋盖太紧	摩擦片压力太大	打开上盖调整旋盖松紧螺母,减少弹簧对摩擦片的压力
旋盖太松	1. 摩擦片压力太小 2. 旋盖夹头松	1. 打开上盖,调松紧螺钉,到适当的程序 2. 发现夹头工作时有打滑声,说明未夹紧,此时要调节旋紧夹盖松紧的调节螺钉
盖子旋不上	旋盖工位处瓶子中心与旋盖夹头中心不在一条中心线上	调节后挡板和夹瓶插头使瓶子与旋盖夹头中心一致
旋盖夹头空旋时与瓶口摩擦	旋盖夹头低位太低	调节机底部,夹头低位限位顶头高度,使夹头最低位置时不与瓶口相碰

附1：PA2000 I 型数片机标准操作程序

1. 生产前检查

① 检查生产设备的清洁状态，检查设备是否完好，应处于"设备完好"、"已清洁"状态。检查水、电是否到位，房间温湿度、压差是否正常。

② 检查设备各部件、配件是否齐全，紧固件有无松动。

③ 检查机器润滑情况是否良好。

④ 检查电器控制面板各仪表及按钮、开关是否完好。

2. 配件安装

① 准备好合适规格的药瓶及药片置于数片盘内。

② 根据药瓶大小，调整两导轨挡板的间距和调瓶闸门位置及落片斗的高低，使药瓶顺利通过。

3. 操作过程

① 开启电源开关。

② 按下皮带"启动"按钮，调节皮带调速旋钮，使之适当。

③ 当药瓶进入输送带机并被送至落片漏斗下时，按动工作"启动"按钮。

④ 数片开始时，可根据产品性质种类调节数片筛动频率，调节适当的振荡，一般糖衣片或丸剂不需振荡。

4. 结束过程

工作完毕，断开电源。

附2：PB2000 I 型变频式塞纸机标准操作程序

1. 生产前检查

① 检查生产设备的清洁状态，检查设备是否完好，应处于"设备完好"、"已清洁"状态。检查水、电是否到位，房间温湿度、压差是否正常。

② 检查设备各部件、配件是否齐全，紧固件有无松动。

③ 检查机器润滑情况是否良好。

④ 检查电器控制面板各仪表及按钮、开关是否完好。

2. 配件安装

① 根据药瓶大小及余隙空间，将一卷或两卷纸安装好，使纸卷中心与压轮中心成一直线。

② 按瓶口大小和高低选择塞纸导管大号或小号，装上导管后，一般应离开瓶口3～5mm。

③ 按瓶子直径调节前后两挡板，使两挡板之间距离一般大小瓶子直径1～2mm，瓶使后挡板必须距离导管的中心距离为瓶子半径。

④ 调整夹瓶闸门前后位置，把闸门月亮口压紧在瓶身上，相吻合后再锁紧闸门螺钉即可。

⑤ 调节挡瓶闸门位置，将闸门推出或推后，使之顶碰到瓶子外壁上，再锁紧挡瓶闸门螺钉即可。

⑥ 调节塞纸杆的高低，使塞纸杆头部最低位置进入瓶内 5～15mm，使纸全部塞入瓶中，又不撞伤药片。

3. 操作过程

① 转动指令开关及输送链带开关，便开始工作。

② 选择自动开停车还是人工控制，如采用自动，可将旋钮转到自动位置上，再按一下启动按钮，便可自动工作。

4. 结束过程

工作完毕，关闭电源。

附 3：PC2000 Ⅱ型变频式自动旋盖机标准操作规程

1. 生产前检查

① 检查生产设备的清洁状态，检查设备是否完好，应处于"设备完好"、"已清洁"状态。检查水、电是否到位，房间温湿度、压差是否正常。

② 检查设备各部件、配件及是否齐全，爪头是否安装好，紧固件有无松动。

③ 检查机器润滑情况是否良好。

④ 检查电器控制面板各仪表及按钮、开关是否完好。

2. 操作过程

① 试车：开车前先拿几支按生产要求的药瓶调节机头高低，再调节机头前后使爪头中心与瓶盖中心一致后固定螺钉，保证机头工作时不松动，再调试药瓶在输送带前后两挡板之间的通过距离。

② 在理盖振荡斗放入适量的瓶盖。

③ 打开电源开关及主令开关，输送带链和理盖盘开始工作。

④ 调节理瓶盘的旋转速度，使盖迅速滑入导盖路轨。

⑤ 待输送带上端有一定量药瓶及导盖路轨内有一定量的瓶盖后，按开关控制箱上的"开动"按钮进行开车生产。

⑥ 把旋钮开关转到"自动"的位置上，使来瓶启动，缺瓶停车实现自动控制。

3. 结束过程

工作完毕，关闭电源。

附 4：瓶包装线质量控制项目检测规程

（1）瓶装质量控制项目　外观、缺片率、密封性、旋开扭力。

（2）外观　取供试品，目视检测。

（3）缺片率　将供试品瓶中的片子全部倒出，检查片数应与包装规格一致，也可采用称重的方式进行控制。

（4）密封性　抽取样品，置于密封包装检测仪中，上压压板使之不上浮，开启真空阀，抽真空至真空度为 50Pa，维持 2min。解除压力后，取出供试品，分别逐个检查，不得有泄漏。

（5）旋开扭力

① 打开扭力测定仪的电源开关，选择所需测量单位，把状态锁定开关置于"Track"状态。

② 显示屏显示数值如不为零，调节调零旋钮使其归零。

③ 将被测物放在固定夹具中间，旋动仪器右侧大螺母，调整橡胶夹具到合适位置，使之正好夹紧被测物。

④ 把状态锁定开关（Track/Peak）调整到需要的测试状态，一般选用"Peak"。

⑤ 按复位键清零，拧动被测物盖子，记录测试数据。

⑥ 操作完成后，旋松固定夹具，取下被测物，进行下一次检测。

二、瓶包装工序工艺验证

1. 验证目的

瓶包装工序工艺验证主要针对瓶装生产线瓶装效果进行考察，评价瓶装工艺稳定性。

2. 验证项目和标准

工艺参数：数粒机、理瓶机、旋盖机等各项频率。

取样方法：按各项工艺参数规定设置机器，稳定运行后取样，每15分钟取样1次，每次分别抽取50个包装单位，检查外观、塞纸、装量、旋盖紧密度、封口密封性等。

通过标准：上述检测项目的结果均符合规定。

三、瓶包装设备日常维护与保养

① 操作完毕后，关闭电源，清理机器设备，保持设备洁净。

② 日常检查各部位油孔、油杯、油箱是否润滑好。

③ 日常检查设备的振动及噪声是否正常。

④ 检修变频装置时，务必先切断电源，并等候3min后，方可检修。

⑤ 在运转中，操作箱后的连接线绝不可拔除，否则会损坏设备。

实训思考

1. 片剂瓶装生产线主要包括哪些设备？
2. 出现纸张未塞入瓶中的原因是什么？如何解决？
3. 旋盖太紧或者旋不上的主要原因是什么？

任务二 外 包 装

■【能力目标】

1. 能根据批包装指令进行外包岗位操作
2. 能描述外包岗位的生产工艺操作要点及其质量控制要点
3. 能对外包工艺过程中间产品进行质量检查
4. 会对外包装线进行清洁、保养

背景介绍

生产接收人员与仓储管理员在生产区或备料区进行包装材料交接，生产接收人员应根据生产指令和物料提取单仔细核对物料名称、物料代码、物料批号、物料所需量，详细清点实际发放包材的数量等信息，并检查所发包装材料的标识完好，包装状态完好，如发现异常情况应拒收，并按偏差程序处理。交接完毕后，生产接收人员应在物料提取单上签名/日期。

对未拆封的整箱说明书、标签、小盒、中包装以及整捆大箱，应清点箱数、捆数即可。对于已拆零、散装的说明书、标签、小盒、中包装、大箱等应仔细清点；零箱中完整的小捆包装不必拆散逐个清点，清点小捆数量即可；但已拆小捆的说明书、标签、小盒、中包装、大箱应逐个清点计数。例如：根据生产指令和物料提取单的需要，需发放一箱说明书零箱，零箱中有 8 个小捆包装（1000 张/捆）和零散的说明书 991 张，则清点时，计数 8 个小捆为 8000 张，但 991 张需逐个点数。

包装材料计数发放可防止并发现生产包装过程的遗漏、差错等。

任务简介

领取包装材料，进行制剂外包装。

实训设备

一、自动贴标签机

瓶子输送出来经分瓶轮调至合适贴标速度，在测物电眼处产生红外感应，此时贴标打印机同时进行打印动作，标签贴到瓶子上，在滚贴板的转动下完成贴标。

二、自动装盒机

自动装盒机可进行说明书折叠，快速多规格装盒调整，变频调速进行装盒，对于缺说明书、缺瓶、缺纸盒、纸盒打不开等自动检测并停机。

三、热收缩包装机

热收缩包装机用塑料膜进行纸盒的中包装，包装好的物品随输送带转动进入热收缩轨道，塑料膜经轨道加热收缩包装在物品上面，自动完成整个裹包和收缩过程，见图 1-32。

四、打码机

打码机可用于纸盒、塑料袋、瓶、铝箔、药片等的喷码，见图 1-33。

图 1-32 热收缩包装机

图 1-33 打码机

图 1-34 捆包机

五、捆包机

捆包机采用聚丙烯带进行打包，接头短，不用铁扣，符合国际环保要求，见图1-34。

实训过程

操作人员按进出一般生产区更衣规程进入操作间。进岗后做好厂房、设备清洁卫生，并做好操作前的一切准备工作。

外包装准备与操作

1. 生产前准备

① 检查生产现场、设备及容器具的清洁状况，检查"清场合格证"，核对其有效期，确认符合生产要求。

② 检查房间的温湿度计、压差表有"校验合格证"并在有效期内。

③ 确认外包装室温湿度符合要求，并做好记录，确保水、电、气（汽）符合工艺要求。

④ 检查、确认现场管理文件及记录准备齐全。

⑤ 生产前准备工作完成后，在房间及生产设备换上"生产中"状态标识。

2. 生产过程

（1）领料 按包装指令单领取当班生产所需的待包装中间产品，注意核对品名、数量、批号及"检验合格证"。

（2）领取包材 打印人员从空白包材存放处领取外包装材料，由专人限额发放。空白包装材料的领用过程需双人复核包装材料名称、规格、物料编号、数量。

由专人打印，打印前双人复核打印内容（批号、生产日期、有效期等），打印后的包装材料存放在已打印标签的指定区域，并做好产品标识。

外包装操作人员向外包装管理员领取打印完成的包装材料，双人复核包装材料名称、批号、打印内容、流水号等信息。领取无需打印的包装材料，需双人复核包装材料的名称、物料编号、数量等信息。

将领用的外包装材料与样张核对外观、色差等质量情况，检查无误后再将包装材料放入指定区域，由专人上锁保管。

（3）手工包装

① 打印批号、有效期、流水号、生产日期。将批号、生产日期、有效期、流水号字头按反版排放，安装在打码机相应位置，打印在小盒、中盒的相应位置上。打印字迹应端正、清晰。打印好的小盒、中盒按流水号用皮套捆住，按次序摆放在不锈钢方盘中。

② 装袋：班组长按每人生产定额，将待包装品发放给包装人员。包装人员将领回的待包装品放于工作台上，将工艺规定数量的待包装品按工艺规定的排列方式、方向装入防潮袋内，袋口朝上，按次序整齐摆放在不锈钢方盘中。每一方盘摆放规定数目的待封口防潮袋。装袋时注意检查待包装品质量，检出不合格品放入废料箱内，做好标记，标明品名、批号、数量、流水号。所有不合格品放入塑料袋，贴上尾料盛装单。

③ 封口：启动薄膜封口机，预热，温度达到工艺要求后，对防潮袋进行封口。封好的防潮袋装入周转箱，贴好标签，标明品名、批号、数量、流水号。

④ 折叠说明书：手工将说明书横向对折一次，再竖向对折一次；说明书折叠要整齐、无褶皱。

⑤ 装小盒：沿小盒折痕折成盒装后，将一段封口，盒盖中部贴严圆封签，一手持盒，

另一手取热封好的规定数量的防潮袋及折叠好的说明书一张，装入折好的小盒内，盖好小盒，圆封签封口，将装好的小盒顺同一方向排列整齐。

⑥ 装中盒：取中盒，沿折痕折成盒状后，将装好的小盒整齐地装入折好的中盒内，盖上中盒，用圆封签封好，圆封签应端正。

（4）联动线生产

① 试运行：空机运行，正常后调试小盒外观是否符合要求。双人复核打印出的生产日期、有效期、批号等信息准确无误。调试说明书折叠外观是否符合要求，确认每个小盒均有说明书。双人复核确保无异常。取一张包装材料归入批记录作为样张。

② 剔废监控：调出设备剔废监控程序，设定监控范围。取下说明书或药板，检测设备是否能准确剔除缺说明书、缺药板的小盒，准确无误后生产。

③ 复核信息：调试结束，双人复核调试的批号、生产日期、有效期是否与批包装指令上的批号、生产日期和有效期一致。确认后，方可联机生产。

④ 联机生产：开始联机，正式包装药品，完成折小盒、折说明书、装盒、封口、捆包、打码、捆扎等。

⑤ 过程控制：包装过程中随时检查小盒、中盒的外观，批号字迹清晰、位置端正，封口整齐。

（5）塑封　取规定数量盒为一单位，沿同向摆放，装入收缩膜内，用热收缩机进行塑封。小盒数量应准确，塑封平整。

（6）装大箱　将领取的大箱用封箱胶带先进行封箱底，放入塑料袋。捆包好的小盒依次通过固定光栏扫描器读取电子监管码，逐一检查后装入大箱，将打印好的大箱标签分别粘贴在大箱两侧，满足装箱要求时，用"扫描枪"扫描大箱标签的电子监管码与小盒的包装形成关联关系。装好的大箱需放入一张合格证，再封箱面。需合箱时，应填写合箱记录。生产过程中，取样用于稳定性检查和微生物检测。

（7）大包装　按包装规格装箱，核对产品合格证上的产品名称、产品批号、生产日期、有效期、包装规格、包装日期、包装人准确无误后，装入大箱中，再置上纸垫板后封箱。封箱时保证封胶带平整、美观。

（8）入库待验　对所有大箱标签进行外观检查合格后进行捆扎，按要求将大箱放置于托盘上入库待验。

3. 结束过程

① 包装结束，班组长收集废料，剥药处理，装入聚乙烯袋中按片数折算重量，贴好标识，放入危险固废收集箱内，并做好相关记录。

② 班组长收集污损的包装材料，在 QA 监督下销毁，并做好相关记录。

③ 将剩余的包装材料经 QA 确认符合退库要求的进行退库，并做好相关记录。

④ 包装材料平衡计算：将剩余的、污损的及使用的包装材料与领用的包装材料进行平衡计算，确保平衡率符合要求，做好批包装记录。

⑤ 生产结束后，按清场标准操作程序要求进行清场，做好房间、设备、容器等清洁记录。

⑥ 按要求完成记录填写。清场完毕，填写清场记录。上报 QA 检查，合格后，发"清场合格证"，挂"已清场"状态标识。

4. 异常情况处理

① 领用的外包装材料与样张核对外观、色差等质量偏差较大时，立即停止领料，报告 QA。

② 生产过程中如设备异常，停止生产，立即报告 QA。

③ 包装材料的平衡计算及外包装平衡率及收率计算时，如发生偏差应按偏差相关程序进行处理。

实训思考

1. 手工包装的程序是怎样的？
2. 联动线生产的包装程序是怎样的？

任务三 成品接收入库

【能力目标】

1. 能进行成品接收、入库等仓库管理工作
2. 会进行成品发放仓库管理工作

背景介绍

成品的入库接收、发送和运输对保证药品质量至关重要，如果缺乏专业和系统的管理，也会带来药品安全的风险，如成品接收、入库过程中的差错和混淆，成品贮存、发送和运输过程中的温湿度异常和其他贮存条件异常等。成品入库接收流程图，见图1-35。

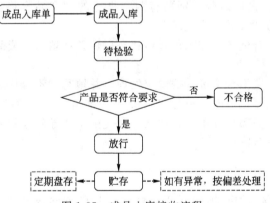

图 1-35　成品入库接收流程

车间将包装好的成品交由仓库入库，可由仓库管理的相关人员（或生产人员）填写成品入库记录，以成品入库单或成品入库凭证等形式入库。仓库接收人员在入库时需重点关注的内容有：成品入库清点（产品的品名、批号、规格、数量），特别是核对并清点零箱药品的数量；成品包装情况，核实实际的产品包装是否与入库单所列信息相符，并检查产品的外包装是否清洁、完好无损；成品贮存条件，对于有特殊要求的产品，仓库接收人员应及时将产品转入符合贮存要求的条件下贮存。

仓库接收人员在成品接收入库并完成相关记录后，需明确标识产品的质量状态，如：贮存放于待检区域内，或在每个包装上贴有"待检"状态标识。若企业采用计算机管理系统，可通过其他方式，确保产品的质量状态处于"待检"状态。在质量部对该批产品未作出是否合格的决定前，该批产品一直处于"待检"状态。

　　质量部基于对产品全面有效的评估后，由质量受权人批准放行或拒绝。如准予成品合格并放行，则通知物流、库房、生产等部门，成品质量状态由"待检"转为"合格"。

　　仓库人员根据成品贮存条件，将成品存放于合适库房，如一般库、常温库、冷库、阴凉库等。贮存过程中进行定期盘点，若出现实物数量和系统数量或库存报告中的数量存在差异时，应对产生差异的物料或产品进行复盘。复盘结束后，形成盘点报告和差异报告。如有显著差异，需启动偏差处理程序进行进一步的调查。

任务简介

　　进行成品入库、仓库贮存和药品养护。

实训过程

一、成品验收入库

1. 核验单据

　　仓库按质量部的成品放行单、检验报告单和生产部填写的成品入库单验收成品，应逐项核对"三单"上的产品名称、规格、数量、包装规格和批号是否相符，与入库产品是否相符，是否签印齐全。

2. 检查外包装

　　① 外包装上应醒目标明产品名称、规格、数量、包装规格、批号、贮藏条件、生产日期、有效期、批准文号，每件外包装上应贴上"产品合格证"。

　　② 找出合箱产品，检查是否分别贴有两个批号的"产品合格证"，其内容是否符合要求；并清点数量，填写"成品验收记录"。

　　验收合格后，放置合格区，挂绿色合格状态标识，并填写"成品库存货位卡"和"成品入库总账"。

　　不合格的成品，放置不合格区，按规定处理，并填写"不合格品台账"。

　　仓储管理员根据仓库记账簿，填写"三联单"，即第一联仓库记账单，第二联生产车间记账回执单，第三联财务部统计单，并把第二联交由生产部作收货凭证，第三联交由财务部统计用，第一联作仓库台账用。

二、成品的贮存

　　① 仓库成品的贮存养护必须按照药品性质，贮存条件合理安排，采用防潮、防霉变、防虫蛀、防鼠咬等措施，合理保持成品堆垛的"五距"（墙距≥30cm、顶距≥30cm、垛距≥50cm、物距≥50cm、底距≥10cm），保持库内清洁卫生，成品陈列整齐美观，无倒置、倒垛现象。

　　② 内服药和外用药分区码放。

　　③ 剂型不同的产品分开贮存。

　　④ 对有低温要求的药品需存放在低温库内。

　　⑤ 不同品种、规格和批号分垛码放。

　　⑥ 性质互相影响、易串味品种与其他药品存放。

　　⑦ 采用科学养护方法，控制仓库温湿度，使温湿度维持在正常范围内。保持通风干燥，采用空调设备、排风扇和自然通风等方法达到调温控湿的目的，保证成品贮存的质量，每天做温湿度记录。

三、成品的发放

　　① 成品凭销售合同和发货单准确发放，详细做好记录，同时标签、包装也要认真核对，保持一致，成品的包装完好。

　　② 成品的出库遵循先进先出的发货原则，复核人员要及时复核发出的成品，检查账、卡是否相符。

　　③ 对发出的成品应及时做好详细原始记录，正确书写领货时间、品名、规格、产地、批号、数量、发货人、收货人、收货单位等，并有双方签名记录。

　　④ 发出的成品每天复核账目，日清月结，保证成品账、物、卡相符。

实训思考

　　1. 成品入库时有哪些注意事项？

　　2. 成品发放时有哪些注意事项？

实训二

硬胶囊的生产

说明：

　　进入硬胶囊生产车间工作，接收生产指令，解读硬胶囊生产工艺规程，再按工艺规程要求生产硬胶囊。物料经过粉碎、过筛、制粒、干燥、整粒、总混后，将制好的混颗粒用全自动胶囊填充机填充胶囊，在铝塑包装生产线上进行铝塑包装。熟悉操作过程的同时，进行岗位的工艺验证（建立在安装确认、运行确认、性能确认基础上）。岗位工作过程中，均应按要求进行设备的维护与保养。生产完成后进行硬胶囊质量全检。

项目一

接收生产指令

任务 解读硬胶囊生产工艺

■【能力目标】
1. 能描述硬胶囊生产的基本工艺流程
2. 能明确硬胶囊生产的关键工序

背景介绍

胶囊剂是将一定量的药物加适当的辅料填充到硬质空心囊壳中或包裹于软质囊材中所形成的固体制剂，最基本可分为软胶囊和硬胶囊，它具有可掩盖药物的不良臭味、崩解快、吸收好、剂量准确、稳定性好、质量可控等优点。硬胶囊与片剂的生产流程最为相似，因此硬胶囊生产线可与片剂生产线安排在同一车间内，增设胶囊填充机即可。随着全自动胶囊填充机的广泛使用，大大提高了硬胶囊生产效率，降低生产成本。硬胶囊生产工艺主要包括：填充物料的制备、胶囊填充、质检、包装等。

任务简介

接收生产任务，根据需生产的制剂品种胶囊选择合适的制备方法，并明确该制剂品种的生产工艺流程。

实训过程

一、解读硬胶囊生产工艺流程及质量控制点

1. 生产工艺流程

硬胶囊工艺流程图，如图 2-1 所示。

根据生产指令和工艺规程编制生产作业计划。

① 收料、来料验收（化验报告、数量、装量、包装、质量）。

② 备料：领料、粉碎、过筛。

③ 配料：按处方比例进行称量、投料。

④ 制粒：可采用干法、湿法或直填（粉末直接填充）。

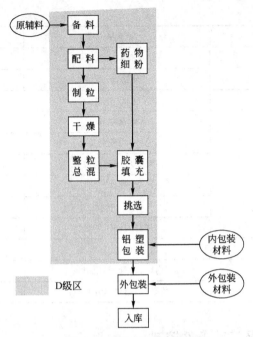

图 2-1　硬胶囊工艺流程

⑤ 干燥：湿法制粒（除流化床一步制粒外）需干燥，可采用烘箱干燥或流化干燥。

⑥ 整粒、总混（颗粒取样化验含量、水分，检查色泽均匀度）。

⑦ 胶囊填充：填充机填充，并进行抛光（检查平均重量、重量差异、崩解度、含量）。

⑧ 挑选（检查外观光洁度）。

⑨ 铝塑包装。

⑩ 外包装（检查成品外观、数量、质量）。

⑪ 入库。

其中除胶囊填充和铝塑包装岗位外，其他均与片剂生产工艺相似，在此不再赘述，任务重点在胶囊填充和铝塑包装。

2. 硬胶囊生产过程质量控制点及其检查要求

硬胶囊生产过程质量控制点及其检查要求，如表 2-1 所示。

表 2-1　硬胶囊生产过程质量控制点及检查要求

工序	质量控制点	质量控制项目	检查频次
备料	原辅料	异物	随时/班
	过筛	异物、细度	随时/班，1次/班
配料	投料	品种、数量	1次/班
制粒	颗粒	混合时间	1次/班
		黏合剂外观、浓度、温度	1次/班
		制粒时间	1次/班
		粒度、外观	随时
干燥	烘箱干燥	温度、时间	随时
	流化床	温度、滤袋	随时
	干粒	水分	1次/班

续表

工序	质量控制点	质量控制项目	检查频次
整粒总混	干粒	筛网、含量	1次/批(班)
		异物,粒度	随时
胶囊填充	囊壳	规格、外观	1次/班
	胶囊	装量差异	1次以上
		平均装量	1次/15min
		溶出度(崩解时限)	1次/批
		外观	随时
铝塑包装	胶囊	外观、异物	随时/班
	铝塑	热封、批号、装量	随时/班
外包装	装盒	装量、说明书、标签	随时/班
	标签	内容、数量、使用记录	随时/班
	装箱	数量、装箱单、印刷内容	1次/批(班)

二、硬胶囊生产操作及工艺条件控制

1. 胶囊填充

（1）胶囊填充操作

① 胶囊填充机已清洁清场，复核模具与指令无误，并检查模具完好程度并符合要求。

② 料斗中分别加入空心胶囊和待填充物。

③ 试填充调节至符合要求，进行正常生产。生产过程中经常检查外观、锁口、重量差异等。

④ 将填充好的胶囊进行抛光。收集胶囊于双层聚乙烯袋的接料桶内。

（2）胶囊填充操作工艺条件

① 必须控制操作间相对湿度保持在60%以下。

② 随时目视检测，胶囊成品应无锁口不严、瘪头、漏粉等问题。

2. 铝塑包装

（1）铝塑包装操作

① 铝塑包装机已清洁清场，复核模具与指令无误，并检查模具完好程度符合要求。

② 复核待包装的胶囊状态标识与生产指令无误。

③ 复核聚氯乙烯、铝塑泡罩包装与生产指令相符，并有生产流转许可证，方可使用。

④ 上好包装机的模具，并将与胶囊接触的模具进行消毒。

⑤ 将聚氯乙烯、铝塑泡罩包装上好、升温、调试，使行程与板块相符。

⑥ 上述工作无误后打开冷却水、空压机、升温开关，将胶囊放入加料斗内，启动机器，进行包装。

⑦ 正常运转后，随时补缺粒，检查包装后的铝塑板平展程度、密封性，无缺粒、脏板。

⑧ 装好的板应计数，码放整齐，放入周转箱内，贴签标明品名、数量、批号、操作者、生产日期，转中间站。

（2）铝塑包装操作工艺条件

① 室内温度：18～26℃，相对湿度：45%～65%。

② 加热板温度：按设备要求及气泡成型情况调定。

③ 热封辊温度：按设备要求及铝塑板热封情况调定。

④ 下料应均匀。

⑤ 工作完毕后应切断电源、水源、气源，确保安全。

⑥ 废料应及时处理。

⑦ 随时目检外观，要求铝塑板板形端正、无异物、无缺片、无脏片、无漏粉；热合严密，泡眼完好均匀；批号印字清楚、端正、准确。

实训思考

1. 简述硬胶囊的生产工艺流程。

2. 硬胶囊的生产工艺条件包括哪些？

项目二

生产硬胶囊

任务一　胶囊填充

【能力目标】

1. 能根据批生产指令进行胶囊填充岗位操作
2. 能描述胶囊填充的生产工艺操作要点及其质量控制要点
3. 会按照 NJP800-B 全自动胶囊充填机的操作规程进行设备操作
4. 能对胶囊填充中间产品进行质量检查
5. 会进行胶囊填充岗位工艺验证
6. 会对 NJP800-B 全自动胶囊充填机进行清洁、保养

背景介绍

　　胶囊填充是将药物粉末或颗粒，使用半自动或全自动胶囊填充机，充填于空心囊壳中，抛光成合格胶囊剂的工艺过程。胶囊生产车间须符合 GMP 要求（洁净级别为 D 级），对于空的和灌装好的明胶胶囊，环境要求为温度 15～25℃，湿度 35％～65％。胶囊在低湿条件下会失水变脆、在高湿条件下会吸水变软，水分的获得或流失，会引起明胶膜层的变化。胶囊的贮存区域设计控制在室温 10～30℃，湿度 30％～70％。

任务简介

　　按批生产指令将物料用胶囊充填机充填于空心胶囊壳中，并进行中间产品检查。胶囊填充机及相关设备已完成设备验证，进行胶囊填充工艺验证。工作完成后，对胶囊设备进行维护与保养。

实训设备

　　胶囊填充主要设备有半自动胶囊填充机和全自动胶囊填充机，辅助设备有真空泵、空气压缩机、抛光机、吸尘器，主要配件有胶囊模具、螺旋钻头、刮粉板。

一、半自动胶囊填充机

　　半自动胶囊填充机主要由机座和电器控制系统、播囊器、充填器、锁紧器、变频调速器

组成，见图2-2。

图 2-2 半自动胶囊填充机

图 2-3 全自动胶囊填充机

半自动胶囊填充机是早期投入使用的药品生产设备，主要功能是向空心胶囊内填充药物，配备不同的模具，填充不同型号的胶囊。采用开放式设计，具有经济、适用性强的特点。但由于粉尘大、容易污染且效率低，目前主要用于实验或实训。

其工作原理如下：装在囊斗的空心胶囊通过播囊器释放一排胶囊，下落在胶囊梳上，受推囊板的作用向前推进至调头位置，空心胶囊受压囊头向下推压并同时调头，囊体朝下，囊帽朝上，并在真空泵的负压气流作用下，进入胶囊模具，囊帽受模孔凸檐阻止留在上模具盘中，囊体受负压气流作用吸至下模具盘中，手动将上下模具盘分离。下模具盘停留转盘中待装药料，这样就完成了空心胶囊的排囊、调头和分离工作。

料斗内装有螺旋钻头，在变频调速电机带动下运转，将药料强制压入空胶囊中，同样变频调速电机带动转盘运转，转盘带动模具运转。当按下"填充启动"键时，料斗内由气缸作用推向模具，料斗到位后，转盘电机和料斗电机自动启动，模具在加料嘴下面运转一周，药料通过料斗在螺旋钻头推压下充填入空心胶囊中。当下模具盘旋转一周后自动停止转动，同时气缸拉动料斗推出模具，完成了药料的充填工作。

用刮粉板刮平药粉，将上下模具对准合并，在顶针盘上进行套合锁口，通过脚踏阀使气缸运动，顶针对准模具孔，脚踏阀门，将囊帽推向囊体，使胶囊锁紧，当脚松开时，气缸活塞回缩，用手推动模具，让顶针复位，将胶囊顶出，收集于盛放胶囊的容器中。

充填好的胶囊挑出废品后，用胶囊抛光机进行抛光，用洁净的物料袋或容器密封保存，即完成胶囊的制备过程。

二、全自动胶囊填充机

全自动胶囊填充机主要由机座和电控系统、液晶界面、胶囊料斗、播囊装置、旋转工作台、药物料斗、充填装置、胶囊扣合装置、胶囊导出装置组成，见图2-3。

全自动胶囊填充机是近年研制开发的新型设备，主要功能是向空心胶囊内填充药物，配备不同规格的模具，能同时完成播囊、分离、充填、剔废、锁紧、成品出料、模块清洗等过程。机器全封闭设计，符合GMP要求，具有结构新颖、剂量准确、生产效率高、安全环保等特点，广泛应用于药品的生产。其工作原理如下：装在料斗里的空心胶囊随着机器的运转，逐个进入顺序装置的顺序叉内，经过胶囊导槽和拨插的作用使胶囊调头，机器工作一次，释放一排胶囊进入模块孔内，并使其囊体在下，囊帽在上。转台的间隙转动，使胶囊在转台的模块中被输出到各工位，真空分离系统把胶囊顺入到模块孔中的同时将帽体分开。随着机器的运转，下模块向外伸出，与上模块错开，以备填充物料。药粉由一个不锈钢料斗进入计量装置的盛粉环内，盛粉环内药粉的高度可以改变装药量。下模块缩回与上模块并合，经过推杆作用使充填好的胶囊扣合并紧，并将扣合好的成品胶囊推出收集。真空清理器清理模块孔后进入下一循环。

实训设备

实训设备：NJP800-B 全自动胶囊充填机。

进岗前按进入 D 级区要求进行着装，进岗后做好厂房、设备清洁卫生，并做好操作前的一切准备工作。

一、胶囊填充准备与操作

1. 生产前准备

① 检查生产现场、设备及容器具的清洁状况，检查"清场合格证"，核对其有效期，确认符合生产要求。

② 检查房间的温湿度计、压差表有"校验合格证"并在有效期内。

③ 确认该房间的温湿度、压差符合规定要求，并做好温湿度、压差记录，确认水、电、气（汽）符合工艺要求。

④ 检查、确认现场管理文件及记录准备齐全。

⑤ 生产前准备工作完成后，在房间及生产设备处换上"生产中"状态标识。

2. 设备安装配件、检查及试运行

① 按工艺要求安装好填充杆组件。

② 用 75％乙醇溶液对胶囊填充机的加料斗、上下模板、设备内外表面、所用容器具进行清洁、消毒，并擦干。

③ 将胶囊填充机模具、料斗等零部件逐个装好，检查机上不得遗留工具和零件，检查正常无误，方可开机，运转部位适量加润滑油。

④ 接上电源，连接空压机，调试机器，确认机器处于正常状态。

3. 生产过程

（1）领料　从中间站领取胶囊填充物和空胶囊，核对品名、规格、批号和重量等，检查空胶囊型号及外观质量等。

（2）胶囊填充

① 将空心胶囊加入胶囊料斗中，药物粉末或颗粒加入物料料斗。

② 试填充，调节定量装置，称重，计算装量差异，检查外观、套合、锁口是否符合要求，并经 QA 确认合格。

③ 试填充合格后，机器可正常填充。填充过程经常检查胶囊的外观、锁口以及装量差异是否符合要求，随时进行调整，以保证填充的胶囊装量符合要求。注意不要使胶囊和物料料斗空料。

（3）胶囊抛光　从出料口流出的胶囊直接接入胶囊抛光机进行抛光。抛光好的胶囊接入套有聚乙烯袋的接料桶内。

4. 结束过程

① 填充结束，关闭胶囊填充机、吸尘装置等。将抛光好的胶囊装入聚乙烯袋，袋口扎

紧，送至中间站，并做好产品标识。

② 生产结束后，按清场标准操作程序要求进行清场，做好房间、设备、容器等清洁记录。

③ 按要求完成记录填写。清场完毕，填写清场记录。上报 QA 检查，合格后，发"清场合格证"，挂"已清场"状态标识。

5. 异常情况处理

① 胶囊填充过程中，出现平均重量、装量差异、崩解时限等生产过程中质量控制指标接近标准上限或下限时，应及时调整填充量、胶囊填充机转速等参数；如超出标准范围，或外观出现瘪头、锁扣不到位、错位太多等问题时，应停止生产，及时报告 QA 进行调查处理。

② 胶囊填充过程中容易出现的问题及其主要产生原因和解决办法，见表 2-2。

表 2-2　胶囊填充过程中容易出现的问题及其主要产生原因和解决办法

容易出现的问题	主要产生原因	解决办法
瘪头	压力太大	调整压力
锁口不到位	压力太小	调整压力
错位太多	顶针不垂直或冲模磨损	调正顶针，更换冲模
套合后漏粉	囊壳贮存不当，水分流失	空胶囊应贮存于阴凉处

附：NJP800-B 全自动胶囊充填机标准操作程序

1. 生产前检查

① 检查生产设备的清洁状态，检查设备是否完好，应处于"设备完好"、"已清洁"状态。检查水、电是否到位，房间温湿度、压差是否正常。

② 检查设备各部件、配件及模具是否齐全，紧固件有无松动。

③ 检查机器润滑情况是否良好。

④ 检查电器控制面板各仪表及按钮、开关是否完好。

⑤ 检查压缩空气管路、吸尘机管路、真空泵管路是否与主机接通。

2. 配件安装和调整

（1）模具的安装或更换

① 在更换充填胶囊规格时，必须对模具进行更换，以满足工艺生产的要求。当更换模块后或发现在同一对模块中，总出现胶囊分不开或扣合不好的现象时，必须进行模块对中的调整。

② 上下模块的更换：松开取下上下模块的紧固螺钉，取下上下模块。将上下模块分别安装在对应的工位上，安装时模块应完全进入转盘上的定位销中，先对下模块紧固。在紧固上模块时，应把模块调试杆分别插入外侧的两个模孔中，使上下模孔对准后，再拧紧螺钉，确保调试杆在上下模孔中转动灵活。更换模块时要用手盘动主电机轴轮，转动转盘，转动前必须取出模块调试杆。

③ 胶囊分送部件的更换：松开胶囊料斗的两个螺钉并取下螺钉和料斗。用手盘动主电机轴轮，使选送插运行到最高位。拧下选送插部件的两个紧固螺钉，并将选送插拨离两个定位销，慢慢取下。拧下固定胶囊导槽的紧固螺钉，取下导槽。拧下拨插上的紧固螺钉，取下拨插。将更换的胶囊分送部件按相反顺序装上，拧紧固定螺钉即可。

④ 剂量盘与充填杆的更换：升起药粉料斗，转动主电机轴轮，使充填杆支座处于最高位置。拧松充填杆夹持器上的锁紧旋钮，拧出夹持器上的调节螺栓，将夹持器从支座上取下。将夹持器下方有长孔的压板螺钉松开，取下充填杆，注意不能让弹簧掉出来，更换充填杆后，压上压板拧紧螺钉即可。拧下紧固充填杆支架的两个螺钉，取下支架。拧下四个紧固药粉输送器的螺钉，取下输送器。用专用扳手卸下三个紧固剂量盘的螺钉，取下剂量盘和盛粉环。将盛粉环从剂量盘卸下，装到更换的剂量盘上。装好更换的剂量盘和盛粉环，装上三个螺钉，不要拧紧。装上药输器紧固后转动调整螺栓，使刮粉器与剂量盘的间隙在 0.05～0.1mm 之间。装上充填杆支架并紧固，将剂量盘和调试杆插入每个孔中。仔细适量地转动剂量盘，使调试杆顺利插入，然后小心轮换拧紧螺钉，紧固后，若调试杆不能顺利通过，还要重新调整，直到顺利插入为止。

⑤ 模具更换后，必须对机器作适当的调整，先用手转动主电机轴轮，使机器运转 1～2 个循环。若在运转中感到有异常阻力时，应立刻停止转动，找出故障及时排除，直至正常为止。

⑥ 由操作人员将更换的模具妥善保存，并进行定期维护。

（2）料斗出口的调整   运行时调整胶囊料斗上的滑动门板，控制料斗出口处胶囊的深度，松开门板固定旋钮拉动门板，可改变料斗出口处的胶囊深度。一般深度为出口高度的一半为好。

（3）扣囊簧片的调整   调整胶囊簧片，保证每次从选送插内排出一粒胶囊，松动限位的紧固螺钉，移动限位块，达到每次排出一粒胶囊为准。

（4）真空分离器的调整   真空分离器与下模块的间隙为 0.8～1mm，在推杆处于最低位时，先松开调整螺杆两端的螺母，旋转调节螺杆，调好这一间隙，并紧固螺母。

（5）上下模块的对中调整   当更换模块后或发现在同一对模块中，总出现胶囊分不开或扣合不好的现象时，必须进行模块对中的调整，具体方法如下：松开取下上、下模块的紧固螺钉，检查模块应完全进入转盘上的定位销中，先对下模块紧固。在紧固上模块时，应把模块调试杆分别插入外侧的两个模孔中，使上、下模孔对准后，再拧紧螺钉，确保调试杆在上、下模孔中转动灵活。

（6）剂量盘与密封环间隙的调整   剂量盘与密封环的间隙应在 0.03～0.08mm。药粉颗粒大，可以调大间隙。在运转中如发现漏药粉过多或阻力大时就要调节此间隙，即取下剂量盘并清理药粉，松开锁紧螺钉，转动调节螺栓可改变密封环的高度，用塞尺测定间隙后固定锁紧螺栓，要保证五个调节点都与环接触。

（7）刮粉器间隙的调整   每次更换剂量盘时，都应调整间隙在 0.05～0.1mm 之间。调整方法：拧紧锁紧螺母，转动调节螺钉，使刮粉器下降，用塞尺测定间隙后，紧固锁紧螺母。

（8）充填杆夹持器高度的调整   调整夹持器的高度可以改变药柱的密度和装药量。调整方法：用手转动主电机轴轮，使充填杆支座处于最低位后，松开夹持器的锁紧螺钉，旋转调节螺栓，使充填杆下端面与剂量盘上表面在同一平面上，此时记下标尺刻度值为零点。

（9）药粉高度及传感器的调整   电容式传感器是控制盛粉环内药粉高度的，可根据药粉的流动性，适当调整传感器的高度，距剂量盘最大高度为 50mm，只要松开卡子上的螺钉，竖直移动传感器，高度就要调整，然后坚固卡子，传感器上部的螺钉可以调节它的灵敏度，传感器与药粉的距离为 2～8mm。

（10）残次胶囊剔除的调整 在第八工位，上下运动的推杆会将上模块中未被分开的胶囊剔除。用调节凸轮连杆中的调节螺栓方法，使推杆上下运动时不与上下模块相碰，又能剔除残次胶囊。调好后的柱销要在模块孔的中心。剔废盒上的导向器与模块的间隙和位置（间隙为5mm）是用松开、紧固螺钉进行调整的。需使之不与模块和胶囊相碰，又能使胶囊顺利导出。

（11）胶囊压合的调整 根据胶囊不同规格和不同长度的要求，或更换胶囊时都必须调整胶囊压合后的总长度。压合挡板与模块中胶囊最高点的间隙应为0.2～0.3mm（用塞尺测定），此间隙是根据更换垫圈的厚度调整的。推杆高度的调整方法是将闭合好的胶囊放入模块中，调整凸轮连杆中调节螺杆的长度，使推杆运动到最高位置时，柱销顶住胶囊下部为准。充填过程中，如发现胶囊闭合不好，如太长锁扣未闭合，太短胶囊变形。此时就要仔细进行重新调整，调整后紧固螺母。

（12）成品导出装置的调整 成品导引器与成品胶囊有一个间隙，以防碰坏胶囊，并能顺利导出成品胶囊，只要松开锁紧螺钉，移动导引器就可调整，设定后拧紧螺母。推杆的位置是靠调整调节螺杆定位的，使推杆运动最高位推出胶囊，最低位不碰下模块。

3. 操作过程

① 开机前应对机器检查一遍，并用手盘动主电机轴轮，使机器运转1～3个循环，同时观察胶囊壳分送部件，是否能够将胶囊壳自如送入模孔内（需在不开启真空时进行观察），如不能自如落入，则需调整胶囊壳分送部件的位置直至符合要求。

② 将药粉加入药粉料斗内，按生产工艺要求将胶囊壳体加入胶囊料斗内。

③ 将电源总开关从"OFF"至"ON"位置，电源指示灯亮，变频调速器也相应显示。

④ 预先选用手动供料。按"饲料"按钮，指示灯亮一下，同时供料电机转动一下。

⑤ 按变频器增速"∧"键和减速"∨"键，对频率、线性速度等进行设定，控制每分钟充填胶囊的粒数在480粒以下。

⑥ 完成设定后，用状态选择开关选择机器的点动运行，按下主机"启动"按钮进行试运行，观察整体运行状况，状况正常则可将状态选择开关选择为连续运行状态。

⑦ 在主电机运转正常后，自动供料开始。

⑧ 经取样检查合格后，方可进行连续、正常生产。

⑨ 机器充填过程中，操作人员应经常检查药室内的药粉量，缺少时应及时添加。

4. 结束过程

① 工作完毕，按"停止"按钮，关闭总电源，并清理吸尘器内的粉尘。

② 按顺序拆下胶囊填充机零配件和冲模。

5. 注意事项

① 机器的四个活开门都有门控开关，并有门灯指示，当某个门被打开或关不严时，指示灯亮，机器无法启动。

② 在操作过程中需要立即停机时，可按正门中央的紧急停止开关，机器会立即停机并自锁。需要再开机时，应打开紧急开关的自锁。

③ 当药室的药粉用完时，可以控制主电机自动停机，再加入药粉后，可以自动启动。

④ 当成品排出有困难时，需用清洁的压缩空气吹出胶囊。

⑤ 机器正常工作时，操作人员不能随便打开护罩挡板，触摸机器或进行调整。

⑥ 真空度需控制在−0.04～−0.08MPa，以可以保证胶囊能被完全分开且又不损坏和跳帽（胶囊帽在真空分离时因真空度过大而从上模块中跳出）为宜。

⑦ 在设备操作及停机检查时，设备的操作面板和灌装室内不允许摆放任何物品，以防止设备、人员的误动造成伤害。

⑧ 设备在正常生产时，其线性速度的调整不宜超过该机设计能力的80％，否则易加速设备性能的降低，以及在生产过程中易出现质量问题。

⑨ 设备运行过程中，操作人员应经常观察真空分离装置，防止胶囊壳被吸入孔内造成胶囊分离不完全。

⑩ 更换、清洁模块以及检查各工位的运行情况时，必须用手盘动主电机轴轮，转动转盘。不允许用点动控制代替，以防造成伤害。

⑪ 安全离合器是在机器过载时起保护作用的，正常负载时离合器不应打滑。由于长时间使用可能会出现打滑现象，可将离合器的螺母拧紧，达到保证正常运转又起保护作用的目的即可。

二、胶囊填充工序工艺验证

1. 验证目的

胶囊工序工艺验证主要针对胶囊填充机填充效果进行考察，评价填充工艺稳定性。

2. 验证项目和标准

工艺条件主要为填充速度。

取样：每10分钟，取样20粒。

检测项目：装量差异、崩解时限、外观，计算收率和物料平衡，判断本工序是否处于稳定状态。

验证通过的标准：符合胶囊中间产品质量标准，对取样数据进行分析，数据全部在上、下控制线内，且所有数据排列无缺陷。

三、胶囊填充设备日常维护与保养

① 机器正常工作时间较长时，要定期对药粉直接接触的零部件进行清理，当要更换药物或停用时间较长时，都要进行清理。

② 机器下部的传动部件要经常擦净油污，使观察运转情况更清楚。

③ 真空系统的过滤器要定期打开清理堵塞的污物。

实训思考

1. 硬胶囊填充机在正式开机前要进行哪些准备工作？

2. 空胶囊上下未能正常分离时应注意进行怎样的调整？

3. 胶囊剂质量有哪些方面的要求？

4. 乙肝解毒胶囊的装量是0.25g，内控质量标准是±8％，填充时装量应控制在什么范围？

5. 请列举胶囊帽体分离不良的原因，并说出解决方法。

6. 发生锁口过松的原因是什么？应如何解决？

7. 发生叉口或凹顶的原因是什么？应如何解决？

任务二　铝塑泡罩包装

【能力目标】

1. 能根据批生产指令进行铝塑泡罩包装的操作
2. 能描述铝塑泡罩包装的生产工艺操作要点及其质量控制要点
3. 会按照 DPP-80 型铝塑泡罩包装机的操作规程进行设备操作
4. 能对铝塑泡罩包装中间产品进行质量检查
5. 会进行铝塑泡罩包装岗位工艺验证
6. 会对 DPP-80 型铝塑泡罩包装机进行清洁、保养

背景介绍

药品的泡罩包装是通过真空吸泡（吹泡）或模压成型的泡罩内充填好药品后，使用铝箔等覆盖材料，并通过压力，在一定温度和时间条件下与成泡基材热合密封而成。药品的泡罩包装又称为水泡眼包装，简称为 PTP，是药品包装的主要形式之一，适用于片剂、胶囊、栓剂、丸剂等固体制剂药品的机械化包装。

根据铝塑泡罩包装的不同形式分为双硬铝、双软铝或者是聚氯乙烯铝塑泡罩，进行铝塑包装后再进行装盒（装说明书）、裹包和装箱。

任务简介

按批生产指令将胶囊用铝塑泡罩包装机进行内包装，并进行中间产品检查。铝塑泡罩包装机及相关设备已完成设备验证，进行胶囊内包装工艺验证。工作完成后，对内包装设备进行维护与保养。

实训设备

平板式铝塑泡罩包装机

平板式铝塑泡罩包装机，见图 2-4，运行过程及工作程序：成型塑胶片在平板式预热装置处加热至软化可塑状态，由步进装置牵引送至平板式成型装置，利用压缩空气将软化的塑胶硬片吹塑（或冲压加吹塑）成泡罩，充填装置将被包装物充填入泡罩内，而后转送至平板式封合装置，在合适的温度及压力下，将覆盖塑胶硬片与铝箔封合，最后送至打字、压印和冲切装置，打出批号、压出折断线、冲切成规定尺寸的板块。即：成型塑胶硬片放卷→预热→吹塑成型→物料充填→封合覆盖铝箔→打批号→压折断线→步进→冲切→收废料。

使用特点：成型装置结构形式为平板式，成型方式为吹塑成型（正压成型），利用压缩空气将加热软化的成型塑胶硬片吹入（或吹塑加冲压）成型模的型腔内，形成需要的几何形状的泡罩。由于采用正压成型，因而成型质量好、尺寸精度高、细小部分的再现性好、光泽透明性好、泡罩美观挺括、壁厚均匀。成型泡罩尺寸可大些，拉伸比可大些，泡罩最大成型深度可达 35mm 以上，可成型出形状复杂的泡罩，成型压力大于 4MPa。封合装置结构为平板式，将待封合的材料铝箔送至平板式封合板之间后加压封合，经一定时间后迅速离开，属

图 2-4　平板式铝塑泡罩包装机

于间歇封合，面接触，所需封合总压力较大，封合机构精度要求高。由于采用板式成型，板式封合，所以对板块尺寸变化适应性强、板块排列灵活、冲切出的板块平整、不翘曲。但封合时间比较长，使整机速度降低，一般冲切次数在 35 次/min 以内。该类机型的充填空间较大，可同时布置多台充填机，更易实现一个板块多种药品的包装，扩大了包装范围，提高了包装档次。

实训过程

实训设备：DPP-80 型铝塑泡罩包装机。

进岗前按进入 D 级区要求进行着装，进岗后做好厂房、设备清洁卫生，并做好操作前的一切准备工作。

一、铝塑包装准备与操作

1. 生产前准备

① 检查生产现场、设备及容器具的清洁状况，检查"清场合格证"，核对其有效期，确认符合生产要求。

② 检查房间的温湿度计、压差表有"校验合格证"并在有效期内。

③ 确认该房间的温湿度、压差符合规定要求，并做好温湿度、压差记录，确认水、电、气（汽）符合工艺要求。

④ 检查、确认现场管理文件及记录准备齐全。

⑤ 生产前准备工作完成后，在房间及生产设备换上"生产中"状态标识。

2. 设备配件安装、检查

根据工艺要求安装整套模具和批号。

3. 生产过程

① 领料：按批包装指令领取待包装半成品、铝箔、聚氯乙烯硬片，核对品名、规格、批号、数量与批包装指令一致。

② 安装好铝箔和聚氯乙烯硬片，接通电源，对机器进行升温预热，待升至工艺要求的温度时，可进行空机调试。

③ 点动进行空机调试，检查包装后的铝塑板泡眼成型情况、热封效果、批号打印情况及裁切情况。

④ 测试正常后，即可在料斗中加入物料，进行试包装。适当打开下料闸门，调整扫粒

速度；点动机器运转，观察扫粒情况。如出现缺粒，即调整扫粒速度和整车的运行速度。

⑤ 正常生产时，操作人员注意观察个别泡眼缺少物料时，手工补上物料；检查裁切下来的铝塑板，剔除漏装、冲裁压坏的以及受到污染的铝塑板。

4. 结束过程

① 铝塑包装结束，关闭铝塑包装机。将装有铝塑板的接料桶送至中间站，并做好产品标识。

② 生产结束后，按清场标准操作程序要求进行清场，做好房间、设备、容器等清洁记录。

③ 按要求完成记录填写。清场完毕，填写清场记录。上报 QA 检查，合格后，发"清场合格证"，挂"已清场"状态标识。

5. 异常情况处理

① 出现异常情况，立即报告 QA。

② 胶囊落地，收集后弃去。

③ 铝塑泡罩包装常见故障发生原因及解决办法，见表 2-3。

表 2-3　铝塑泡罩包装机常见故障发生原因及解决办法

常见故障	发生原因	解决办法
聚氯乙烯泡罩成形不良	加热辊温度过高或过低 吸泡真空不足 成形辊处冷却水温不好 聚氯乙烯过厚或过薄	调整温度 清理成型辊气道异物 清除冷却系流水垢异物 选择合适的聚氯乙烯
热封不良	气压不对 气缸摆杆松动 热压辊与传动辊不平行 加热温度低	调整气压 紧固 调整平行度 调整温度
打批号不好	批号字码安装位置不对 字粒过紧式过小 张紧轮调节位置不对	调整位置 调整螺钉压紧度 调整位置
冲切不准、位置不对	步进辊松动 摩擦轮打滑 轮的位置不对	调整、紧固 清洁、紧固 调整位置、间隙

6. 注意事项

① 领取需包装的半成品及包装材料，严格检查核对品名、规格、批号、数量是否与批包装指令一致。

② 检查所选用模具是否符合该品种工艺参数要求。

③ 操作过程中，检查装量是否准确，封合是否严密，批号打印是否清晰、端正、位置适中，外观是否干净、整洁。

附：DPP-80 型铝塑泡罩包装机标准操作程序

1. 生产前检查

① 检查生产设备的清洁状态，检查设备是否完好，应处于"设备完好"、"已清洁"状态。检查水、电是否到位，房间温湿度、压差是否正常。

② 检查设备各部件、配件及模具是否齐全，紧固件有无松动。

③ 检查机器润滑情况是否良好。

④ 检查电器控制面板各仪表及按钮、开关是否完好。

⑤ 检查压缩空气管路、吸尘机管路、真空泵管路是否与主机接通。

2. 配件安装和调整

① 领取与生产中间产品相对应的聚氯乙烯及铝箔。

② 换上与生产中间产品相应批号的钢字粒，并在字模下面贴一块双层胶布，以免压穿聚氯乙烯及铝箔。

3. 操作过程

① 打开机器总电源开关"I"键，打开控制盒中的电源锁。

② 按下控制盒中的"加热"、"批号"键分别给聚氯乙烯上下成型板（调节至 125～135℃）、铝箔加热辊筒加热（调节至 185～190℃）。

③ 打开冷却水开关，保持成型辊筒温度不超过 40℃。

④ 按规定方向装上聚氯乙烯及铝箔，并使铝箔药品名称与批号方向相同，将聚氯乙烯绕过加热辊筒贴在成型辊上，最后与铝箔在铝箔加热辊筒处汇合。

⑤ 待达到预定温度时，按启动开关，主机顺时针转动，聚氯乙烯依次绕过聚氯乙烯加热辊筒、加料斗、铝箔加热辊筒、张紧轮、批号装置、冲切模具。

⑥ 按下"压合"、"冲切"、"真空"、"批号"键及启动开关，机器转动，检查冲切的铝塑成品是否符合要求。批号钢字体与铝箔上字体方向应一致，如相反可以调换铝箔或批号钢字的方向。

⑦ 检查铝塑成品网纹、批号是否清晰，铝塑压合是否平整，冲切是否完整，批号是否穿孔等。

⑧ 检查符合要求后，机器正常运转，放下加料斗，加入过筛的合格中间产品。

⑨ 打开放料阀，调节好加料速度与机器转速一致，按"刷轮"开关，调节正常转速，以不影响中间产品质量为宜。

⑩ 机器正常运转，开始进行生产操作。

⑪ 生产过程中必须经常检查铝塑成品外观质量、机器运转情况，如有异常立即停机检查，正常后方可生产。

4. 结束过程

① 工作完毕，按"总停"开关即可，锁住电源开关，将总电源开关设置在"0"处，关闭冷却水及压缩气。

② 按顺序拆下零配件。

二、铝塑泡罩包装工序工艺验证

1. 验证目的

铝塑泡罩包装工序工艺验证主要针对包装机的包装效果进行考察，评价铝塑泡罩包装的工艺稳定性。

2. 验证项目和标准

工艺条件包括成型温度、热封温度、运行速度等。

按规定的成型温度、热封温度、运行速度进行生产。稳定后开始取样，每 15 分钟取样一次，每次取样 6 板，进行装量、外观及封合性检测（渗漏试验）。

验证通过的标准：目测外观整洁、切边整齐、泡罩外形规整无异性泡、封合性良好。

三、铝塑泡罩包装设备日常维护与保养

1. 日常保养

（1）打开机台控制面板，检查气源、水源是否正常。

① 将滤气器杯中的积水清除。

② 油雾器中应保持有 2/3 油杯位置的油，不可超过其顶端。

③ 空气压力应在 0.3～0.6MPa。

（2）各传动链松紧度适宜，工作前加注润滑脂。

（3）各齿轮必须啮合完整。

（4）真空泵里的油应达到油杯位置。

（5）行程开关应确保正常功能。

（6）减速器应传动正常，并保持足够的润滑油。

（7）接通电源，各温度指示表应有正常升温指示。

（8）开机空转，各运转部件应无异常声响，转动顺畅。

（9）工作完毕对压合网纹辊涂上机油，以防生锈并对各导柱与轴承用油脂润滑一次。

2. 定期保养

① 每三个月对减速器装置进行检修一次。

② 每半年对真空泵进行拆机清洗。

③ 每年对成型辊、传动辊清理一次水垢。

实训思考

1. 胶囊泡罩包装的设备主要由哪些？
2. 简述平板式铝塑胶囊泡罩包装机的工作原理。
3. 聚氯乙烯泡罩成形不良的主要原因有哪些？
4. 冲切不准、位置不对的原因有哪些？该如何解决？

项目三

硬胶囊的质量检验

任 务　阿司匹林胶囊的质量检查

■【能力目标】

能根据 SOP 进行阿司匹林胶囊的质量检查

背景介绍

胶囊剂的质量检查项目有：外观、装量差异、水分、崩解时限、溶出度、含量等项目。凡规定检查溶出度的胶囊剂可不再检查崩解时限。肠溶胶囊剂的崩解时限，采用先在胃液中检查 2h，再在肠液中检查。在制备新产品时，应做物理稳定性的加速实验。

任务简介

进行阿司匹林胶囊的质量检验。

实训过程

一、解读阿司匹林胶囊质量标准

阿司匹林肠溶胶囊成品质量标准见表 2-4，中间品质量标准见表 2-5。

表 2-4　阿司匹林肠溶胶囊成品质量标准

检测项目	法规标准	稳定性标准
性状	本品内容物为白色颗粒,除去囊衣后显白色	本品内容物为白色颗粒,除去囊衣后显白色
鉴别	1. 与三氯化铁试液反应显紫堇色 2. 含量测定项下的色谱图中,供试品溶液主峰和对照品主峰的保留时间一致	—
含量	90%～110%	90%～110%
游离水杨酸	<3.0%	<3.0%

续表

检测项目	法规标准	稳定性标准
释放度		
酸介质	＜10％（2h）	＜10％（2h）
缓冲液	≥70％（45min）	≥70％（45min）
微生物限度		
细菌数	≤1000cfu/g	≤1000cfu/g
霉菌和酵母菌数	≤100cfu/g	≤100cfu/g
大肠杆菌	不得检出	不得检出

表 2-5　中间品质量标准

中间产品名称	检测项目	标准
干颗粒	干燥失重	≤3.0％
混颗粒	主药含量	95％～105％
胶囊	性状	白色或类白色片
	10 粒胶囊质量	3.642～3.854g（参考值①）
	囊重差异	±5.0mg（参考值①）
	重量差异	±7.5％
	崩解时限	胃液中 2h 不破坏，肠液中 1h 内全部崩解

① 根据处方、工艺、设备等的不同，该值会有差异。

　　比较阿司匹林肠溶胶囊与阿司匹林肠溶片，二者的质量检验项目中最大的区别在于重量差异检查，因此以下主要介绍重量差异检查方法。

二、胶囊重量差异检查

1. 重量差异检查方法

① 除另有规定外，取供试品 20 粒，分别精密称定重量后，倾出内容物（不得损失囊壳）。

② 硬胶囊囊壳用小刷或其他适宜用具拭净。

③ 分别精密称定囊壳重量，求出每粒内容物的装量与平均装量。

2. 装量差异标准

每粒的装量与平均装量相比较，超出装量差异限度的胶囊不得多于 2 粒，其中不得有 1 粒超出限度 1 倍。

实训思考

1. 硬胶囊的质量检查项目有哪些？

2. 硬胶囊的重量差异检查如何进行？

实训三

软胶囊的生产

说明：

　　进入软胶囊生产车间工作，接收生产指令，解读软胶囊生产工艺规程，再按工艺规程要求生产软胶囊。将明胶和/或其他囊材溶解成溶液进行化胶，药物与其他附加剂配成药物溶液进行配料，共同输入软胶囊压制机中进行制丸，压制出的胶丸经清洗干燥后，挑选合格品进行包装。熟悉操作过程的同时，进行岗位的工艺验证（建立在安装确认、运行确认、性能确认基础上）。岗位工作过程中，均应按要求进行设备的维护与保养。生产完成后进行软胶囊质量全检。

项目一

接收生产指令

■【能力目标】
1. 能描述软胶囊生产的基本工艺流程
2. 能明确软胶囊生产的关键工序

背景介绍

软胶囊剂又称胶丸，是指将一定量的药液（或药材提取物）加适宜的辅料密封于各种形状的软质囊材中制成的剂型。囊材由明胶、甘油、水或其他适宜的药用材料制成。囊壳柔软、有弹性、含水量高。软胶囊的生产方法有压制法和滴制法两种，生产时成型与填充药物是同时进行的。

任务简介

接收生产任务，根据需生产的软胶囊制剂品种选择合适的制备方法，并明确该制剂品种的生产工艺流程。

实训过程

一、解读软胶囊生产工艺流程及质量控制点

1. 生产工艺流程

根据生产指令和工艺规程编制生产作业计划，软胶囊压制工艺流程见图3-1。

① 收料、来料验收：化验报告、数量、装量、包装、质量。

② 化胶：制成明胶溶液。

③ 配料：按处方比例进行称量、投料，配制囊心物。

④ 制丸：可采用滴制法或压制法。

⑤ 干燥：转笼干燥和再干燥，使软胶囊定型。

⑥ 清洗：挥发性有机溶剂清洗表面石蜡油，并除去有机溶剂。

⑦ 拣丸：防止异形丸，保证囊重。

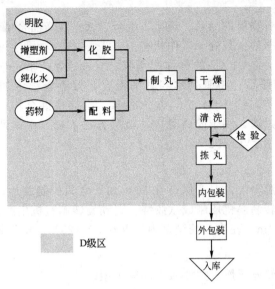

图 3-1　软胶囊压制工艺流程

⑧ 内包装：可采用瓶装线或铝塑包装线。

⑨ 外包装：检查成品外观、数量、质量。

⑩ 入库。

软胶囊生产环境要求：洁净区为 D 级区，室温 18～25℃，相对湿度 30%～45%。

2. 质量监控点

软胶囊生产工艺质量监控点如表 3-1 所示。

表 3-1　软胶囊生产工艺质量监控点

工序	质量控制点	质量控制项目	频　次
化胶	投料、溶胶真空度、温度、时间	黏度、水分、冻力	每料/次
配料	投料	含量、数量、异物	每班一次
制丸	胶丸成型	形丸、装量、渗漏	20min/次
干燥	转笼	外观、温度、湿度	每班一次
清洗	洁净情况	清洁度	每班一次
拣丸	丸形	大小丸、异形丸	每班一次
包装	瓶装 盒装 装箱 标签	数量、密封度、文字、批号 数量、说明书、标签 数量、装箱单、印刷内容 批号、文字、使用数	随时/班 抽检/批 抽检/批 每班一次

二、软胶囊生产操作过程及工艺条件控制

1. 配料

按处方量配制，搅拌使其充分混匀，通过胶体磨研磨 3 次，真空脱气泡；在真空度 −0.10MPa 以下，温度 90～100℃ 左右进行 2h 脱气。配料间保持室温 18～25℃，相对湿度 50% 以下。

2. 溶胶

根据领料单，核对各物料的品名、规格、批号、数量及产品合格证，并检查真空泵、空压机及其他计量器具，并确保其处于工作状态。

按明胶∶甘油∶水＝2∶1∶2的量称取明胶、甘油、水，和一定量色素；明胶先用约80%水浸泡使其充分溶胀后；将剩余水与甘油混合，置煮胶锅中加热至70℃，加入明胶液，搅拌使之完全熔融均匀约1~1.5h，加入色素，搅拌使混合均匀，冷却，保温60℃静置，除去上浮的泡沫，过滤，测定胶液黏度，试验方法依据《中国药典》2010年版二部附录Ⅵ　G，使胶液黏度约为40MPa·s左右。

3. 压制

将上述胶液放入保温箱内，温度保持在80~90℃之间压制胶片；将制成合格的胶片及内容物药液通过自动旋转制囊机压制成软胶囊。自动旋转制囊机生产过程中，控制压丸温度35~40℃，滚模转速3r/min左右；控制室内温度在20~25℃。空气相对湿度40%以下。

4. 干燥

将压制成的软胶囊转笼干燥，并放入干燥箱定型。

5. 洗丸

用乙醇在洗丸机中洗去胶囊表面油层，再将软胶囊放入干燥箱中进一步除去乙醇。

6. 拣丸

将干燥后的软胶囊进行人工拣丸或机械拣丸，拣去大小丸、异形丸、明显网印丸、漏丸、瘪丸、薄壁丸、气泡丸等，将合格的软胶囊丸放入洁净干燥的容器中，称量，容器外应附有状态标识，标明产品名称、重量、批号、日期，用不锈钢桶加盖封好后，送中间站。

7. 检验、包装（瓶包装）

取上述软胶囊送检，合格后分装。

（1）内包装

① 从中间站领取待包装品，并在内包材暂存库中领取内包材。

② 启动理瓶机，将待装料的塑料瓶倒入倾斜的贮瓶斗中，调整翻瓶斜块角度，使倒瓶能被翻正，调整轨道，使瓶子能正常前输送。

③ 将待包装品用不锈钢铲倒入筛动数粒机料斗内，按下"筛动"按钮，并调整振荡量的大小，按下输送"启动"按钮，输送机启动，瓶子进入输送带并被送至落粒漏斗下，按下工作"启动"按钮，定量筛丸入瓶，装量100粒/瓶，并打开干燥剂自动塞入机。

④ 旋盖前，先将瓶盖倒入贮盖斗中，打开理盖装置，使滑道中有一半以上的瓶盖。

⑤ 调整摩擦手柄，使三组摩擦轮都与瓶盖摩擦产生力矩，使瓶盖的旋紧逐步加紧。生产过程中，随时抽检旋盖情况。瓶盖无漏盖、无松盖、无错位，封口黏合平整。

（2）外包装

① 检查内包装瓶标签黏附牢固、平整、位置端正、高低适宜，字迹打印正确、清晰、完整、位置居中、无漏印。

② 包装材料管理：包装材料的领取、发放、贮存由专人管理，计数发放，严格检查质量，不合格者退库，严禁使用，包材领用数＝使用数＋剩余数＋残损数。

③ 小盒：在指定位置打印批号、有效期，打印清晰、不重叠，每1瓶与说明书1张放入1个小盒，每10小盒封1个收缩膜。

④ 大箱：在指定位置打印批号、有效期、生产日期，打印清晰、不重叠，每40个收缩膜装1个纸箱。胶带封口，箱外贴合格证，打上包装带，包装带位置合适、松紧适度，合箱

及零头包装标识明显。

⑤ 批号、有效期在打印前，对批号模版以及打印的第一个盒、装箱单、大箱等进行检查，第一个打印的小盒粘贴在生产记录上。

⑥ 包装规格：400mg×100 粒×10 盒×40 盒。

8. 尾料处理

在制胶片、压丸、洗丸过程中每批尾料量不得超过 20％，将尾料集中，称量，分别放入专用的不锈钢桶中保存，按《尾料管理制度》的要求，定期进行处理、检验，统一重新利用。

9. 清场

以上各工序必须按清场操作规程要求进行清场，并填写清场记录，QA 检查合格后，签发"清场合格证"。

10. 工艺条件

工艺用水采用纯化水，按现行版《中国药典》纯化水项下检查并符合质量要求。配料、溶胶、制丸、洗丸、挑丸、瓶包装等工序按 GMP 要求达到洁净度 10 万级，控制温度 18～25℃、相对湿度 30％～45％，并定期进行消毒。

实训思考

1. 简述软胶囊的生产工艺流程。
2. 简述软胶囊的生产工艺条件。

项目二

生产软胶囊

任务一 化 胶

【能力目标】

1. 能根据批生产指令进行化胶操作
2. 能描述化胶的生产工艺操作要点及其质量控制要点
3. 会按照 HJG-700A 水浴式化胶罐的操作规程进行设备操作
4. 会进行化胶岗位工艺验证
5. 会对 HJG-700A 水浴式化胶罐进行清洁、保养

背景介绍

化胶是将胶料、增塑剂、附加剂、水等，用规定的化胶设备，煮制成适用于压制软胶囊胶液的工艺过程。常用的胶料有明胶、阿拉伯胶、聚甲基丙烯酸树脂、聚维酮、泊洛沙姆等。增塑剂常用的有甘油、山梨醇、丙二醇或混合物。附加剂包括着色剂、遮盖剂、矫味剂和防腐剂等。操作时一般先把增塑剂（如甘油）、水、附加剂等加入容器中，搅拌均匀，升温至一定温度后加入明胶颗粒，搅拌，真空脱泡，制得均质胶液。

任务简介

按批生产指令选择合适化胶设备将物料煮制成适合压制的明胶胶液，并进行中间产品检查。整粒机、混合设备已完成设备验证，进行整粒与混合工艺验证。工作完成后，对设备进行维护与保养。

实训设备

水浴式化胶罐

一般由具投料口的密闭罐体和辅助动力单元（包括真空、热水、压缩空气、蒸汽）组成。罐体与胶液接触部分由不锈钢制成。罐外设有加热水套，用循环水对罐内明胶进行加

热，升温平稳。罐上设有安全阀、温度计和压力表等。通过压力控制可将罐内胶液输送至主机的胶盒中。图 3-2 为水浴式化胶罐实物图。

图 3-2 水浴式化胶罐

实训过程

实训设备：HJG-700A 水浴式化胶罐。

进岗前按进入 D 级区要求进行着装，进岗后做好厂房、设备清洁卫生，并做好操作前的一切准备工作。

一、化胶准备与操作

1. 生产前准备

① 检查生产现场、设备及容器具的清洁状况，检查"清场合格证"，核对其有效期，确认符合生产要求。

② 检查房间的温湿度计、压差表有"校验合格证"并在有效期内。

③ 确认该房间的温湿度、压差符合规定要求，并做好温湿度、压差记录，确认水、电、气（汽）符合工艺要求。

④ 检查、确认现场管理文件及记录，准备齐全。

⑤ 生产前准备工作完成后，在房间及生产设备处换上"生产中"状态标识。

2. 设备安装配件、检查及试运行

① 检查化胶罐及其附属设备是否处于正常状态。

② 检查化胶罐盖密封情况，开关灵敏正常；紧固件无松动，零部件齐全完好。

③ 检查电子秤、流量计等是否正常；检查煮水锅内水量是否足够（水位不能低于 3/4）。

④ 温控仪上设定好需要的温度（一般设为 82℃）。

⑤ 胶液保温桶在化胶前设定 50℃进行保温。

3. 生产过程

① 领料：从中间站领取待化胶的甘油、明胶、色素等，核对品名、规格、批号、数量。

② 溶胶：按批用量称取纯化水、甘油，进行混合，过 100 目筛后加入化胶罐中，开动搅拌电机，开启循环水泵和蒸汽阀门，蒸汽与循环水直接接触并加热循环水，当罐内混合液

温度达到（60±2）℃时，关闭搅拌电机。将规定量明胶加入化胶罐内，再加入规定量色素，开启搅拌电机，持续加热至（80±2）℃，保温 10min 至明胶全部溶化为胶液。按生产指令要求待明胶液全部溶化后再加入网胶至全溶。

③ 脱泡：开启冷却水阀门，然后开启真空泵，对罐内胶液进行脱泡。测定胶液黏度合格和气泡量均符合要求后，关闭真空泵电机和冷却水阀门，用 60 目双层尼龙滤袋过滤胶液到保温贮胶罐中，50～55℃保温备用。

④ 静置：明胶液保温静置控制在 2～24h 内。

4. 结束过程

① 生产结束后，按清场标准操作程序要求进行清场，做好房间、设备、容器等清洁记录。

② 按要求完成记录填写。清场完毕，填写清场记录。上报 QA 检查，合格后，发"清场合格证"，挂"已清场"状态标识。

5. 异常情况处理

① 出现异常情况，立即报告 QA。

② 化胶时设备常见故障发生原因及解决办法，见表 3-2。

表 3-2 化胶时设备常见故障的发生原因及解决办法

常见故障	发生原因	解决办法
开机气堵	进料水管泵或冷却水泵的外部管路没有符合技术要求,造成出水管路内含的空气无处排放	拧松进水管路连接件或打开旁路阀门排除所有气体
未达到给定生产能力	1. 供给的加热蒸汽质量不符合要求,有可能蒸汽中含有过多的空气和冷凝水 2. 出口背压过高,疏水器排泄不畅 3. 进料水流量压力与加热蒸汽压力不适应 4. 蒸馏水机蒸发面可能积有污垢	1. 将加热蒸汽的进口管路和输气管路适当保温,以改善供气质量 2. 排除疏水器出口处的背压因素 3. 参照本机输入管路技术要求及工况点控制表重新调整进料流量与初级蒸汽压力 4. 按照产品说明书内的技术要求清洗
蒸馏水温度过低,电导率大于 $1\mu s/cm$	1. 冷却水管路内因压力变动造成冷却水流量变化 2. 进料水不符合要求	1. 通过冷却水调节降低冷却水流量;冷却水泵旁路阀稳定进水压力 2. 对水的预处理设备酌情予以修理和再生,以改善原料水条件
细菌污染	1. 开机时,当冷水高速进入蒸馏水机,蒸汽消耗太高,通过来自压力开关(PC211)的脉冲信号,中断蒸馏 2. 进料水压力不足 3. 冷凝器温度波动(甚至低于 85℃) 4. 水的预处理设备处于再生、供水的交替期间使进料水的水质波动	1. 属初始状态,待 1～2min 就会恢复操作平衡,无需调节 2. 按接管技术重新调整进料水压力 3. 检查蒸馏水机质量控制系统各元件的工作状态是否正常 4. 改善水质预处理设备运转工况,使供水量稳定

6. 注意事项

① 化胶前检查热水循环系统和抽真空系统是否正常，热水温度是否达到工艺要求。

② 抽真空时注意液面上涨情况，防止跑料，堵塞真空管道。

③ 抽真空时液面不再（海绵层）上涨时算时间，注意化胶罐的密封，放胶管阀门垫片易破损，抽真空时吸入空气产生气泡。

④ 投入明胶至放胶整个过程尽可能控制在两个小时内，温度不能超过 72℃。

⑤ 回收利用网胶应在明胶全溶后投入网胶，防止胶液夹生。

附：HJG-700A 水浴式化胶罐标准操作程序

1. 生产前检查

① 检查生产设备的清洁状态，检查设备是否完好，应处于"设备完好"、"已清洁"状态。检查水、电是否到位，房间温湿度、压差是否正常。

② 检查设备各部件、配件是否齐全，紧固件有无松动。

③ 检查机器润滑情况是否良好。

④ 检查电器控制面板各仪表及按钮、开关是否完好。

⑤ 检查煮水锅的水量是否足够（水位线应在视镜的 4/5 处），如水量不足，应开启补水阀，补足水量。

2. 操作过程

（1）加热操作

① 开启循环水泵，开启蒸汽阀门，蒸汽与循环水直接接触并加热循环水。当循环水温度达到 95℃时应适当减少蒸汽阀门的开启度（以排汽口没有大量蒸汽逸出为准）。

② 经常检查煮水锅的温度，如超出要求应及时做出调整。

③ 经常查看化胶罐夹层入口处安装的压力表，保证化胶罐夹层压力不得超过 0.2MPa。

（2）投料

① 往罐内注入本次化胶的用水量，同时开启热水循环泵。

② 待热水循环泵启动 15min 后，启动搅拌桨运行搅拌。

③ 启动真空泵，利用真空管将各物料吸入化胶罐内，吸料完毕将控制阀门关闭。

（3）抽真空操作

① 当化胶罐内胶液温度达到（60±2）℃时，开启缓冲罐的冷却水阀门，再开启真空泵，对罐内胶液进行脱泡。

② 在明胶液黏度达到要求且气泡达最少量时，关闭真空泵。

（4）出料 用 60 目双层尼龙滤袋绑紧在化胶罐出胶液口，出液口下放置胶液保温桶，开启出液阀门，将胶液放出。

3. 结束过程

工作完毕，关闭总电源。

4. 注意事项

① 经常检查化胶罐压力表及安全阀是否有效；生产过程中应经常观察化胶罐夹层压力，不可超过 0.2MPa。

② 化胶罐不可超载运行，容量以不超过锅内溶剂 3/4 为宜。

③ 开启真空泵脱泡时，化胶罐内胶液液面会上升，应经常观察液面，调节排空阀，不要让液面上升接近真空出口。

④ 胶液经滤网放出时温度较高，操作时要小心，慎防烫伤。

二、化胶工序工艺验证

1. 验证目的

化胶工序工艺验证主要针对溶胶效果进行考察，评价化胶工艺的稳定性，确认按制定的工艺规程化胶后能够制得达到质量标准要求的胶液。

2. 验证项目和标准

参数包括化胶温度、化胶时间、真空度等。

按标准操作规程进行化胶，结束后分别从顶部、中间、底部取 3 个样，观察胶液外观性状，并测黏度。

合格标准：明胶完全溶解、无结块、胶液色泽均匀、黏度在 25～40Pa·s。

三、化胶设备日常维护与保养

化胶设备的日常维护与保养应注意以下几点：

① 保证机器各部件完好可靠；

② 设备外表及内部应洁净，无污物聚集；

③ 各润滑杯和油嘴应每班加润滑油和润滑脂；

④ 定期检查化胶罐盖、真空泵、压力表等的密封性。

实训思考

1. 在化胶时加入甘油有何作用？

2. 软胶囊和硬胶囊制备时甘油的用量配比是否一样？甘油的用量对胶皮的质量有什么影响？

3. 化胶时加热时间和温度对胶皮质量有什么影响？

4. 明胶溶解后抽真空有什么作用？操作时应注意的事项是什么？

任务二　配料(配制内容物)

■ 【能力目标】

1. 能根据批生产指令进行软胶囊内容物配制操作

2. 能描述配料的生产工艺操作要点及其质量控制要点

3. 会按照胶体磨或乳化罐的操作规程进行设备操作

4. 会进行配料岗位工艺验证

5. 会对配料设备进行清洁、保养

背景介绍

软胶囊内容物配制是指将药物及辅料通过配液罐、胶体磨、乳化罐等设备制成符合软胶囊质量标准的溶液、混悬液及乳液内容物的工艺过程。内容物配制的方法有：①药物本身是油类，只需加入适宜的抑菌剂，或再添加一定数量的油（或 PEG 400 等），混匀即得；②药物为固体粉末，首先粉碎至 100～200 目筛，再与油混合，经胶体磨研匀，或用低速搅拌加玻璃砂研匀，使药物以极细腻的粒子状态均匀悬浮在油中。

任务简介

按批生产指令选择合适设备将药物及辅料配制成适合包囊的软胶囊内容物，并进行中间产品检查。设备已完成设备验证，进行配料工艺验证。工作完成后，对设备进行维护与保养。

实训设备

一、胶体磨

胶体磨由不锈钢、半不锈钢胶体磨组成，见图 3-3。胶体磨的基本原理是流体或半流体物料通过高速相对连动的定齿与动齿之间，使物料受到强大的剪切力、摩擦力及高频振动等作用，有效地被粉碎、乳化、均质、混合，从而获得符合软胶囊要求的内容物。

图 3-3　JM280QF 型胶体磨　　图 3-4　TZGZ 系列真空乳化搅拌机　　图 3-5　双向搅拌均质配液罐

二、真空乳化搅拌机

该设备可用于乳剂及乳剂型软膏的加热、溶解、均质、乳化。该机组主要由预处理锅、主锅、真空泵、液压、电器控制系统等组成，均质搅拌采用变频无级调速，加热采用电热和蒸汽加热两种方法，乳化快，操作方便，见图 3-4。

三、双向搅拌均质配液罐

该罐体上部采用多层分流刮壁搅拌，活套联轴器连成由正转刮壁桨叶和反转多层分流式桨叶组成。采用不同转速及转向对药液进行高效混合。底部采用高剪切乳化分散器和变频调速搅拌，使药液通过高剪切乳化分散器中定子与转子间隙运转原理强化剪切混合的作用，达到快速而有效的混合均质。本设备适用于多种不同物料混合，罐体采用内胆、加温层、保温层三层结构，用循环热水对罐内进行加热，具有混合性能强、真空效果好、加热均匀、粗粒剪切、刮壁清洗方便等特点，是目前软胶囊配料、真空搅拌、均质的常用设备，见图 3-5。

实训过程

实训设备：胶体磨、乳化罐、配液罐。

进岗前按进入 D 级区要求进行着装，进岗后做好厂房、设备清洁卫生，并做好操作前的一切准备工作。

一、软胶囊配料准备与操作

1. 生产前准备

① 检查生产现场、设备及容器具的清洁状况，检查"清场合格证"，核对其有效期，确

认符合生产要求。

② 检查房间的温湿度计、压差表有"校验合格证"并在有效期内。

③ 确认该房间的温湿度、压差符合规定要求，并做好温湿度、压差记录，确认水、电、气（汽）符合工艺要求。

④ 检查、确认现场管理文件及记录准备齐全。

⑤ 检查电子秤、用具、容器是否干燥清洁。

⑥ 生产前准备工作完成后，在房间及生产设备处换上"生产中"状态标识。

2. 生产过程

① 领料：领取待配制的原辅料，核对品名、批号、规格、数量。

② 预处理：将固体物料分别粉碎，过100目筛。

③ 加料：将液体物料过滤后加入配料罐，再将固体物料按一定的顺序加入配料罐中，与液体物料混匀。

④ 研磨或乳化：将上一步得到的混合物视情况加入胶体磨或乳化罐中，进行研磨或乳化。

3. 结束过程

① 配料结束，关闭水、电、气。将研磨或乳化后得到的药液过滤后用干净容器盛装，并做好产品标识，标明品名、规格、批号、数量。

② 生产结束后，按清场标准操作程序要求进行清场，做好房间、设备、容器等清洁记录。

③ 按要求完成记录填写。清场完毕，填写清场记录。上报 QA 检查，合格后，发"清场合格证"，挂"已清场"状态标识。

附：胶体磨标准操作程序

1. 生产前检查

① 检查生产设备的清洁状态，检查设备是否完好，应处于"设备完好"、"已清洁"状态。检查水、电是否到位，房间温湿度、压差是否正常。

② 检查设备各部件、配件及模具是否齐全，紧固件有无松动。

③ 检查机器润滑情况是否良好。

④ 检查电器控制面板各仪表及按钮、开关是否完好。

2. 配件安装

① 连接好料斗、出料循环管，检查循环管阀门放料方向关闭，循环方向开通。

② 磨片间隙调节：将两手柄旋松（反时针拧）然后顺时针转动调节环，用一只手伸入底座方口内转动电机风叶，当转动调节环感到有少许摩擦时马上停止。反转调节环少许使磨片间隙大于对准数字，然后再顺时针旋紧手柄锁紧调节环，使磨片间隙固定。下次使用时，无需再调节，但运转后摩擦声音尖锐时，立即关机再调节。

3. 操作过程

① 接通电源后，投料入料斗内。

② 通过调节出料阀改变设备运行状况及物料的颗粒细度。

4. 结束过程

① 使用完毕，打开出料管，待物料出料完毕，关闭电源。

② 按顺序拆下零配件。

5. 注意事项

① 设备无料空转时间不得超过 5s。

② 设备卫生清洁严禁带电进行，需切断电源，所用抹布应拧干，不得有水流下。

③ 料斗内严禁掉入硬的物体，严禁将搅拌棒、手等伸到正在运行的胶体磨内腔。

④ 胶体磨底座放平稳定，不得放在不平稳的物体上。

⑤ 启动时，若 2 次启动无效，通知工程组处理，不得再强行启动，以免损坏电机。运转过程中出现漏电、尖锐声、强烈振动等异常情况时，及时关闭电源通知工程组处理。

二、软胶囊配料工序工艺验证

1. 验证目的

软胶囊配料工序工艺验证主要针对均质和混合效果进行考察，评价配料工艺的稳定性，确认按制定的工艺规程配料后能够制得达到质量标准要求的软胶囊内容物。参数包括均质次数、混合时间等。

2. 验证项目和标准

(1) 均质次数

评价方法：设定胶体磨的一个固定参数　混合量××kg；胶体磨间隙×～××μm。

在胶体磨分别均质 1 次、2 次、3 次过程中，分别从出料口分段取 3 个样，每个样 50ml，测定混悬液沉降体积比。

判定标准：混悬液外观均匀一致，静置 3h 后混悬液沉降体积比≥0.××。

(2) 混合时间

评价方法：设定配料罐的一个固定参数　混合量××kg；配料罐转速××r/min。

混合 20min、40min、60min、80min，分别从顶部、中间、底部取 3 个样，每个样 50g，测定×××含量。

判定标准：混悬液外观均匀一致，主药含量≥××mg/0.××g，与平均值最大偏差≤0.×mg。

(3) 混合均匀性

评价方法：设定配料罐的一个固定参数　混合量××kg；配料罐转速××r/min；混合时间按工艺验证值确定。

在混合结束后，混悬液外观均匀一致，分别从顶部、中间、底部取 3 个样，每个样 50g，测定主药含量。

判定标准：主要含量≥××mg/0.××g，与平均值最大偏差≤0.×mg。

(4) 静置均匀性

评价方法：将混合均匀的内容物经真空脱泡完全后放出，静置于周转桶中，于 0h、3h、6h、9h 分别从顶部、中间、底部取 3 个样（取样前用加料勺搅拌 1min），每个样取 50g，测定主药含量。

判定标准：主药含量≥××mg/0.××g，与平均值最大偏差≤0.×mg。

三、软胶囊配料设备日常维护与保养

化胶设备的日常维护与保养应注意以下几点：

① 保证机器各部件完好可靠；

② 设备外表及内部应洁净，无污物聚集；

③ 检查所有电器元件各接头的紧固状况，线路的老化情况，有无损坏。检查电器各部位防水情况，接地是否良好；

④ 检查底座水槽内部排水是否通畅，检查水封密合情况、弹簧松紧度、齿轮磨损情况，检查主轴密封圈磨损情况；

⑤ 必要时做防锈处理。

实训思考

1. 哪些药物不适宜作软胶囊内容物？

2. 为什么物料中有固体必须磨碎并过筛？

任务三　压　　制

■【能力目标】

1. 能根据批生产指令进行软胶囊压制操作

2. 能描述软胶囊压制的生产工艺操作要点及其质量控制要点

3. 会按照软胶囊机的操作规程进行设备操作

4. 会进行软胶囊压制岗位工艺验证

5. 会对软胶囊机进行清洁、保养

背景介绍

软胶囊的制法有滴制法和压制法。软胶囊压制是指将合格的药物油溶液或混悬液，使用规定的模具和软胶囊压制设备，压制成合格软胶囊的工艺过程。压制工艺根据模具不同又分为平模压制和滚模压制。滚模压制是较常采用的方式，因此本次任务操作对象为滚模压制机。

任务简介

按批生产指令选择合适软胶囊压制设备，将药液和胶液压制成软胶囊，并进行产品检查。软胶囊机已完成设备验证，进行软胶囊压制工艺验证。工作完成后，对设备进行维护与保养。

实训设备

滚模式软胶囊压制机

压丸主机包括机身、机头、供料系、左右明胶滚、下丸器、明胶盒、润滑系、制冷系等。机身用来支撑全机。左侧装电机一台，是压丸主机的主要动力源。通过电控箱中的变频器进行变频调速，使滚模转速在 0～7r/min 范围内无级变速，并通过触摸屏显示滚模转速。机身内还装有润滑系统，以便向机身、机头部位的轴承、齿轮等供应液态石蜡。机头是压丸主机的核心，由机身电机传来的动力通过机头上的减速机及机头内部的齿轮系再分配给供料泵、滚模等，驱动这些部件协调运动。供料系包括料斗、供料泵、进料管、回料管、供料板组合等。下丸器及拉网轴由可调减速电机带动，两个滚模分别装在压丸主机的机头左右滚模轴上（面对压丸主机正面，左手侧为左），右滚模轴只能转动，左滚模则既可转动又可横向水平移动。当滚模间装入胶皮后，可使用气动夹模系统"加压"开关控制前后加压气缸，将胶皮均匀地压紧于两滚模之间。机头后部装有滚模"对线"的调整机构，用来单独转动右滚模，使左右滚模上的凹槽一一对准。制冷系制冷方式不同，可分为水冷却型（图 3-6）和风冷却型（图 3-7）。现也有采用水冷、风冷双制冷系的软胶囊压制机。

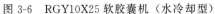

图 3-6　RGY10X25 软胶囊机（水冷却型）　　图 3-7　RGY6X15F 软胶囊机（风冷却型）

软胶囊压制机除压丸主机外，还有内容物料供应系统、胶液供应系统、胶皮冷却系统、胶囊输送带等组成，另配有压缩空气、冷水、清洁热水等辅助动力。

工作原理如下：生产时胶液分别由软胶囊机两边的输胶系统流出铺到转动的胶带定型转鼓上形成胶液带，由胶盒刀闸高低调整胶带厚薄。胶液带经冷源冷却定型后，由上油滚轮揭下胶带。自动制出两条胶带，并由左右两边向中央相对合的方向靠拢移动，再分别穿过左右各自上油滚轮时，完成涂入模剂和脱模剂的工作，然后经胶带传送导杆和传送滚柱，从模具上部对应送入两平行对应吻合转动的一对圆柱形滚模间，使两条对合的胶带一部分先受到楔形注液器加热与模压作用而先黏合，此时内容物料液泵同步随即将内容物料液定量输出，通过料液管到楔形注液器，经喷射孔喷出，冲入两胶带间所形成的由模腔包托着的囊腔内。因滚模不断转动，使喷液完毕后的囊腔旋即模压黏合而完全封闭，形成软胶囊。

实训过程

实训设备：RGY6X15F 软胶囊机。

进岗前按进入 D 级区要求进行着装，进岗后做好厂房、设备清洁卫生，并做好操作前的一切准备工作。

一、软胶囊压制准备与操作

1. 生产前准备

① 检查生产现场、设备及容器具的清洁状况，检查"清场合格证"，核对其有效期，确认符合生产要求。

② 检查房间的温湿度计、压差表有"校验合格证"并在有效期内。

③ 确认该房间的温湿度、压差符合规定要求，软胶囊压制室温度控制在 20～24℃，相

对湿度控制在 45%～55%，并做好温湿度、压差记录，确认水、电、气（汽）符合工艺要求。

④ 检查所有的管道、阀门及控制开关应无故障。

⑤ 检查、确认现场管理文件及记录准备齐全。

⑥ 生产前准备工作完成后，在房间及生产设备换上"生产中"状态标识。

2. 设备安装配件、检查及试运行

① 按照所需要的丸型装好转模、注射器分配板和可变齿轮。

② 确认胶桶温度 55～65℃。

3. 操作过程

(1) 调正"同步" 用起手伸柄放下泵体至"生产位"，启动控制箱上点动开关，使转轮渐渐转动至模子，定时记录到达一定位置，该位置应使注射器喷出的药液（可用液体石蜡油试车）正好射进模孔中间。

(2) 预热展布箱 打开展布箱电加热棒开关，设置温度为 45～65℃，具体温度视压丸具体情况及时调整，检查展布箱下口应平整，无弯曲无残胶黏附。

(3) 连接胶液桶 将两条输胶管连接至左右两只展布箱，插上输胶管电热丝电源进行保温，打开开关，调整压缩空气压力，胶液流速正常，然后将胶液桶与两条输胶管连接，保温桶是否需立即保温，视实际情况再定。

(4) 药液准备 检查药液无积块现象，无异物，悬浮均匀，药液通过药液筛直接加到压丸机上端药液加料斗内。

(5) 软胶囊压制操作

① 输送胶液：打开胶液桶下口阀门、压缩阀门，调节压力在 0.03MPa 使胶液流速均匀，使胶液经输胶管连续流入左右两只展布箱中，胶液温度控制在 55～65℃。

② 制胶皮：开铸鼓轮，将铸鼓表面擦净，放开展布箱下口闸门，让胶液流到正在旋转的铸鼓轮上进行制皮，调节好转鼓进风温度，以胶皮不黏鼓轮为宜（10～20℃）。用测厚仪多处测定胶皮厚度在 750～900μm，力求一致，展布箱下口出胶液处保持光洁，若有残胶黏结，要及时除去。

在制胶皮时，保温桶内的胶液不要用尽，以免液面气泡夹入胶皮。

③ 软胶囊压制：开转模，将铸鼓轮展制的胶带剥出，经过油轮及顶部导杆引入两只转模中间（在入转模时，不得用金属或硬质工具，以免损坏转模），引导胶带入剥轮中间，引导胶带的同时开注射器，电热棒加热，设定注射器温度为 35～45℃，调节转模螺钉收张的程度，以能切断胶皮并融合为宜。调转模转速 0～3r/min，在压制过程当中，应随时检查丸形是否正常，有无渗漏，每 20 分钟检查装量差异一次。

4. 结束过程

① 压制结束，关闭压制机。将装有软胶囊的聚乙烯袋袋口扎紧，送至中间站，并做好产品标识。

② 生产结束后，按清场标准操作程序要求进行清场，做好房间、设备、容器等清洁记录。

③ 按要求完成记录填写。清场完毕，填写清场记录。上报 QA 检查，合格后，发"清场合格证"，挂"已清场"状态标识。

5. 异常情况处理

① 发现异常情况，应立即报告 QA。

② 压制过程中常出现的问题发生原因及解决办法，见表 3-3。

表 3-3 压制过程中常出现问题的发生原因及解决办法

常出现的问题	发 生 原 因	解 决 办 法
喷体漏液	接头漏液	更换接头
	喷体内垫片老化弹性下降	更换垫片
胶丸内有气泡	料液过稠、夹有气泡	排除料液中气泡
	供液管路密封不良	更换密封件
	胶皮润滑不良	加润滑脂,改善润滑
	喷体变形,使喷体与胶皮间进入空气	摆正喷体
	加料不及时,使料斗内药液排空	关闭喷体并加料,待输液挂内空气排出后继续压丸
胶丸夹缝处漏液	胶皮太厚	减少胶皮厚度
	转模间压力过小	调节加压手轮
	胶液不合格	更换胶液
	喷体温度过低	升高喷体温度
	两转模模腔未对齐	停机,重新校对滚模同步
	内容物与胶液不适宜	检查内容物与胶液接触是否稳定并做出调整
	环境温度太高或者湿度太大	降低环境温度和湿度
胶丸装量不准	内容物中有气体	排除内容物中气体
	供液管路密封不严,有气体进入	更换密封件
	供料泵泄漏药液	停机,重新安装供料泵
	供料泵柱塞磨损	更换柱塞
	料管或者喷体有杂物堵塞	清洗料管、喷体等供料系统
	供料泵喷注定时不准	停机,重新校对喷注同步
胶丸崩解迟缓	胶皮过厚	调整胶皮厚度
	干燥时间过程,使胶壳含水量过低	缩短干燥时间

附：RGY6X15F 软胶囊机标准操作程序

1. 生产前检查

① 检查生产设备的清洁状态，检查设备是否完好，应处于"设备完好"、"已清洁"状态。检查水、电是否到位，房间温湿度、压差是否正常。

② 检查设备各部件、配件及模具是否齐全，紧固件有无松动，检查控制箱、冷风机面板上的所有控制开关应置于关断位置。

③ 检查传动系统箱内的润滑油是否足够（一般应注入约 3L）。

④ 检查电器控制面板各仪表及按钮、开关是否完好。

⑤ 检查供料泵壳体内的石蜡油是否浸没盘形凸轮滑块。

⑥ 检查主机左侧的润滑油箱内的石蜡油是否足够。

2. 配件安装

① 安装转模及调整同步。

② 将胶盒分别安装到左右胶皮轮上方，固定好。

③ 将控制箱上的选择开关拧到"Ⅰ"位置，使机器通电，将引胶管的加热插头连接到主机上，对引胶管进行加热。

④ 在确认保温胶桶内的明胶液可顺利流出胶桶后，将引胶管的接头接在保温胶桶的出胶口上。

⑤ 将喷体加热棒、传感器和胶盒加热棒、传感器分别插入喷体和胶盒，插头连接到相应的插座位置上。

⑥ 将左右胶盒的温控仪的目标温度调至 55～65℃。

⑦ 将压缩空气胶管插入保温胶罐的接口上，开启胶罐盖上的进气阀、胶罐出胶阀，罐内的明胶液受压流进左右胶盒内（注意保持罐内气压在 0.015～0.04MPa）。

3. 操作过程

① 调节机器的速度控制旋钮，使机器按一定转速运转。

② 将左右胶盒的出胶挡板适量开启，明胶液均匀涂布在转动的胶皮轮上形成胶皮。

③ 开启冷风机，并调节冷风机的出风量，以胶皮不粘在胶皮轮上为宜（视室温等实际情况而定）。

④ 将胶皮轮带出的胶皮送入胶皮导轮，然后进入模具，胶皮从模具挤出后，用镊子引导胶皮进入下丸器的胶丸滚轴及拉网轴，最后送入废胶桶。

⑤ 检查胶皮的厚度，视实际情况调节胶箱出胶挡板的开启度，以调节胶皮厚度至0.80mm 左右（应使胶皮厚度两边均匀）。

⑥ 检查胶网的输送情况，若正常，放下喷体，使喷体以自重压在胶皮上。

⑦ 设定喷体温控仪的目标温度为 35～45℃（温度视室温、胶皮厚度等情况而定），开启喷体加热开关，插在喷体上的发热棒受电加热。

⑧ 调节模具的加压旋钮，令左右转模受力贴合，调节量以胶皮刚好被转模切断为准，注意模具过量的靠压会降低其使用寿命。

⑨ 待喷体加热至目标温度后，将喷体上的滑阀开关杆向内推动，接通料液分配组合的通路，定量的药液喷入两胶皮之间，通过模具压成胶丸。此时应检查每个喷孔对应的胶丸装量（即内容物重），及时修正柱塞泵的喷出量（通过转动供料泵后面调节手轮进行调节，改变柱塞行程，进而改变装量）。

⑩ 启动干燥转笼，使 S4 旋钮置于"L"，将压出的符合要求的软胶囊送入笼内。

4. 结束过程

① 将喷体开关杆向外拉动，切断料液通路，关闭喷体加热，将喷体升起架在喷体架上。

② 松开模具加压旋钮，使两转模分开。

③ 关闭压缩空气开关，开启胶桶盖上的排气阀，拆掉压缩空气管，关闭引胶管加热开关。

④ 关闭左右胶盒、胶桶、冷风机的开关。

⑤ 继续运转主机，排净胶盒内胶液及胶皮轮上胶皮，然后停止主机。

⑥ 在转笼出口处放上接胶丸容器，将转笼上的 S4 旋钮置于"R"，转笼正转，使胶丸自动排出转笼。

⑦ 关闭所有电机电源、总电源。

二、软胶囊压制岗位工艺验证

1. 验证目的

软胶囊压制工序工艺验证主要针对软胶囊机压制效果进行考察，评价压制工艺的稳定性，确认按制定的工艺规程压制后能够制得达到质量标准要求的胶囊。

2. 验证项目和标准

（1）装量

评价方法：根据已确定的 RGY6X15F 型软胶囊机的工艺参数（胶盒、胶管预热温度：55～65℃，冷风温度：6～16℃，喷体温度：32～38℃），在生产过程中严格控制，每隔 15 分钟取 2 次样（每次 10 颗软胶囊），按《中国药典》规定方法测定装量。

判定标准：每粒内容物装量在 0.××(1±7%)g 内，且标准差 $s \leqslant 0.03$。

（2）含量

评价方法：依据已确定的软胶囊机工艺参数，在生产过程中严格控制，每隔 1 小时取 1 次样，直至生产结束，检测×××含量。

判定标准：主药含量 $\geqslant$ ××mg/粒，与平均值的最大偏差 $\leqslant 10\%$。

三、软胶囊压制机日常维护与保养

① 坚持每班检查和清洁、润滑、紧固等日常保养。

② 经常注意仪表的可靠性和灵敏性。

③ 每星期更换一次料泵箱体石蜡油。

④ 发现问题应及时与维修人员联系，进行维修，正常后方可继续生产。

实训思考

1. 简单叙述压制法生产软胶囊的原理。
2. 在软胶囊生产间内行走、登台阶有何注意事项？
3. 模具和喷体的安装、使用和拆卸有何注意事项？
4. 为何拆卸模具和料液泵时不能两人同时操作？
5. 造成软胶囊左右不对称的主要原因是什么？如何解决？
6. 造成软胶囊漏液的主要原因是什么？如何解决？
7. 造成软胶囊内有气泡的原因是什么？如何解决？
8. 造成装量差异超限的原因是什么？如何解决？

任务四　干燥、清洗

■【能力目标】

1. 能根据批生产指令进行软胶囊干燥、清洗操作
2. 能描述软胶囊干燥、清洗的生产工艺操作要点及其质量控制要点
3. 会按照软胶囊干燥定型转笼、超声波软胶囊清洗机的操作规程进行设备操作
4. 会进行软胶囊干燥、清洗岗位工艺验证
5. 会对软胶囊干燥定型转笼、超声波软胶囊清洗机进行清洁、保养

背景介绍

软胶囊在压制成型后胶皮水分含量较高，为使软胶囊外壳定型，必须进行干燥工序；为控制胶囊大小，防止异形丸，应进行拣丸；在压制工艺过程中，作润滑剂用的石蜡油黏附在

胶囊壳上，必须在干燥后清洗干净。

胶囊过猛干燥反而对丸形有害，严重的会造成外观质量不合格和崩解度差的后果，因此在经过转笼干燥、风机吹风等预干措施后，进行自然风干，也可将胶囊放于托盘内置于干燥隧道或干燥间内通过空调除湿干燥。

洗丸是通过乙醇或异丙醇等清洗溶剂将胶囊表层的油脂去除，可人工清洗也可设备清洗。传统的洗丸方式是放在盆中或类似水斗的洗涤槽内，加入一定量的清洗溶剂，手工反复搅拌后，捞出软胶囊摊开放在晾丸台上，彻底挥发清洗溶剂。

任务简介

按批生产指令选择合适的软胶囊干燥、清洗设备将压制后软胶囊进行干燥、清洗，并进行产品检查。干燥、清洗设备已完成设备验证，进行软胶囊干燥清洗工艺验证。工作完成后，对设备进行维护与保养。

实训设备

一、软胶囊干燥定型转笼

软胶囊干燥定型转笼（图 3-8）用于对主机压制的合格胶丸经输送机送入干燥转笼内进行干燥定型。干燥机可一节也可多节串联组成，能顺时转与逆向转动。干燥箱一端由鼓风机输出恒温的空调风以保证软胶丸干燥。

二、软胶囊清洗机

软胶囊清洗机（图 3-9）根据主要部件不同分为滚笼式和履带式，洗涤形式分为冲淋式和浸泡式。采用超声波技术的清洗机清洗过程为：超声波浸洗、浸泡、丸体与酒精分离、喷淋四个步骤。

图 3-8　软胶囊干燥定型转笼

图 3-9　软胶囊清洗机

三、软胶囊拣丸机

软胶囊拣丸机（图 3-10）由振荡器、分拣孔板、分拣转辊、出料传送带等组成。分拣原理是根据椭圆形软胶囊中间切面的直径为基准进行分拣。工作原理如下：软胶囊经振荡器向直径分拣区加料，在此区域粘连的软胶囊将被剔除，再通过一个倾斜角度可调节的胶囊分配单元分别引导软胶囊进入厚度分拣区的转辊轨道，两个转辊轨道之间存在梯形缝隙，由上至下逐渐加宽，利用设定的界定值将该梯形区域分成三个区域，并由转辊运转，将软胶囊输送至偏大产品区、偏小产品区、合格产品区。

实训过程

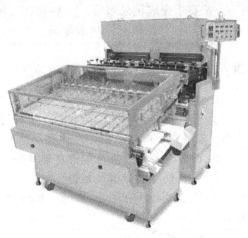

图 3-10 软胶囊拣丸机

实训设备：软胶囊干燥定型转笼、XWJ-Ⅱ型超声波软胶囊清洗机。

进岗前按进入 D 级区要求进行着装，进岗后做好厂房、设备清洁卫生，并做好操作前的一切准备工作。

一、软胶囊干燥清洗准备与操作

1. 生产前准备

① 检查生产现场、设备及容器具的清洁状况，检查"清场合格证"，核对其有效期，确认符合生产要求。

② 检查房间的温湿度计、压差表有"校验合格证"并在有效期内。

③ 确认该房间的温湿度、压差符合规定要求，并做好温湿度、压差记录，确认水、电、气（汽）符合工艺要求。

④ 检查、确认现场管理文件及记录准备齐全。

⑤ 检查所有的管道、阀门及控制开关应无故障。

⑥ 生产前准备工作完成后，在房间及生产设备换上"生产中"状态标识。

2. 生产过程

① 领料：从压制工序，领取批生产指令所要求的软胶囊中间产品，清洗软胶囊用的乙醇溶液（浓度 95%），核对品名、批号、规格、数量。领用的乙醇溶液必须放置在有防爆功能的洗丸间。

② 转笼干燥：启动转笼，从转笼放丸口倒入胶丸，装丸最大量为转笼的 3/4；干燥约 7～16h，准备好胶盘放在胶丸出口处，将干燥转笼旋转方向调至右转，放出胶丸。

③ 干燥：将转笼放出的胶丸放在干燥车的筛网上（以 2～3 层胶丸为宜），并摊平；将干燥车推入干燥间静置干燥，干燥时每隔 3 小时翻丸一次，达到工艺规程所要求的干燥时间（约 8～16h）后，每车按上、中、下层随机抽取若干胶丸检查，胶丸坚硬不变形，即可送入洗丸间，或用胶桶装好密封并送至洗前暂存间。

④ 清洗：将胶丸加入清洗机料斗内，经盛满 95% 乙醇溶液的浸出和喷淋后，应清洗至表面无油腻感。将洗后的软胶囊放上干燥车，分置于筛网上（每筛以 2～3 层胶丸为宜），并摊平。将干燥车推入干燥隧道，挥去乙醇，干燥期间每隔 3 小时翻丸一次，达到工艺规程所要求的干燥时间（约 5～9h）后，抽取若干胶丸检查，丸形坚硬不变形，即可收丸。

⑤ 拣丸：打开选丸台灯开关，按要求拣丸，拣出大丸、小丸、脏漏丸、网印及无光泽丸、异形丸，称重；合格的丸剂装入内衬洁净塑料袋的贮料桶，放好桶卡标明产品名称、批号和重量，移至中间站。

3. 结束过程

① 生产结束，关闭水、电、气。将干燥好的胶丸，放入内置洁净胶袋的胶桶中，扎紧胶袋，盖好桶盖，防止吸潮；并做好产品标识，标明品名、规格、批号、数量。

② 生产结束后，按清场标准操作程序要求进行清场，做好房间、设备、容器等清洁记录。

③ 按要求完成记录填写。清场完毕，填写清场记录。上报 QA 检查，合格后，发"清场合格证"，挂"已清场"状态标识。

附：软胶囊清洗机标准操作程序

　1. 生产前检查

① 检查生产设备的清洁状态，检查设备是否完好，应处于"设备完好"、"已清洁"状态。检查水、电是否到位，房间温湿度、压差是否正常。

② 检查设备各部件、配件及模具是否齐全，紧固件有无松动。

③ 检查机器润滑情况是否良好。

④ 检查电器所有的管道、阀门及控制开关应无故障，控制面板各仪表及按钮、开关是否完好。

　2. 操作过程

① 调节频率，打开电源总开关。

② 打开浸洗缸、喷淋缸的缸盖，倒入一定量（各约 40L）乙醇溶液，盖上缸盖，打开冷水阀（用于冷却洗丸时产生的热量）。

③ 调节各开关阀至工作状态，倒入胶丸于料斗中至略满，盖上斗盖。

④ 调节出丸口大小，以传送带上出丸顺畅有不漏丸为宜。

⑤ 按顺序开动按钮，进行洗丸。

⑥ 经浸洗、喷淋后出丸，以清洗的胶丸表面应无油腻感，即可放置于干燥车内并摊平。

　3. 结束过程

洗完胶丸后，关闭各按钮和电源总开关。

二、软胶囊干燥清洗岗位工艺验证

1. 验证目的

软胶囊干燥清洗工序工艺验证主要针对软胶囊机干燥和清洗效果进行考察，评价干燥清洗工艺的稳定性，确认按制定的工艺规程压制后能够制得达到质量标准要求的软胶囊。

2. 验证项目和标准

工艺过程：干燥。

项目：干燥时间。

评价方法：在温度为 18～26℃、相对湿度不超过××％的环境下对湿软胶囊进行干燥。在干燥过程中，24h 内每 4h 翻动软胶囊 1 次；24～48h 每 8h 翻动软胶囊 1 次；以后每天至少翻动软胶囊 2 次。于干燥 24h、36h、48h、54h 取样，观察外观、用手挤压感觉硬度、测囊壳水分。

判定标准：外观为规整卵圆形；硬度为手指用力挤压后感觉有一定韧性、无明显变形，松开手指软胶囊不变形；胶皮水分在 11％～14％范围内。

实训思考

1. 洗丸间和车间走廊有一段缓冲间间隔，且洗丸间内相对车间走廊呈负压，有何作用？

2. 为什么软胶囊清洗机上的超声波必须待乙醇溶液充满机内胶管后才可开启？

3. 排出浸洗缸和喷洗缸内乙醇溶液时，为什么不能将乙醇溶液排尽？

项目三
软胶囊的质量检验

任务 维生素 E 软胶囊的质量检验

■【能力目标】

能控制 SOP 进行软胶囊的质量检验

背景介绍

软胶囊质量检查项目有装量差异、崩解时限、溶出度（释放度）、含量、微生物限度等。

任务简介

进行维生素 E 软胶囊的质量检验。

实训设备

气相色谱仪

气相色谱仪是一种多组分混合物的分离、分析工具，它是以气体为流动相，采用柱色谱技术。其具有分离效能高、灵敏度高、分析速度快、应用范围广等特点。采用相对保留值法，或加入已知物质增加峰高法进行定性分析，利用峰面积可以进行定量分析。因此各组分在色谱柱的运行速度也就不同，经过一定的柱长后，顺序地离开色谱柱进入检测器，经检测后转换为电信号送至数据处理工作站，从而完成了对被测物质的定性定量分析。缺点是样品必须能被气化才可采用气相色谱仪分析。

实训过程

一、解读维生素 E 软胶囊质量标准

1. 成品质量标准

维生素 E 软胶囊成品质量标准见表 3-4。

表 3-4 维生素 E 软胶囊成品质量标准

检测项目	标准	
	法规标准	稳定性标准
性状	内容物为淡黄色至黄色的油状液体	内容物为淡黄色至黄色的油状液体
鉴别	1. 与硝酸反应显橙红色 2. 含量测定项下的色谱图中,供试品溶液主峰和对照品主峰的保留时间一致	—
含量	90%~110%	90%~110%
生育酚(天然型)	消耗硫酸铈滴定液(0.01mol/L)的不超过1.0ml	消耗硫酸铈滴定液(0.01mol/L)的不超过1.0ml
有关物质(合成型) α-生育酚 单个杂质峰面积 杂质峰面积之和	<1.0% <1.5% <2.5%	<1.0% <1.5% <2.5%
比旋度	≥+24°	≥+24°
微生物限度 细菌数 霉菌和酵母菌数 大肠杆菌	≤1000cfu/g ≤100cfu/g 不得检出	≤1000cfu/g ≤100cfu/g 不得检出

2. 中间品质量标准

维生素 E 软胶囊中间品质量标准,见表 3-5。

表 3-5 维生素 E 软胶囊中间品质量标准

中间产品名称	检测项目	标准
囊心物溶液	主药含量	95.0%~105.0%
胶囊	性状	内容物为淡黄色至黄色的油状液体
	10 个胶囊重量	2.334~2.612g(参考值①)
	重量差异	±10%
	崩解时限	<60min

① 根据处方、工艺、设备等的不同,该值会有差异。

二、维生素 E 软胶囊质量检查

1. 鉴别

取本品约 30mg,加无水乙醇 10ml 溶解后,加硝酸 2ml,摇匀,在 75℃加热约 15min,溶液显橙红色。

2. 比旋度

① 样品处理:避光操作,取内容物适量,约相当于维生素 E 400mg,精密称定,置于 150ml 具塞圆底烧瓶中,加无水乙醇 25ml 溶解。加硫酸乙醇溶液(1→7)20ml,置水浴上回流 3h,冷却,用硫酸乙醇溶液(1→72)定量转移至 200ml 量瓶中并稀释至刻度,摇匀。精密量取 100ml,置分液漏斗中,加水 200ml,用乙醚提取 2 次(75ml,25ml),合并乙醚液。加铁氰化钾氢氧化钠溶液 50ml,振摇 3min;取乙醚层,用水洗涤 4 次,每次 50ml,弃去洗涤液,乙醚液经无水硫酸钠脱水后,置水浴上减压或氮气流下蒸干至 7~8ml 时,停止

加热，继续挥干乙醚。残渣立即加异辛烷溶解并定量转移至 25ml 量瓶中，用异辛烷稀释至刻度，摇匀。

② 按《中国药典》附录Ⅵ E测定比旋度，比旋度（按 d-α-生育酚计）不得低于＋24°（天然型）。

3. 重量差异

① 除另有规定外，取供试品 20 粒，分别精密称定重量后，倾出内容物（不得损失囊壳）。

② 囊壳用乙醚洗净，置通风处使溶剂自然挥尽。

③ 分别精密称定囊壳重量，求出每粒内容物的装量与平均装量。

④ 每粒的装量与平均装量相比较，超出装量差异限度的胶囊不得多于 2 粒，并不得有 1 粒超出限度 1 倍。

4. 含量测定（气相色谱法）

① 色谱条件：硅酮（OV-17）为固定液，涂布浓度为 2％填充柱，或用 100％二甲基聚硅氧烷为固定液的毛细管柱。柱温为 265℃，理论板数按维生素 E 计算不低于 500（填充柱）或 5000（毛细管柱），维生素 E 峰与内标物质峰分离度符合要求。

② 配制内标溶液：取正三十二烷适量，加正己烷溶解并稀释成每 1 毫升中含 1.0mg 的溶液，作为内标溶液。

③ 校正溶液配制：取维生素 E 对照品约 20mg，精密称定，置棕色具塞瓶中，精密加内标溶液 10ml，密塞，振摇使溶解。

④ 样品溶液配制：取本品约 20mg，精密称定，置棕色具塞瓶中，精密加内标溶液 10ml，密塞，振摇使溶解。

⑤ 进样：校正溶液和样品溶液各取 1～3μl 注入气相色谱仪中，测定，计算，即得。

5. 生育酚

① 样品溶液配制：取本品适量（维生素 E 0.10g），加无水乙醇 5ml 溶解后，加二苯胺试液 1 滴。

② 测定方法：用 0.01mol/L 硫酸铈滴定液滴定。消耗 0.01mol/L 硫酸铈标准溶液不得超过 0.1ml。

实训思考

1. 软胶囊的质量检查项目有哪些？
2. 软胶囊的重量差异检查有哪些要点？

实训四

小容量注射剂的生产

说明:

　　进入小容量注射剂生产车间工作,首先接收生产指令,解读小容量注射剂生产工艺规程,进行生产前准备(采用正确方式进出 D 级区、C 级区,将物料采用正确方式传递进出 D 级区、C 级区,生产注射用水等),再按工艺规程要求生产小容量注射剂。生产过程如下:按处方进行称量配料,于配液罐内配制药液过滤后,通过输液系统输送至灌封间;安瓿进行清洗干燥灭菌,传递进入灌封间;药液检验合格后,进行灌封,灌封完毕送入灭菌岗位进行灭菌检漏,再进行灯检及送检,检验合格产品进行印字包装。熟悉操作过程的同时,进行各岗位的工艺验证,此验证是建立在安装确认、运行确认、性能确认基础上的生产工艺验证。岗位工作过程中,均应按要求进行设备的维护与保养。生产完成后进行小容量注射剂质量全检,检验合格后,进行包装及仓储。

项目一

接收生产指令

任务 解读小容量注射剂生产工艺

■【能力目标】
1. 能描述注射剂生产的基本工艺流程
2. 能明确注射剂生产的关键工序
3. 会根据生产工艺规程进行生产操作

背景介绍

无菌制剂的生产工艺按是否需要最终灭菌，分为最终灭菌工艺和无菌生产工艺（非最终灭菌工艺）。采用最终灭菌工艺的产品常见的如大容量注射剂和小容量注射剂等。采用无菌生产工艺的产品常见的包括无菌灌装制剂、无菌粉状粉针剂和冻干粉针剂。以下将介绍最终灭菌小容量注射剂的生产工艺作为最终灭菌工艺典型代表。

任务简介

学习小容量注射剂生产工艺，熟悉注射剂生产操作过程及工艺条件。

实训过程

一、解读小容量注射剂生产工艺流程及质量控制点

1. 生产工艺流程

根据生产指令和工艺规程编制生产作业计划，小容量注射剂最终灭菌产品生产工艺流程见图 4-1。

① 收料、来料验收：化验报告、数量、装量、包装、质量。
② 制水：制备纯化水、注射用水、兼制备纯蒸汽。
③ 容器处理：安瓿经粗洗、精洗、干燥灭菌后冷却待用。
④ 称量：复核原辅料名称、规格、数量等，按投料量称量。
⑤ 配制：可采用浓配-稀配两步法，也可采用稀配一步配成法。
⑥ 过滤：包含粗滤和精滤。

⑦ 灌封：调节合适的火焰，进行灌装封口。

⑧ 灭菌：热压灭菌法，或流通蒸汽补充灭菌。

⑨ 检漏：一般在灭菌柜内通入色水，灯检岗位剔除。

⑩ 灯检：晾干后逐支灯检，可采用传统灯检法，也可采用基于光散色法的自动灯检仪进行自动检测。

⑪ 印包：将检验合格的安瓿注射剂进行印字包装。使用前已刻字的安瓿可不包装。

配制、粗滤时可在 D 级（或 C 级）区域内，精滤则在 C 级区域内进行。最终灭菌产品，灌封可在 C 级（或 C 级背景下的 A 级）洁净区进行。非最终灭菌产品，即无法采用可靠灭菌方法进行灭菌的产品，灌封（灌装）工序必须在 B 级背景下的 A 级区内进行，物料转移过程中也需采用 A 级保护。

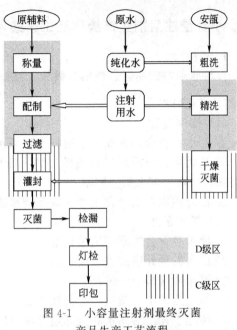

图 4-1　小容量注射剂最终灭菌
产品生产工艺流程

2. 小容量注射剂生产质量控制要点

小容量注射剂生产质量控制要点如表 4-1 所示。

表 4-1　小容量注射剂生产质量控制要点

工序	质量控制点	质量控制项目
车间洁净度	洁净区、无菌区	尘埃粒子、换气数、沉降菌、浮游菌
氮气、压缩空气	送气口、各使用点	含量(仅氮气)、水分、油分
制水	各使用点	全检
配制	药液	粗滤:可见异物、微生物限度、细菌内毒素 精滤:可见异物、pH、澄明度、含量
安瓿洗瓶	安瓿	清洁度
	注射用水	可见异物
安瓿干燥灭菌	安瓿	清洁度、不溶性微粒、细菌内毒素
过滤	微孔筒式过滤器	完整性试验、滤芯可见异物
灌封	灌装间	沉降菌、操作人员和设备微生物
	药液	不溶性微粒
	安瓿注射液	装量差异、可见异物
灭菌	安瓿注射液	灭菌方式、码放方式、灭菌数量、达到灭菌温度后的保温时间、F_0 值、可见异物、含量、pH、无菌、热原检验
灯检	安瓿注射液	可见异物、封口质量
印包	包装材料	字迹清晰、标签完整性

二、小容量注射剂生产操作及工艺条件控制

1. 领料

核对原辅料的品名、规格、数量、报告单、合格证。

2. 工艺用水

（1）操作过程

① 原水：符合国家饮用水的标准自来水。

② 纯化水：由原水经石英砂过滤→活性炭过滤器过滤→软化器软化→一级反渗透→二级反渗透→紫外灯灭菌→贮罐。

③ 注射用水：由纯化水经多效蒸馏水机蒸馏而得。

（2）工艺条件

① 原水应符合国家饮用水标准。

② 原水的预处理的进水流量应 $\leqslant 3m^3/h$。

③ 温床的流量为 $3m^3/h$。

④ 多效蒸馏水机蒸汽压力应在 $0.3 \sim 0.4MPa$，压缩空气压力应在 $0.3 \sim 0.4MPa$。

⑤ 纯化水和注射用水的全部检查项目应符合要求。

3. 理瓶、洗瓶工序

① 直接接触药品的容器选用低硼硅玻璃安瓿，以下均简称安瓿。

② 操作过程：按批生产指令领取安瓿并除去外包装，烤字安瓿要核对批号、品名、规格、数量。在理瓶间逐盘理好后送入联动机清洗（或送入粗洗间用纯化水粗洗后送入精洗间，注射用水甩干）并检查清洁度符合规定后送隧道烘房或干燥烘箱。

③ 工艺条件

a. 注射用水经检查无可见异物。

b. 洗瓶用注射用水水温应为 $(50 \pm 5)℃$，冲瓶水压应在 $0.15 \sim 0.2MPa$。

4. 配制工序

（1）操作过程

① 按批生产指令，领取原辅料。

② 注射剂用原料药，非水溶媒，在检验报告单加注了"供注射用"字样，请仔细核对。

③ 根据原辅料检验报告书，对原辅料的品名、批号、生产厂家、规格及数量核对，并分别称（量）取原辅料。

④ 原辅料的计算、称量、投料必须进行复核，操作人、复核人均应在原始记录上签名。

⑤ 过滤前后，过滤器需要做起泡点试验，应合格。

⑥ 配料过程中，凡接触药液的配制容器、管道、用具、胶管等均需做特别处理。

⑦ 称量时使用经计量检定合格、标有在有效期内合格证的衡器，每次使用前应校正。

（2）工艺条件

① 配制用注射用水应符合《中国药典》2010 年版二部注射用水标准，每次配料前必须确认所用注射用水已按规定检验，并取得符合规定的结果及报告。

② 药液从配制到灭菌的时间不超过 12h。

5. 灌封

（1）操作过程

① 将已处理的灌装机、活塞、针头、液球、胶管等安装好，用 $0.5\mu m$ 及 $0.22\mu m$ 滤芯

过滤的新鲜注射用水洗涤，调试灌封机，并校正装量，再抽干注射用水。根据需要调整管道煤气和氧气压力。

②接通药液管道，将开始打出的适量药液循环回到配制岗位，重新过滤，并检查可见异物情况，合格后，开始灌封，灌封时每小时抽检装量1次，每小时检查药液澄明情况1次，装量差异应符合规定，并填写在原始记录上。

（2）工艺条件

检测装量注射器，准确度1ml注射器为0.02ml、2ml注射器为0.1ml、5ml注射器为0.2ml、20ml注射器为1.0ml。已灌装的半成品，必须在4h内灭菌。

6. 灭菌及检漏

（1）操作过程

①按批生产指令，设定好温度、时间、真空度等数据。

②将封口后的安瓿产品根据产品流转卡，核对品名、规格、批号、数量正确后，送入安瓿检漏灭菌柜中，关闭柜门，按下"启动"键。灭菌检漏结束后（过程由电脑控制）打开柜门，取出产品，再用纯化水进一步冲洗，逐盘将进色水产品检出后，送去湿房（1）去湿。

（2）工艺条件

去湿房（1）温度（55±5）℃，时间3h。热不稳定产品控制在45℃以下。

7. 灯检

①操作过程：产品去湿后进入灯检室，核对品名、规格、批号、数量正确后，按《中国药典》2010版二部附录进行可见异物检查，剔除外观不良品、内在质量不合格品和有装量差异品，灯检后产品送入去湿房（2）。

②工艺条件：去湿房（2）温度（55±5）℃，时间2h。热不稳定产品控制在45℃以下。

8. 印包

①根据批包装指令，准确领取一切包装材料。

②按产品流转卡核对品名、规格、批号、数量等，并根据产品名称、规格、批号，安装印字铜板（品名、批号、规格由工序负责人和工序质监员核对）。

③核对无误后开印包机，同时检查印字字迹是否清晰并将印字后产品逐一装入纸盒内，每10小盒为1扎，同时检查有无漏装。

④需手工包装的产品，每1小盒为1组，每5小盒或10小盒为1中盒，每10中盒或20中盒为1箱，最后装入大箱中，由工序质监员核对装箱单和拼箱单内容，放入装箱单和拼箱单，核对品名、规格、数量等无误后封箱。

实训思考

1. 简述小容量注射剂的生产工艺流程。
2. 简述小容量注射剂的生产工艺条件。

项目二

生产前准备

任务一 小容量注射剂生产区域人员进出

【能力目标】

1. 能采用正确的方法进出 C 级区
2. 会按照正确的方法进行洁净服洗涤
3. 会进行更衣确认

背景介绍

GMP 要求操作人员应避免裸手直接接触药品、与药品直接接触的包装材料和设备表面。小容量注射剂生产洁净区有 D 级、C 级、B 级、A 级，最终灭菌产品只需 C 级、D 级。根据岗位对洁净级别要求，人员按相应更衣规程进入洁净区。D 级更衣规程见片剂生产，A/B 级见冻干粉针生产，以下主要介绍 C 级区的更衣规程。

进入 C 级区的着装要求：应当将头发、胡须等相关部位遮盖，应当戴口罩；应当穿手腕处可收紧的连体服或衣裤分开的衣服，并穿适当的袜子或鞋套。工作服应当不脱落纤维或微粒。

任务简介

进行人员进出 C 级区的操作练习，保证洁净区卫生，防止污染和交叉污染。

操作完成后按洁净区洗衣岗位标准操作程序进行清洗，保证洁净服清洁，保证车间工艺卫生，防止污染和交叉污染。

通过更衣确认评估操作人员按规程更衣后保持衣着要求的能力。

实训过程

一、人员进出 C 级区及更衣

① 进入大厅，将携带物品（雨具等）存放于指定位置。进入更鞋区，脱下自己鞋放入鞋柜内，换上工作鞋；进入一更衣室，换工作服、帽子，摘掉各种饰物，如戒指、手链、项链、耳环、手表等。

② 进入洗盥室：用流动纯化水、药皂洗面部、手部。

③ 进入二更：在气闸间更换二更洁净鞋，脱去工作服，手部用75％乙醇溶液喷洒消毒；按各人编号从标示"已灭菌"或"已清洗"的容器中取出自己的洁净服，按从上到下的顺序更换洁净服，戴洁净帽、口罩，将衣袖口扎紧，扣好领口，头发全部包在帽子里边不得外露。

④ 进入C级区操作间。

⑤ 工作结束后，按进入程序逆向顺序脱下洁净服，装入原衣袋中，统一收集，贴挂"待清洗"标识，换上自己的衣服和工作鞋，离开洁净区。

二、洁净服洗衣准备与操作

1. 操作前准备

操作人员按各自洁净级别区域的更衣规程更衣，进入洗衣岗位操作室。按洗衣房清洁管理规程清洁操作台面、洗衣机表面、墙面、地面。检查洗衣机运行是否正常。将"待清洗"的洁净服按个人编号核对件数并逐渐检查，有破损处或穿用时间过长换掉，有明显污迹处拣出，手工特别搓洗后再放入一起洗涤。

不同洁净级别的工作服分别在本洁净级别区域内的洗衣房洗涤。洁净区不同岗位的洁净服分别洗涤。

2. 操作过程

（1）洗涤程序　检查洗衣机供水、供电情况。用纯化水冲洗洗衣机滚筒。按洗衣机操作及清洁规程开始洗涤。

向洗衣机内注入过滤的纯化水至浸没衣物。取洗涤剂10ml加入洗衣机内。设定水温50℃。衣物在滚筒内洗涤15min，脱水5min，漂洗5min，脱水2～5min。

用pH试纸测最后一遍漂洗水，pH值与纯化水一致为无洗涤剂残留物。关机，取出衣物。

排净洗衣机内残余水，用纯化水冲洗洗衣缸，再用超细布擦干。将专用洁净盆处理干净，盛放过滤的纯化水，加适量洗涤剂，再将口罩放入浸泡10min后，手工搓洗，然后反复漂洗至中性。

（2）整理程序　用不脱落纤维的超细布浸蘸75％乙醇溶液，擦拭整衣台面。手部用75％乙醇溶液进行消毒。在A级层流罩下，将洗涤好的洁净服逐件采用反叠方式折叠整齐，按编号装入相应的洁净袋内（包括口罩、无菌帽），捆扎好袋口。再将洗涤好的洁净内衣折叠整齐，装入相应袋内，捆扎好袋口。

（3）灭菌程序　按规程清洁脉动真空灭菌器。手部进行清洁消毒后，再将整理好的洁净服分别放入脉动真空灭菌器内进行灭菌，按脉动真空灭菌器SOP操作，温度132℃，5min，并做好灭菌记录。

（4）发放程序　生产操作前，按进出D级区、C级区更衣规程进行更衣，进入洁净区。按洁净工作服清洗、灭菌发放规程通过传递窗进行发放并做好记录。

3. 操作结束

按规程清洁消毒洗衣机、脉动真空灭菌器、洗衣房。清洁结束后班长复查签字，QA检查合格后签字，并贴挂"已清洁"状态标识。

4. 质量监控

无菌服发放编号及数量应准确、准时。洗涤后的洁净服要洁净，折叠整齐，附件齐全。洗涤后的洁净服微粒检测应符合规定标准。灭菌后的无菌服菌检应符合规定标准。

5. 安全注意事项

使用洗衣机时不得将手触摸转动部位，严禁湿手关闭电源开关。发现设备出现故障或有异常声响，立即停机，请维修师傅修理，不能正常生产时，填写"偏差及异常情况报告"，报车间领导及时处理。

三、洗衣确认

1. 验证目的

洗衣确认主要针对洁净服洗涤效果进行考察，评价洗衣工艺稳定性。

2. 验证项目和标准

测试程序：记录工作服洗涤灭菌的工艺条件，包括温度、时间等。按洁净区工作服洗涤、灭菌相关规程检查洗涤后的清洁度。

合格标准：工作服应清洁、无菌、干燥、平整。

四、更衣确认

1. 验证目的

更衣确认主要针对操作人员更衣规范性进行考察，评价更衣操作稳定性。

2. 验证项目和标准

测试程序：操作人员按更衣规程进行更衣，测试人员用接触碟法取样进行更衣确认程序的表面监控。

取样点如下：双手手指、头部、口罩、肩部、前臂、手腕、眼罩。取样点在正面，接触药品机会较大，且容易散发微生物的部位。

合格标准：人员表面微生物含量<1cfu/25cm^2。

实训思考

1. 人员进出 C 级区和进出 D 级区有何区别？
2. 如何确保人员更衣程序的规范？

任务二　C 级区生产前的准备

■【能力目标】

1. 能进行小容量注射剂的生产前准备
2. 能进行 C 级区物料的进出操作
3. 能进行 C 级区的清场、清洁卫生

背景介绍

最终灭菌小容量注射剂洁净区包括 D 级区和 C 级区，非最终灭菌小容量注射剂洁净区还包括 B 级区和 B 级区下的 A 级区。D 级区的物料进出和清场程序详见片剂项目，而 B 级区的物料进出和清场程序详见粉针剂项目，以下主要介绍 C 级区的情况。

人员进入工作岗位后需进行以下准备工作检查。

① 检查生产区域、设备、工具的清洁、卫生情况是否符合要求，状态标识是否齐全。

② 检查清场工作是否符合要求。

③ 校正衡器、量器及检测仪器，并检查是否在计量检定合格有效期内。

④ 从传递窗内接收所需物料。

任务简介

练习 C 级区的物料进出，并进行 C 级区的清场、清洁卫生。

实训过程

一、C 级区工器具清洗、灭菌

1. 生产前准备

① 操作人员进入工作岗位，检查房间、设备、容器具是否处于"已清洁"状态。检查房间温湿度及压差，温度应在 18～26℃，相对湿度在 45%～65%。

② 检查设备清洁状态，用浸有注射用水的半湿洁净抹布浸按照自内向外、自上向下的顺序擦拭净化热风循环烘箱和脉动真空灭菌柜的内壁。清洁标准：表面无积尘、无污迹。

③ 检查净化热风烘箱各仪表是否完好，记录仪是否装好记录纸。打开净化热风循环烘箱侧门内的总电源，检查确认参数设定应为：灭菌温度设定为 250℃，灭菌时间为 1h，终点温度为 50℃，打印定时设定为 5min 打印 1 次。

④ 打开脉动真空灭菌柜的总电源，检查确认参数设定应为：灭菌温度设定为 121℃，灭菌时间为 30min，纯蒸汽压力大于 0.12MPa，打印定时设定为 5min 打印一次。

2. 器具清洁与转移

① 确认当班应灭菌物品情况，清点数量。

② 将不锈钢桶或其他器具放入清洗池中，打开纯化水，边冲边用洁净抹布全面擦洗器具内外壁，洗至无可见污物，在工器具清洗间用注射用水全面冲洗约 2min，不锈钢桶和盒子内外壁都需冲洗。冲洗完毕将不锈钢桶和盒子用半湿丝光毛巾擦干，倒置于灭菌柜中等待灭菌。

③ 灌装机部件由灌装岗位人员拆卸后，交与 C 级区器具清洗灭菌人员进行清洁，在注射用水下用洁净抹布擦洗至无污迹，用注射用水冲洗 3 次，每次 2min，用专用抹布擦干。

④ 清洁后器具应加盖密闭转移，防止污染，并在 6h 内灭菌。灭菌后的工器具在 C 级背景下的 A 级环境取出，及时加盖密闭后在 A 级层流罩下存放。

3. 其他

① 能够耐受干热灭菌的不锈钢桶、盆、镊子等在干热灭菌柜中灭菌。程序结束后，待温度降低至规定温度后，通知 C 级区人员打开后门，在 A 级层流罩下取出被灭菌物品。

② C 级区工器具由各岗位在工器具清洗间清洁。

③ 关闭总电源，收集打印记录，及时填写岗位生产记录。

二、物料、物品进出 C 级洁净区

1. 物料传入

领料人员领取物料后，先清理外包装，内包装用浸饮用水的半湿丝光毛巾擦拭清洁，传

入传递窗内，紫外灯照射 30min。C 级洁净区人员从传递窗取出，用浸 75％乙醇溶液的半湿丝光毛巾擦拭消毒后传入 C 级区。

2. 物料传出

需传出 C 级区的物料、物品，由传递窗传出岗位。

3. 注意事项

① 物品转移过程中，注意做好标识，避免混淆。

② 传递窗两侧的门严禁同时打开。

三、C 级区环境清洁

1. 清场间隔时间

① 各工序在生产结束后以及更换品种、规格、批号前应彻底清理作业场所，未取得"清场合格证"之前，不得进行下一个品种、规格、批号的生产。

② 大修后、长期停产重新恢复生产前应彻底清理及检查作业场所。

③ 车间大消毒前后要彻底清理及检查作业场所。

④ 超出清场有效期的应重新清场。

2. 清场要求

① 地面无积灰、无结垢，门窗、室内照明灯、风口、工艺管线、墙面、天棚、设备表面、开关箱外壳等清洁干净无积灰。

② 室内不得存放与生产无关的杂品及上批产品遗留物。

③ 使用的工具、容器清洁无异物，无上批产品的遗留物。

④ 设备内外无上批生产遗留的药品，无污迹，无油垢。

3. 清场方法

① 换品种清洁：用丝光毛巾蘸 1％碳酸钠溶液依照顺序将天花板、墙壁门窗等部位擦洗一遍，重复一遍；用半湿胶棉拖把浸消毒液将地面擦洗至洁净、无污迹。

② 甲醛消毒前环境大清洁：用丝光毛巾蘸 1％碳酸钠溶液依照顺序将天花板、墙壁、门窗等部位擦洗一遍，用洁净拖把浸消毒液将地面擦洗至洁净，用丝光毛巾擦拭传送轨道和传送皮带等日常清洁中不易接触部位，把回风口拆下清洁，将纱网和回风口上的杂物放入废物桶，用纯化水冲洗干净，用丝光毛巾擦干，放回原位。

③ 有明显污迹的地方，用浸 1％碳酸钠溶液的半湿丝光毛巾擦拭至洁净，用浸注射用水的半湿丝光毛巾擦拭至无泡沫、无污迹。（环境甲醛大消毒前，还应仔细擦拭日常清洁不易接触部位，把回风口拆下清洁，将纱网和回风口上的杂物放入废物桶，用纯化水冲洗干净，用丝光毛巾擦干，放回原位。）

④ 每个生产周期第 7 天生产结束后，用浸消毒液的半湿丝光毛巾按照以上程序对洁净区环境、设备表面、工作台等进行擦拭消毒。

4. 结束过程

清洁完毕，更改操作间、设备、容器等状态标识，QA 检查合格后，发放"清场合格证"，退出生产岗位。

四、C 级洁净区设备、工器具清洁

1. 净化热风循环烘箱的清洁方法及频次

① 用浸注射用水的半湿丝光毛巾将烘箱四周外表面擦拭至洁净，再重复一遍。

② 将烘箱内部（包括储物架）用浸注射用水的半湿洁净抹布擦拭至干净。

③ 烘箱每次使用前按以上步骤清洁一遍。清洁标准：无灰尘、无污迹。

2. 脉动式真空灭菌柜的清洁方法及频次

① 用浸注射用水的半湿丝光毛巾将灭菌柜的外表面擦拭至干净后，再重复一遍。

② 用浸注射用水的半湿洁净抹布将灭菌柜内部擦拭至洁净，再用浸75％酒精溶液的半湿洁净抹布擦拭一遍。

③ 灭菌柜每次使用前按以上步骤清洁一遍。清洁标准：无灰尘、无污迹。

3. 灌封机的清洁方法及频次

① 生产前用浸75％乙醇溶液的半湿洁净抹布将送瓶转盘、进瓶螺杆、灌注底座、夹瓶夹子、封口底座、出瓶台面擦拭洁净。

② 生产结束后用镊子清理瓶子所经轨道和夹瓶夹子处，用浸75％的乙醇溶液的半湿洁净抹布反复擦拭至洁净，再重复一遍。

③ 用浸75％的酒精溶液的半湿丝光毛巾将轧盖机外表面、安全罩擦拭一遍。清洁标准：无异物、无污迹。

4. 容器、工具架等的清洁方法及频次

① 生产区的容器包括物料的周转桶、清洁盆等。

② 生产用工具架、容器应当根据岗位需要定置摆放，不得随意挪动，容器必须标明状态标识，注明"已清洁"、"未清洁"状态，标明其中的物料名称、批号、数量，以免造成污染或混淆。

③ 每天生产结束后将工作台、储物架、洁具架等上下表面，用浸注射用水的半湿丝光毛巾擦拭至洁净，再重复一遍。

5. 其他

① 有难以清洁的污迹的部位可以先用浸1％碳酸钠溶液的半湿丝光毛巾擦拭至洁净，再用浸过纯化水的毛巾擦拭干净。

② 每生产周期第7天生产结束后，用浸75％乙醇溶液的半湿丝光毛巾擦拭设备、工器具、容器内外表面至洁净、无污迹。

③ 设备、工器具清洁完毕，应及时更换"已清洁"状态标识，设备、并标明有效期，到期需重新清洁。C级区的设备、工器具清洁后有效期为48h。

五、C级区清洁工具清洁规程

（1）清洗地点　C级区洁具间。

（2）使用的清洁剂　1％碳酸钠溶液、纯化水。

（3）C级区清洁工具的清洁方法

① 清洗C级区设备的丝光毛巾用1％碳酸钠溶液浸泡10min后手工搓洗至无污迹，用纯化水冲洗至无泡沫，拧干，折叠晾在洁具间工具架上。

② 擦拭天花板、门窗、不锈钢桶、小推车、洁具架、工具柜、地拖架、洁净衣架、水池、墙壁、工作台的丝光毛巾用1％碳酸钠溶液浸泡10min后手工搓洗至无污迹，用纯化水冲洗至无泡沫，拧干，折叠晾在洁具间工具架上。

③ 清洁地面的洁净拖把用毛刷轻刷至无杂物，用纯化水冲洗至无泡沫，挤干，折叠晾在洁具间工具架上。

④ 清洁工具的放置位置：C 级区的清洁工具存放于本岗位工器具架上，不得随意摆放。

（4）清洁频次　每班生产结束后由洗烘工序人员进行清洁，生产过程中清洁工具使用完毕立即进行清洗。每 7 天生产结束后，清洁工具按以上要求清洁后，用消毒液浸泡 30min，拧干或挤干备用，消毒液轮流更换使用。

实训思考

1. C 级区的清场有哪些要点？
2. 简述 C 级区的工（器）具清洁要点。

任务三　制药用水生产

【能力目标】

1. 能进行纯化水的生产
2. 会进行注射用水生产
3. 能进行制药用水的日常监测

背景介绍

制药企业的生产工艺用水，涉及制剂生产过程当中容器清洗、配液及原料药精制纯化等所需要使用的水，主要有纯化水和注射用水。

在生产前准备工作中要对制药用水进行质量检查。生产区 QA 根据请验单按《工艺用水监控规程》中规定的取样频次、取样点提前进行取样，根据不同要求进行理化分析或微生物检验。进行工艺用水取样时，如同时采取数个水样时，用作微生物学检验的水样应在前面取样，以免取样点被污染。取样完毕后，需填写样品标签贴于取样瓶外，其内容包括样品名称、取样地点、编号（车间内水龙头均有编号）、取样日期、取样时间、检验项目、取样人等。

2010 年版《中国药典》中纯化水和注射用水的重要检测项目是电导率和总有机碳（TOC）。当水中含有无机酸、碱、盐或有机带电胶体时，电导率就增加。检查制药用水的电导率可在一定程度上维持水中电解质平衡。各种有机污染物、微生物及细菌内毒素经过催化氧化后变成二氧化碳，进而改变水的电导，电导的数据又转换成总有机碳的量。如果总有机碳控制在一个较低的水平上，意味着水中有机污染物、微生物及细菌内毒素的污染处于较好的受控状态。因而 20 世纪 90 年代美国药典采用电导率代替几种盐类的化学测试，TOC 代替易氧化物的检测，这两种指标均可以实现在线监测，提高生产效率，减少人为因素、环境因素的干扰。

任务简介

按操作规程进行纯化水生产，并进行监测。按操作规程进行注射用水的生产，并进行监测。工作完成后，对设备进行维护与保养。

实训设备

一、纯化水处理系统

纯化水处理系统由原水处理系统和反渗透装置两部分组成。

1. 原水处理系统

原水首先应达到饮用水标准，如达不到则需预先处理到饮用水标准，方可作为制药用水或纯化水的起始用水。饮用水中往往含有电解质、有机物、悬浮颗粒等杂质，不能满足反渗透膜对进水的质量要求，如不经预处理，对设备的使用年限及设备的性能会产生影响，导致出水质量不合格。

原水处理组合由原水箱、机械过滤器、活性炭吸附过滤器、软化器、保安过滤器等构成。原水箱的材料可采用304B不锈钢或非金属［如聚乙烯（PE）］制成。原水泵可采用普通的离心泵。原水水质浊度较高时，常用精密计量泵从配备的药箱中在进水管道投加絮凝剂。机械过滤器一般用石英砂过滤器，罐体可采用玻璃钢内衬PE胆的非金属罐体，用于除去原水中的大颗粒、悬浮物、胶体及泥沙以降低原水浊度对膜系统的影响。随着压差升高以及时间推移，可通过反向冲洗操作去除沉积的微粒。活性炭过滤器用于吸附水中部分有机物、微生物、水中余氯（对游离氯的吸附率可达99%以上），可采用定期巴氏消毒保证活性炭吸附作用，反冲可参照机械过滤器。软化器是利用钠型阳离子树脂将水中钙离子、镁离子置换，可防止反渗透（reverse osmosis，RO）膜表面结垢，提高反渗透膜的工作寿命和处理效果。系统提供一个盐水贮罐和耐腐蚀的泵，用于树脂的再生。保安过滤器是原水进入反渗透膜前最后一道处理工艺，主要用于防止上面工序可能存在的泄漏。当保安过滤器前后压差≥0.05MPa时，说明滤芯已堵塞，此时应当拆开清洗或更换新滤芯。

另也有采用超滤装置进行反渗透的前处理。

2. 反渗透装置

大多数制药用水采取二级反渗透装置进行除盐。采用串联的方式，将一级反渗透的出水作为二级反渗透的进水。二级反渗透系统的二级排水（即浓水）质量远高于一级反渗透的进水，可将其与一级反渗透进水混合作为一级的进水，提高水的利用率。典型二级反渗透系统设计如图4-2。

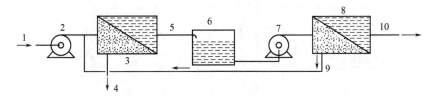

图 4-2　二级反渗透系统设计示例

1—源水；2—高压泵；3—反渗透装置；4—浓缩水排水；5——级反渗透出水；

6—中间贮罐；7—二级高压泵；8—二级反渗透装置；9—二级浓缩

排水（返回至一级入口）；10—纯化水出口

在反渗透装置进出口的供水管道末端均设置大功率紫外线杀菌器，以杜绝或延缓管道系统的微生物细胞的滋生，防止污染。经精密过滤器后出水。

目前也有采用一级（或二级）反渗透加连续电去离子装置（continuous electrodeionization，CEDI）组合进行纯化水的生产。CEDI使用混合树脂床、选择性渗透膜以及电极，保证连续水处理过程，并且树脂连续再生。CEDI 技术是电渗析和离子交换相结合的除盐工艺，既可利用离子交换做深度处理，不用药剂进行再生，又可利用电离产生的 H^+ 和 OH^-，达到再生树脂的目的。

CEDI 的工作原理如下：CEDI 在运行过程中，树脂分为交换区和新生区，虽然树脂进行不断的离子交换，但电流连续不断的使树脂再生，从而形成了一种动态平衡；CEDI 模块内将始终保持一定空间的新生区，这样 CEDI 内的树脂也就不再需要化学药品的再生，且其产水品质也得到了高质量的保证，其运行主要包括三个过程：①淡水进入淡水室后，淡水中的离子与混床树脂发生离子交换，从水中脱离。②被交换的离子受电性吸引作用，阳离子穿过阳离子交换膜向阴极移动，阴离子穿过阴离子交换膜向阳极移动，进入浓水室而从淡水中去除。离子进入浓水室后，由于阳离子无法穿过阴离子交换膜，被截留在浓水室，这样阳离子将随浓水流被排出模块；与此同时，由于进水中的离子被不断地去除，淡水的纯度将不断地提高，待由模块出来的时候，其纯度可以达到接近理论纯水的水平。③水分子在电的作用下，被不断离解为 H^+ 和 OH^-，二者将分别使得被消耗的阳/阴离子树脂连续再生。CEDI 能高效去除残余离子和离子态杂质，尤其对产水水质要求高时。CEDI 相对于混床具有如下优势：无需树脂的化学再生，不需要中和池中的酸碱；地面和高空作业能够极大地减少；所有的水处理系统操作都能够在控制室内完成，无需前往现场；连续工作，不是间歇操作，长时间稳定地出水水质，没有废弃树脂污染排放的风险。

二、多效蒸馏水机

按《中国药典》规定必须采用蒸馏法制备注射用水，制药企业普遍采用的注射用水制水设备是多效蒸馏水机。以去离子水（纯化水）为原料水，用蒸汽加热制备注射用水，并需通过一个分离装置去除细小水雾和夹带的杂质（如细菌内毒素）。多效蒸馏水机一般由蒸发器、预热器、冷凝器、电气仪表、温度压力控制装置、管路系统等组成，其蒸发器采用列管式热交换"闪蒸"使原料水生成蒸汽，同时将纯蒸汽冷凝成注射用水；采用内螺旋水汽"三级"分离系统，以去除细菌内毒素（热原）；经计算和合理设计，能量可多次重复利用，是蒸馏法最佳的制水节能设备。蒸发器的个数可用效数表示，为达到较高的能量利用率至少需要三效。每效包括一个蒸发器，一个分离装置和一个预热器。工作原理如图 4-3 所示。

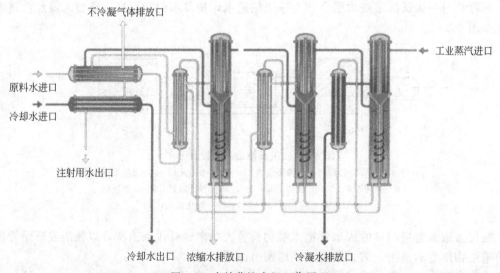

图 4-3 多效蒸馏水机工作原理

第一效蒸发器采用工业蒸汽为热源，工业蒸汽的冷凝水以废水排放。其他蒸发器以纯蒸汽为热源，得到冷凝水为去热原的蒸馏水（即注射用水）。末效蒸发器下部有浓缩水排放口，冷却器上部有废气排放口。冷却器用于将气液两相的纯蒸汽与注射用水混合液冷却为注射用水，冷却水应采用纯化水，有利于防止污染。

实训过程

实训设备：YDR02-025 纯化水处理系统，LD200-3 多效蒸馏水系统。

进岗前按进入一般生产区要求进行着装，进岗后做好厂房、设备清洁卫生，并做好操作前的一切准备工作。

一、纯化水生产准备与操作

1. 生产前准备

① 检查生产现场、设备及容器具的清洁状况，检查"清场合格证"，核对其有效期，确认符合生产要求。

② 检查房间的温湿度计、压差表有"校验合格证"并在有效期内。

③ 确认该房间的温湿度、压差符合规定要求，并做好温湿度、压差记录，确认水、电、气（汽）符合工艺要求。

④ 检查、确认现场管理文件及记录准备齐全。

⑤ 做好氯化物、铵盐、酸碱度等检查的准备。

⑥ 生产前准备工作完成后，在房间及生产设备换上"生产中"状态标识。

2. 生产过程

① 预处理：打开阀门，确认系统运行过程中水流从原水箱到纯化水贮水箱的通畅。进行石英砂过滤器、活性炭过滤器的反冲，观察澄清度是否合格。检查精密过滤器、保安过滤器是否正常。

② 反渗透装置运行：手动开机，调节一级、二级的浓水、淡水出水流量比符合要求，采用自动运行方式进行产水和输送水。

③ 日常监控：生产过程中总出水口每 2 小时取样 1 次，进行电导率、酸碱度的检测。

3. 结束过程

① 关闭纯化水处理系统。

② 生产结束后，按要求进行清场，做好房间、设备、容器等清洁记录。

③ 按要求完成记录填写。清场完毕，填写清场记录。上报 QA 检查，合格后，发"清场合格证"，挂"已清场"状态标识。

4. 注意事项

① 纯化水的贮存时间不超过 24h。比电阻应每 2 小时检查 1 次，脱盐率每周检查 1 次。

② 定期对系统进行在线消毒

附：YDR02-025 纯化水处理系统标准操作程序

1. 生产前检查

① 检查生产设备的清洁状态，检查设备是否完好，应处于"设备完好"、"已清洁"

状态。检查水、电是否到位，房间温湿度、压差是否正常。

② 检查设备各部件是否齐全，检查所有的管道、阀门及控制开关应无故障。

③ 检查机器润滑情况是否良好。

④ 检查电器控制面板各仪表及按钮、开关是否完好。

2. 预处理

① 打开阀门，确认系统运行过程中水流从原水箱到纯化水贮箱的通畅。

② 顺时针旋转石英砂过滤器上面的旋钮至"Back wash"挡，确保另两个过滤器：活性炭过滤器以及软化器均处于"In serve"挡。

③ 开启电源，选择手动模式，开启原水泵，开始反冲石英砂过滤器，反冲 15min 后，观察出水澄清度，如不澄清，继续反冲。

④ 顺时针将石英砂过滤器上的旋钮旋转回"In serve"挡。完成石英砂过滤器的反冲。

⑤ 同法依次清洗活性炭过滤器及软化器，清洗时应确保被清洗过滤器处于"Back wash"挡，另两个过滤器处于"In serve"挡。

⑥ 反冲完毕，确保所有过滤器均处于"In serve"挡。

3. 操作过程

① 制水操作前，确保面板上的控制钮均处于垂直关闭状态。

② 手动开机：将一级反渗透的进水电磁阀的旁通球阀打开，选择手动模式，开启原水泵，待一级进水压力大于 0.2MPa，启动高压泵 1，一级工作压力及一级排浓压力为 1.2～1.5MPa，一级纯水与一级浓水流量比不应大于 3∶2。启动高压泵 2，二级工作压力及二级排浓压力为 1.0～1.2MPa；二级纯水流量与二级浓水流量的比例不应大于 3∶1。运行时确保中间水箱水位在中间范围。根据需要，打开输送泵，输出纯化水。

③ 手动关机：依次关闭高压泵 2、高压泵 1、原水泵。

④ 自动运行：将一级反渗透的进水电磁阀的旁通球阀关闭，手动/自动旋钮处于自动模式，点击液晶面板上的自动、运行，即自动运行（浓水排放应是产水量的 35%～50%）。

4. 结束过程

工作完毕，将手动/自动旋钮旋于手动模式，断开电源，关闭配电箱总电源。

二、纯化水处理系统日常维护与保养

① 长期不使用时，关闭原水箱的进水阀，且放尽各个贮水罐中的贮水。

② 设备使用过程中，每天至少运行 1h。

③ 水泵禁止空载。

④ 设备的正常使用温度为 5～33℃，最佳温度为 24～27℃，最高温度为 35℃，进水温度每升高 1℃或降低 1℃，产水量将增加或减少 2.7%～3.0%，因此冬季的出水应适度调节反渗透（RO）进口压力，以调节其产水量。

⑤ 需经常对照前期的运行状况（如压力、流量、脱盐率、产水量、温度等参数），如果发现有明显差异，及时分析原因，及时处理。

⑥ 供水系统是关键部件，必须注意产水、用水、回水、补充水之间的平衡，以尽量减少纯水箱的液位波动。

⑦ 一旦开机后尽量避免停机，以保证足够长的循环时间。

⑧ 系统停运时间不宜超过两天（特别在夏天高温季节），在长时间不用水时必须进行保护性运行，系统需要长期停运前，RO 装置必须进行保护液保护。

三、注射用水生产准备与操作

1. 生产前准备

① 检查生产现场、设备及容器具的清洁状况，检查"清场合格证"，核对其有效期，确认符合生产要求。

② 检查房间的温湿度计、压差表有"校验合格证"并在有效期内。

③ 确认该房间的温湿度、压差符合规定要求，并做好温湿度、压差记录，确认水、电、气（汽）符合工艺要求。

④ 做好检查氯化物、铵盐、酸碱度、细菌内毒素的检测准备。

⑤ 检查、确认现场管理文件及记录准备齐全。

⑥ 生产前准备工作完成后，在房间及生产设备换上"生产中"状态标识。

2. 生产过程

① 开机预热：确保纯化水贮水罐有足够的水，开启蒸汽发生器。当蒸汽压力达到要求时，将蒸汽通入蒸馏水机内，使管道内充满大量白色蒸汽，调节蒸汽阀门保持蒸汽压力在 0.3MPa 左右，预热 10min。

② 制水：打开纯化水系统的输水泵，打开多效蒸馏水机总电源。选择自动控制模式，调节阀门开度，使蒸汽压力在规定范围内，进水流量上升为标准流量后，温度上升至 80℃时，自动开启冷却水，维持蒸馏水温度在 92～99℃。经取样口取样检验水合格后，阀门自动选择开闭，使注射用水进贮水罐。

③ 日常监控：生产和使用过程中在贮水罐、总送水口每两小时取样检测 pH 值、氯化物和电导率。

3. 结束过程

① 制水结束，退出主界面，关闭电脑，关闭多效蒸馏水机电控柜电源，排尽水后，关闭阀门。在注射用水贮水罐上贴标签，注明生产日期、操作人、罐号。

② 按清场标准操作程序要求进行清场，做好房间、设备、容器等清洁记录。

③ 按要求完成记录填写。清场完毕，填写清场记录。上报 QA 检查，合格后，发"清场合格证"，挂"已清场"状态标识。

4. 注意事项

① 生产注射用水过程中应按时清洗系统各部件，保证系统正常运转。

② 定期对系统进行在线消毒。

③ 每 2 小时进行 pH、氯化物、铵盐检查，其他项目应每周检查 1 次。

④ 注射用水必须在 70℃以上保温循环，注射用水的贮存时间不得超过 12h。

附：LD200-3 多效蒸馏水系统标准操作程序

1. 生产前检查

① 检查生产设备的清洁状态，检查设备是否完好，应处于"设备完好"、"已清洁"状态。检查水、电是否到位，房间温湿度、压差是否正常。

② 检查设备各部件、配件是否齐全，紧固件有无松动。

③ 检查阀门、管道、控制开关应无故障。

④ 检查电器控制面板各仪表及按钮、开关是否完好。

2. 操作过程

（1）预热

① 开启配电箱中总电源。确认纯化水贮水罐中有足够的水量，并打开纯化水贮水罐至多效蒸馏水机的出水阀和回水阀。

② 在确保电热蒸汽锅炉进水阀门处于开启状态，启动锅炉。当蒸汽压力到达0.7MPa左右（≥0.4MPa），打开锅炉通往多效的阀门。

③ 启动空气压缩系统，打开压缩空气阀门，压力表显示0.5MPa左右（必须高于0.4MPa）。

④ 打开一效的蒸汽阀门，蒸汽输入管道。然后打开该阀门下方的排污阀，排放残留在管道中的污水，直至排放大量通畅的白色蒸汽，关闭该排污阀。

⑤ 逐渐缓慢地开启多效蒸馏水机的蒸汽阀门，调节该阀门保持蒸汽压力在0.3MPa左右，预热10min。

（2）开机　打开纯化水系统的输水泵。打开多效蒸馏水机总电源。可选择自动控制和手动控制两种模式。

① 自动控制：打开多功能插座总电源，打开UPS（不间断电源），打开电脑，进入主界面，点击"启动"按钮（需长按）。

a. 调节多效蒸馏水机的蒸汽阀门，使蒸汽压力始终保持在0.3MPa左右。

b. 进水泵自动开启，调节进水泵的水压调节球阀，使进水压力维持在0.4MPa左右（正常范围为0.4～0.6MPa），进水压力已调节至最佳状态，一般无需调节。

c. 调节进水旁路球阀，使进水流量为标准流量的一半左右，如蒸汽压力为0.3MPa，进水流量为3L/min（LPM），进水流量已调节至最佳状态，一般无需调节。

d. 随着蒸馏水温度的升高，进水气动阀开，进水流量上升为标准流量，为5L/min，可用进水主阀进行调节，进水流量已调节至最佳状态，一般无需调节。

e. 蒸馏水温度上升至80℃时，冷却水泵自动打开，调节冷却水泵的水压调节球阀，使冷却水压力维持在0.2MPa左右，冷却水压力已调节至最佳状态，一般无需调节。

f. 当蒸馏水温度上升至95℃时，冷却水电磁阀1和电磁阀2依次自动打开，当蒸馏水温度下降小于设定值95℃时，两电磁阀自动关闭，使蒸馏水温度控制在92～99℃。

g. 蒸馏水合格后，两个三通阀的出水气动阀自动打开，废弃阀关闭，合格蒸馏水进贮水罐。蒸馏水不符合指标时，两个三通阀切换由废弃管道排出。

② 手动控制（一般无法使用自动控制或变压器损坏时使用）：打开"手动"旋钮。

a. 打开"进水1"旋钮，进水泵启动。调节多效蒸馏水机的蒸汽阀门，使蒸汽压力始终保持在0.3MPa左右。

b. 调节进水泵的水压调节球阀，使进水压力维持在0.4MPa左右（正常范围为0.4～0.6MPa）。调节进水主阀，使进水流量为3L/min左右。

c. 大约5min后，蒸馏水温度逐渐升高，进水气动阀自动开启，调节进水主阀，使进水流量为5L/min。

d. 运行大约10min后（蒸馏水温度上升至80℃以上），打开"冷却水1"旋钮，冷却水水泵开启。

e. 运行大约12min后（蒸馏水各项指标合格），打开"出水1"的旋钮，蒸馏水注入注射用水贮水罐中。

f. 如在制水过程中，注射用水的贮水罐已满，但需要不间断地使用注射用水，可开启"废弃1"旋钮并关闭"出水1"旋钮，两个三通的废弃阀打开，出水阀开。如需要继续制水，可打开"出水1"旋钮并关闭"废弃1"旋钮，两个三通阀切换。

（3）注射用水的检测　打开检测取样口的阀门，取一定量的蒸馏水，对 pH 值、电导率、氯化物、硫酸盐、钙盐、硝酸盐、亚硝酸盐、氨、细菌内毒素、二氧化碳等指标进行检测。

（4）注射用水的使用　保证由注射用水贮水罐至各出水口的出水及回水的通畅，可在接通电源后按总配电箱上的"启动循环泵"按钮；停止使用时，按"停止循环泵"按钮，并关闭输送泵前后的球阀。（在多效蒸馏水机开机、停机的状态下均可进行操作。）

（5）注射用水的保温　注射用水贮水罐内温度必须保持在80℃以上。

3. 结束过程

（1）自动控制的结束过程

① 鼠标单击显示屏上的"停止"按钮（需长按）。关闭多效蒸馏水机的蒸汽阀门，再关闭蒸馏水机左后方的阀门，关闭电热蒸汽锅炉。蒸馏水温度冷却至80℃，冷却水泵自动停止。关闭纯化水系统的输水泵。

② 单击显示屏的主控菜单栏"系统管理"，在下拉菜单中单击"退出系统"，电脑自动退出 WINDOWS 系统，当显示屏上显示 WINDOWS 关机提示时，可关闭电脑主机电源，关闭 UPS（不间断电源），关闭仪表箱电锁，关闭仪表箱的总电源。

③ 关闭电控柜的总电源。

④ 关闭进水及冷却水的总球阀；待蒸馏水机冷却至室温后，打开三个蒸馏塔下端的排水阀门，将塔中的积水排放干净，排尽后，关闭该排水阀门；打开检测取样口的阀门，将积水排放干净。

（2）面板手动控制的结束过程

① 关闭"出水1"按钮，再关闭"进水1"按钮。关闭多效蒸馏水机的总蒸汽阀门，关蒸汽阀门，关闭电热蒸汽锅炉。大约5min 后，蒸馏水温度冷却至80℃以下，关闭"冷却水1"按钮。关闭"手动"按钮。关闭仪表箱电锁，关闭仪表箱的总电源。

② 关闭控制多效蒸馏水机的总电源。

③ 关闭进水及冷却水的总球阀；待蒸馏水机冷却至室温后，打开三个蒸馏塔下端的排水阀门，将塔中的积水排放干净，排尽后，关闭该排水阀门；打开检测取样口的阀门，将积水排放干净。

4. 注意事项

① 注意在操作中穿长袖棉质衣物，戴工作手套，以免烫伤。

② 开启多效蒸馏水机的蒸汽阀门前，必须保证通水、电、气。（接通电源；启动纯化水系统的输水泵；打开蒸汽管道阀门，压缩气。）

③ 在运行过程中需注意调节多效蒸馏水机的蒸汽阀门，使蒸汽压力始终保持在0.3MPa 左右。当蒸汽压力不足时，电脑会自动报警。报警后根据电脑提示取消报警。

④ 在运行过程中需时刻注意观察蒸馏塔下端的圆形玻璃视窗，在视窗中可看见水面切痕，说明正常；如未见水面切痕，需打开该塔的排水阀，排尽后再关闭该排水阀。如问题始终存在，需寻找故障根源。

⑤ 不能随意设置电脑显示屏上蒸汽压力、蒸馏水电阻率、蒸馏水温度以及纯蒸汽温

度的设定值拨盘，否则会造成误报警以及机器不能正常启动。

⑥ 不能直接关闭电脑控制电源，以及关机后再启动电脑应在 3min 后，否则会造成电脑损坏。

⑦ 不能关闭进水泵和冷却水泵上的水压调节球阀以及进水旁路球阀，否则开机会打坏进水流量计和进水冷却水压力表。

四、多效蒸馏水机日常维护与保养

① 需经常注意疏水器是否正常，正常工作状态下，温度非常高，如有故障需在蒸馏水机停机并冷却至室温后，卸下疏水器，清理干净即可。

② 调试正常后，每周必须至少运行一次。

③ 所有管道系统的连接部位，必须经常检查，并重新紧固。注意紧固连接件时，必须在设备处于停机并冷却至室温下进行。

④ 如长时间不使用，将注射用水贮水罐中的水排空，并做好干燥灭菌处理；打开三个蒸馏塔下端的排水阀门，将塔中的积水排放干净；打开检测取样口的阀门，将积水排放干净；打开电机（包括变压器、主控机、显示屏等）工作，使其尽量干燥。

⑤ 长时间未使用后，所有管道系统的连接部位，必须检查，并重新紧固；对注射用水贮水罐进行清洗并消毒。

五、工艺用水日常检测管理

1. 工艺用水
包括饮用水、纯化水、注射用水，用于配料、容器清洗等工序所需的水。

2. 工艺用水要求
工艺用水要求如表 4-2 所示。

表 4-2　工艺用水要求

类别	用途	水质要求
饮用水	用于非无菌药品的设备、器具和包装材料的初洗；制备纯化水的水源	符合生活饮用水标准 GB 5749—2006
纯化水	用于非无菌药品的配料、洗瓶；用于无菌制剂容器的初洗；用于非无菌原料药的精制；制备注射用水的水源	符合内控标准和现行版《中国药典》标准
注射用水	用于胶塞、配液罐、玻璃瓶的精洗；用于无菌制剂容器具及管道的最终洗涤；用于注射剂的配制	符合内控标准及现行版《中国药典》标准

3. 工艺用水的制备
① 饮用水是由自来水公司供应的符合饮用水标准的自来水。

② 纯化水是以饮用水为水源，经蒸馏法、离子交换法、反渗透法或其他适宜方法制得的供药用的水，不含任何附加剂。

③ 注射用水是以纯化水为水源，经蒸馏法制备的制药用水。

4. 工艺用水的监控
（1）质量保证部 QA 人员应对工艺用水进行质量监控，一般饮用水需当地环保局或防疫站一年全检一次，每月对饮用水按内控标准自行检测一次。

　　制水岗位人员要及时取样检测，由 QA 人员负责每周对纯化水进行取样，并将样品送交 QC 人员进行全项检测。

　　（2）纯化水的检测项目及检测频次如下。

　　① 常规监测：由岗位操作人员对总出水口进行电导率、酸碱度检测，每 2 小时检测一次。

　　② 全项检测：由质量保证部 QA 人员对总送水口、总回水口、贮水罐及各使用点取样，送 QC 人员进行全项检测，按 2010 年版《中国药典》二部"纯化水"项下项目检验，如表 4-3 所示。各检验项目应符合有关规定，总出水口每周一次，各使用点每月一次，可轮流取样。

　　（3）注射用水

　　① 水质维护：注射用水系统必须经过验证合格后，方可投入使用，并进行严格变更控制；注射用水系统正常情况每年进行一次再验证，以确认验证状态是否漂移。注射用水系统操作人员进行定期的清洗、消毒及设备维护等操作。

　　② 常规监测：制水岗位操作人员取样检测 pH 值、氯化物和电导率，生产和使用过程中在贮水罐、总送水口每 2 小时检测一次。中控室在各使用点取样检测细菌内毒素，每天一次。

　　③ 全项检测：由 QA 人员对总出水口、总回水口、各使用点取样，送 QC 部门进行全项检测，总送水口每天一次，出水口每周一次，各使用点每月轮流一次。

　　（4）QC 部门将检验结果交 QA 质量保证部，并由 QA 在各用水点贴绿色合格标签，方可使用。检验结果不符合要求，立即执行偏差管理制度，由 QA 会同相关部门进行调查处理，包括已用于生产的产品、清洗的设备等方面。

5. 取样方法

　　① 取样工具：广口瓶（500ml，具塞）用于理化检验；经 121℃灭菌 30min 的广口瓶（500ml，具塞，且用牛皮纸包裹后灭菌备用）供微生物学检验。

　　② 用 75% 的酒精棉擦拭取样点水龙头表面两遍进行消毒。

　　③ 打开水龙头，放流 3～5min。

　　④ 拆去牛皮纸，开塞后迅速取样塞上塞子，用于微生物学检验。

　　⑤ 另取普通广口瓶，装取所需水量，用于理化检验。

　　⑥ 每次取样后，在取样瓶外应贴上标签，内容包括品名、取样地点、编号、时间、取样人。

表 4-3　纯化水和注射用水检验项目（2010 年版《中国药典》）

检验项目	纯化水	注射用水	检测手段
酸碱度	符合规定	—	在线检测或离线分析
pH	—	5～7	在线检测或离线分析
硝酸盐	$<0.000006\%$	同纯化水	采样和离线分析
亚硝酸盐	$<0.000002\%$	同纯化水	采样和离线分析
氨	$<0.000003\%$	同纯化水	采样和离线分析
电导率	符合规定 不同温度对应不同的规定值 如 $20℃<4.3\mu S/cm$；$25℃<5.1\mu S/cm$	符合规定 不同温度对应不同的规定值 如 $20℃<1.1\mu S/cm$；$70℃<2.5\mu S/cm$	在线用于生产过程控制。后续取水样进行电导率的实验室分析

续表

检验项目	纯化水	注射用水	检测手段
总有机碳（TOC）	＜0.5mg/L	＜0.5mg/L	在线 TOC 进行生产过程控制。后续取样进行实验室分析
易氧化物	符合规定	—	采样和离线分析
不挥发物	1mg/100ml	1mg/ml	采样和离线分析
重金属	＜0.00001％	＜0.00001％	采样和离线分析
细菌内毒素	—	＜0.25EU/ml	注射用水系统中采样检测，实验室测试
微生物限度	100cfu/ml	10cfu/ml	实验室测试

注：纯化水总有机碳和易氧化物两项可选做一项。

六、制药用水系统工艺验证

1. 验证目的

制药用水系统工艺验证主要针对制水系统进行考察，评价制水工艺稳定性。

2. 验证项目和标准

（1）纯化水

测试程序：每批生产前审查并记录下述各使用点的纯化水质量（微生物限度检测）。

① 纯化水站：总送水口、总回水口、贮罐。

② 小容量注射剂车间 D 级区域纯化水用水点：洁具间、工器具清洗间、洗衣间。

③ 小容量注射剂车间 C 级区域纯化水用水点：男二更、女二更、洁具间、工器具清洗间、质检室、活性炭称量间、配制间、配存消毒剂间。

合格标准：符合 2010 年版《中国药典》标准。纯化水质量稳定并无逐渐接近不合格限度的趋势。

（2）注射用水系统

测试程序：每批生产前审查并记录下述各使用点的注射用水质量（内毒素检测）。

① 注射用水站：总送水口、总回水口、贮罐、多效蒸馏水机组。

② 小容量注射剂车间 D 级区域注射用水点：洗烘瓶间。

③ 小容量注射剂车间 C 级区域注射用水点：清洗间、质检室、洁具间、配制间、灌封间、配存消毒剂间。

合格标准：符合 2010 年版《中国药典》标准。注射用水质量稳定并无逐渐接近不合格限度的趋势。

实训思考

1. 纯化水系统的基本组成和操作要点有哪些？

2. 生产纯化水时要进行哪些在线检查？

3. 多效蒸馏水机的基本组成有哪些？

4. 生产注射用水要进行哪些在线检查？

5. 制药用水的日常监测应如何做？

项目三

生产注射剂

任务一　配料（配液过滤）

【能力目标】

1. 能根据批生产指令进行注射剂配料（配液过滤）岗位操作
2. 能描述配液过滤的生产工艺操作要点及其质量控制要点
3. 会按照药液配制系统的操作规程进行设备操作
4. 能对配料中间产品进行质量检查
5. 会进行注射剂配料岗位工艺验证
6. 会对药液配制系统进行清洁、保养

背景介绍

配制岗位需经原辅料称量→浓配→过滤→稀配→除菌过滤。称量时必须在洁净区内进行称量，根据物料的生物活性，其称量应在完全独立的区域内（独立的通风橱、气流形式和粉尘捕集）完成，根据起始物料的微生物污染水平或工艺风险评估情况的要求选择 D 级、C 级或 A 级。称量室应保持相对负压、回风口除尘机捕集等。称量时，物料应放置于洁净容器中，材质有不锈钢、塑料、玻璃等，采用经验证过的清洁程序清洗。物料也可称量于已知清洁程度的容器中，如洁净塑料袋。称量后应贴有标签标明用途，并密封保存，用于同一批的容器则统一贮存。

用于注射剂生产以及设备和容器的最终清洗用的注射用水，应通过在注射用水的制水站和取水点的取样检测，说明注射用水符合质量标准方可使用。配料罐中需进行注射用水内毒素的快速检测，以确保配料罐内的清洁度。

配制时应进行双人复核，确认投料、配制、溶解前后顺序，以及特定参数、方法、数据（如某一时间下的温度、搅拌时间、压力）是否符合要求。

固体物料在加入配料罐时应最大限度减少产尘（加大排风、消除交叉污染）。如成分的流动性和管路直径允许，应采用吸料技术。当用管路传输药液时，由于可能存在的密封问题和颗粒物脱落，应采用过滤后的氮气或压缩空气。

药液的配制可采用两种方法。

① 浓配-稀配两步法（浓配法）：在浓配罐内先配制成浓度较高的药液，必要时加入活

性炭吸附分子量较大的杂质（如细菌内毒素），循环过滤后，传输到稀配罐内配制成所需浓度的药液。

② 一步配制法（稀配法）：即可采用配液罐一次配成所需浓度的药液。采用该法的前提是原料的生产企业已采用了可靠的去除细菌内毒素的工艺。

采用两步法配制时，因原料药因素，有些企业目前将浓配与稀配分别设置，浓配在 D 级区，稀配在 C 级区内完成，也有些将二者合并在一个区内完成。污染风险高的产品的配制应在 C 级区进行。

使用滤器时，应注意微孔滤膜滤器通过起泡点试验，以说明使用的药液过滤器孔径与工艺规定使用的孔径是否相符。

任务简介

按批生产指令选择合适设备进行配液，并经滤过后，进行中间品检查。过滤系统已经过验证，起泡点试验，进行配液的工艺验证。工作完成后，对设备进行维护与保养。

实训设备

药液配制系统主要设备由溶解罐、浓配罐、稀配罐（各罐均配有不同搅拌器）、输送泵、各类过滤器、高位槽等单元组成。以下主要介绍配液罐和过滤设备。

一、配液罐

配液罐由优质不锈钢（进口 316L 或 304）制成，避免污染药液。配液罐罐体有夹层，可通入蒸汽加热，提高原辅料在注射用水中的溶解速度，又可通入冷水，吸收药物溶解热或快速冷却药液。配液罐顶部装有搅拌器，加速原辅料扩散且可促进传热。也有采用底部磁力搅拌的配液罐，形式有推进式、螺旋式、锚式等。见图 4-4 和图 4-5。配液罐顶部一般设有进水口、回流口、消毒口、入孔填料口、呼吸口（安装 $0.22\mu m$ 空气呼吸器）、搅拌设备、自旋转清洗球、空气呼吸器、液位计、温度计等。底部则配有凝水口、出料口、排污口、取样口、温度探头、液位传感器等。通过电控柜操作，仪表显示药液温度、液位。

图 4-4　配液罐

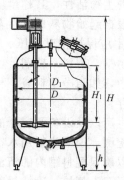

图 4-5　配液罐剖面图

二、过滤设备

1. 钛滤器

钛滤器为粗滤用过滤器。钛滤器是使用钛粉末烧结为滤芯，具有精度高、耐高温、耐腐蚀、机械强度高等优点，广泛应用于药液脱炭及气体过滤。外壳材料为 304 或 316L 不锈钢。一般用于浓配环节中的脱炭过滤及稀配环节中的终端过滤前的保护过滤。见图 4-6。

2. 微孔滤膜滤器

微孔滤膜滤器为精滤用过滤器。采用折叠式微孔滤芯滤材，高分子材料制成，如醋酸纤维素（CA）、聚丙烯（PP）、聚四氟乙烯（PTFE）等。此滤芯具有滤速快、吸附作用小、不滞留药液、不影响药物含量等优点，但耐酸耐碱性能差、截留微粒易阻塞，一般先采用其他滤器初滤后，再使用该滤器，即用于精滤。见图 4-7 和图 4-8。

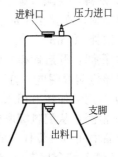

图 4-6　钛滤器　　　　图 4-7　微孔滤膜滤器　　　图 4-8　微孔滤膜滤器原理

$0.22\mu m$ 的微孔滤膜除菌过滤器在最终灭菌产品和非最终灭菌产品中均有应用，但过滤的目的不同。在最终灭菌产品中，除菌过滤器是为了降低微生物污染到某一可接受水平，不要求过滤后的药液中没有微生物。同时微生物水平降低，灭菌后热原水平也相对较低。对于非最终灭菌产品，除菌过滤是唯一的除菌手段，因而是真正意义上的除菌过滤。

实训过程

实训设备：配料系统。

进岗前按进入 D 级区要求进行着装，进岗后做好厂房、设备清洁卫生，并做好操作前的一切准备工作。

一、配液过滤准备与操作

1. 生产前准备

① 检查生产现场、设备、容器具的清洁状况，检查"清场合格证"，核对其有效期，确认符合生产要求。

② 检查房间的温湿度计、压差表、电子秤有"校验合格证"并在有效期内。

③ 确认该房间的温湿度、压差符合规定要求，并做好温湿度、压差记录，确认水、电、气（汽）符合工艺要求，检查所有的管道、阀门及控制开关应无故障。

④ 检查、确认现场管理文件及记录准备齐全。

⑤ 生产前准备工作完成后，在房间及生产设备换上"生产中"状态标识。

2. 设备安装配件、检查及试运行

① 检查注射用水化验合格单，水质合格方可生产。使用的注射水应在 70℃以上保温循环，贮存时间不得超过 12h。

② 安装好钛滤棒和微孔滤膜滤芯。

③ 在线清洗和在线灭菌：注射用水喷淋清洗罐体，并开启输送泵清洗管路系统。清洗液经检测残留量合格后，再通入纯蒸汽进入管道内进行在线灭菌，121℃计时 15h，清洗水送检细菌内毒素，合格后方可使用。

④ 按《微孔滤膜过滤器的完整性测试规程》做起泡点试验，并将结果进行生产记录，同时用注射用水冲洗，接滤芯清洗水做细菌内毒素检查，合格后方可上线。

3. 生产过程

① 称量：只有质量部门批准放行的原辅料才可配料使用。称量前核对原辅料品名、规格、批号、生产厂家等应与检验报告单相符。使用经过校正的电子秤称取原辅料，称量时应零头先称取，必须双人复核，无复核不得称量投料。操作人、复核人均应在原始记录上签名。

② 投料：在配料罐中加入规定的注射用水，根据具体产品的工艺规程规定，依次缓缓投入原辅料，搅拌至全部溶解。易氧化品种，应在氮气保护下投料。再加注射用水至规定的全量，搅拌 30min。

③ 粗滤：开启钛棒过滤器回路，使药液循环 30min，压力在工艺规程要求的标准范围内。取样检测澄明度。打开输送通道，将药液输送至稀配罐。

④ 稀配：加注射用水至规定量，搅拌均匀。开启钛棒过滤器回路，药液自循环。

⑤ 检测：从配料罐取样，进行半成品检测。项目包括 pH 值、色泽、含量等，应符合相应产品中间体质量标准的规定。如化验结果不符合相应中间体质量标准的规定，应立即处理；pH 值不符合规定应根据产品工艺规程，重新用酸碱调节至合格范围；色泽不符合规定应立即报告工艺员或相关技术人员，酌情加药用活性炭脱色；含量不符合规定应计算含量差异，根据计算结果补加原辅料或注射用水。

⑥ 放药液：半成品测定合格后，停止搅拌，通知灌封岗位准备就绪后，开启放液阀，药液通过两道微孔过滤器送入灌封岗位的缓冲容器。

4. 结束过程

① 放液完毕，关闭输送泵。

② 生产结束后，按 C 级区清场标准操作程序要求进行清场，做好房间、设备、容器等清洁记录。连续生产产品其配料缸、容器、滤具、管道及下道工序灌封机药液管应用热蒸馏水冲洗干净（特殊品种例外），并灌满浸泡过夜。更换产品品种必须全部拆除清洗。

③ 按要求完成记录填写。清场完毕，填写清场记录。上报 QA 检查，合格后，发"清场合格证"，挂"已清场"状态标识。

5. 异常情况处理

生产过程中若发现异常情况，应及时向 QA 人员报告，并记录。

6. 注意事项

① 停产超过 8h 需进行在线清洗，停产超过 48h 或正常生产一个周期（3d 为一生产周期）进行一次在线灭菌。灭菌时要经常检查各管道是否畅通，不得留有死角。

② 对灌封设备停止清洗操作时，禁止直接关闭输液泵，以免灌封系统管路内不合格清洗水倒流回稀配罐，应先将稀配罐自循环阀门调节至全开状态，再关闭送液阀门，待罐内清洗水完全处于自循环状态时再关闭输液泵。

③ 批次间清洗进行注射用水喷淋清洗即可。

④ 更换品种时注射用水喷淋进行清洗，并检测清洗水残留。

⑤ 滤芯起泡点合格后，取经注射用水冲洗滤器的清洗水做细菌内毒素试验，试验合格后方可上线。

⑥ 滤芯更换周期为每 20 批进行更换，在这 20 批的使用过程中根据完整性试验结果及具体使用情况进行更换。

⑦ 呼吸器滤芯每 3 个月更换一次。

附1：配液罐标准操作程序

1. 生产前检查

① 检查生产设备的清洁状态，检查设备是否完好，应处于"设备完好"、"已清洁"状态。检查水、电是否到位，房间温湿度、压差是否正常。

② 检查设备各部件、配件是否齐全，紧固件有无松动。

③ 检查各阀门是否关闭，检查密封系统，防止漏油。

④ 检查控制面板各仪表及按钮、开关是否完好。

2. 配件安装、试运行

① 安装钛滤器。

② 安装微孔滤膜滤器。

③ 在线清洗：接通总电源，液位器指示灯亮。设备空载运行正常。对容器内及进出料管道、阀门等进行消毒处理。

④ 在线灭菌。

⑤ 排空管道内液体。

3. 操作过程

① 关闭管道所有的阀门。

② 上料

a. 真空上料：打开真空阀门，待真空度达到-0.04MPa时打开进料口阀门，按工艺抽入已处理好的原辅料液。b. 手动上料：先加入80%的注射用水，开启搅拌器，将称量好的物料放入配料罐中。

③ 加热：如按工艺要求需进行加热，则打开蒸汽阀门，使蒸汽进入夹套或盘管。加热时，先打开罐底出水阀阀门，再打开蒸汽阀门，使罐内物料受热，启动搅拌器开始调配。

④ 所配物料全部溶解后，按工艺要求打开阀门。

⑤ 稀配法（一步配制法）：对所配物料进行初滤，启动输送泵，经过钛棒过滤器粗滤，再经过微孔滤膜滤器一级过滤、二级过滤，关闭输送至高位槽的阀门，物料形成循环，取样检测，如有必要加入补加物料量，待搅拌均匀，物料继续循环。检测合格后，打开输送至高位槽的阀门，同时打开高位槽输出阀门，放出少量物料后关闭。

⑥ 浓配法（浓配-稀配两步法）：对所配物料进行粗滤，启动输送泵1，经过钛棒过滤器1，形成循环，检测药液澄明度；澄明度合格后，打开通往稀配罐的阀门，将药液泵浸入稀配罐，再加入所需量的注射用水，搅拌均匀后，启动输送泵2，通过钛棒过滤器2进行粗滤，再经过微孔滤膜滤器一级过滤、二级过滤，关闭输送至高位槽的阀门，物料形成循环，取样检测，如有必要加入补加物料量，待搅拌均匀，物料继续循环。检测合格后，打开输送至高位槽的阀门，同时打开高位槽输出阀门，放出少量物料后关闭。

4. 结束过程

① 配料系统送料完毕应及时清洗、消毒。

② 及时关闭已启动的泵、马达。

③ 切断总电源。

④ 每次启动输送泵1、输送泵2时，钛棒过滤器1、钛棒过滤器2都要排放空气，至液体排出。

5. 注意事项

① 配制时称量必须严格核对原辅料的名称、规格、重量。采用双人复核制。

② 配好后，要检查半成品的质量。

③ 需对容器内及进出料管道、阀门等进行消毒处理后，方可进料使用。

④ 将各种物料按工艺的要求加入罐内，物料不宜装入太满，以免在搅拌时外溅，造成环境不卫生和物料的损失。

⑤ 使用蒸汽压力应符合技术参数，严禁超压。在蒸汽管道上，安全阀调好启动压力后，不可随意调动，蒸汽操作应有专人操作。

⑥ 物料冷却时，先打开出水口阀门，再打开冷水阀，冷水从罐底进入，进行循环。

⑦ 清洗时应放尽夹套或盘管中残留水，关闭蒸汽阀门，清洗干净后用 40～50℃ 碱水清洗，再用清水清洗干净，最后用沸水或蒸汽进行消毒，罐内带有自动清洗器，只要用 0.3～0.5MPa 压力把清水和碱水及热水按程序送入清洗器即可清洗。

附 2：配料岗位中间品质量控制及检查方法

在配液过程中，需严格按照每一产品的工艺规程进行，完成配液后需要进行半成品的检测，符合规定后再进行下一步的工序，配料岗位中间品质量控制及检查方法，如表 4-4 所示。

表 4-4　配料岗位中间品质量控制及检查方法

检查项目	检查标准	检查方法		
		检查人	次数	方法
原辅料来源、批号、包装、质量	包装完整无损，包装内外应按规定贴有标签，并附有说明书，必须注明药品名称、生产企业批准文号、产品批号等。规定有效期的药品，必须注明有效期。注意药物霉变及异物。每件物品还应附质管科签发的合格证	自查	投料前	观察
		质检员	每批产品核对	检查
处方量及投料数	按该品种的工艺规程的处方量及配液量计算	自查	投料时配方和复核人各自查对计算	查工艺处方并计算
		质检员	每批计算核对	
药液含量及pH	按该品种的工艺规程的规定范围及检测方法	自查	投料时	核对工艺规程
		质检员	每批核对	
注射用水	1. Cl⁻、pH、氨应符合规定并有记录 2. 贮水桶每天清洗一次，每周用 75% 乙醇消毒一次 3. 本品应于制备后 12h 内使用	自查	每 2h 检查一次 氯化物、pH、电导率，	核对工艺规程
		化验室负责人	氨每周检查一次，热原抽查	

附3：微孔滤膜过滤器的完整性测试规程

1. 配件安装

① 将已清洁和灭菌的滤器上装待测滤芯（滤膜）。

② 将膜滤器的进口连接装有压力表的压缩空气管，出口处软管浸入装有注射用水的烧杯中。

2. 操作过程

① 先将滤膜充分湿润，亲水性滤膜用注射用水湿润，疏水性滤膜用 60％异丙醇和 40％注射用水的混合溶液湿润，夹闭排气孔。

② 打开无菌压缩空气（或氮气）阀门，通过微调旋钮慢慢加压，松开放气口，5s 后夹紧。

③ 加压直到滤膜最大孔径处的水珠完全破裂，气体可以通过，观察水中鼓出的第一个气泡，这就是起泡点压力。

3. 起泡点合格限度

待测滤器起泡点压力应大于或等于下表所示孔径所对应压力数值，见表 4-5 和表 4-6。

表 4-5　过滤器滤膜孔径与起泡点压力对照表（用注射用水浸润）

孔径/μm	起泡点压力/MPa	孔径/μm	起泡点压力/MPa
0.22	0.3～0.4	1.2	0.08
0.30	0.30	3.0	0.07
0.45	0.23	5.0	0.04
0.65	0.14	8.0	0.03
0.80	0.11	10.0	0.01

表 4-6　过滤器滤膜孔径与起泡点压力对照表（用 60％异丙醇浸润）

孔径/μm	起泡点压力/MPa	孔径/μm	起泡点压力/MPa
0.1	0.15	0.45	0.07
0.22	0.09	0.65	0.05
0.30	0.08	—	—

4. 起泡点试验后滤膜的处理和使用

① 起泡点试验合格后的滤膜需进行消毒，方法是将整套过滤器（包括滤膜和滤器）放入高压灭菌柜，用 121℃消毒 30min，蒸汽消毒时注意防止纯蒸汽直接冲到滤膜的表面。

② 为保证在调换过滤膜时，管道不受到细菌污染，应串联两个过滤器，这样当一个过滤器调换滤膜时，另一个过滤器仍可阻挡尘粒和细菌。

③ 在正常使用过滤器时若发现滤速突然变快或太慢，则表示膜已破损或微孔被堵塞，应及时更换新膜，并重复起泡点试验，并经纯蒸汽 121℃消毒 30min 后再使用。

5. 注意事项

① 有气泡冒出的压力值必须等于或大于厂家的最小起泡点值。如不合格，需检查管路是否泄漏，否则应更换滤膜，并进行起泡点试验，直至滤膜符合生产要求。

② 采用滤芯过滤时一般重复使用，如起泡点试验不符合要求，应考虑滤芯处理不净，残留物质影响起泡点，故应特别注意所用原料性质。

③ 润湿方式可采用滤芯完全浸泡在干净水中 10～15min，也可将滤芯安装在滤壳中，让干净的水滤过滤芯以达到湿润的目的。

④ 测试过程中，温度波动不可超过 1℃，环境温度应在（22±5）℃。

二、配液工序工艺验证

1. 验证目的

配液工序工艺验证主要针对配液效果进行考察，评价配液工艺稳定性。

2. 验证项目和标准

测试程序：按本产品生产工艺规程要求及物料配比、数量符合生产指令要求，操作符合称量配料、配制 SOP 操作，试生产 3 批。测定含量、pH、可见异物。

合格标准：配制后主药的含量应为标示量的 95.0%～105.0%。可见异物不得检出。

三、配液罐日常维护与保养

① 检查各阀门管道的使用情况，适时更换。

② 对管道各阀门进行检修，检查阀门有无卡阻现象及损坏。

③ 搅拌电机、输液电机轴承每年更换一次 3 号钙基润滑脂，减速箱内加注减速机油。

④ 为安全生产，经常检查接地标牌指定位置接入地线是否正常。

⑤ 检查内加热器、外加热器运转是否正确。

⑥ 检查各部件是否有松动现象，电机声音是否异常。

⑦ 对运转部位轴承进行加油维护保养。

⑧ 检查并紧固电器接线，是否有松动、裸露现象，并用压缩空气清洁各电器组件上的灰尘。

⑨ 定期检修管路，确认管路无跑、冒、滴、漏现象。

⑩ 经常检查安全阀、压力表、疏水阀、温度表，是否在使用期限内，是否完好及其使用情况，应确保设备安全运行。

实训思考

1. 不同品种的配液，搅拌时间相同吗？应该如何确定？

2. 配液及贮液容器的灭菌能否只用一种灭菌剂？

3. 防止药物氧化，可加入金属离子络合剂，应在什么时候加入，是主药溶解前还是溶解后？

4. 药物从配液到灭菌应在多长时间内结束，为什么？

5. 为什么浓配脱炭，要降至 50℃ 左右再过滤？

6. 当所配制的药液主药含量低于或高于标示量时应如何调整？

任务二 洗烘瓶(理瓶、洗瓶、干燥)

■【能力目标】

1. 能根据批生产指令进行洗瓶岗位操作
2. 能描述洗瓶岗位的生产工艺操作要点及其质量控制要点
3. 会按照洗瓶岗位各设备操作规程进行设备操作
4. 能对洗瓶中间产品进行质量检查
5. 会进行洗烘瓶岗位工艺验证
6. 会对超声波洗瓶机、AS 安瓿离心式甩干机、ALB 安瓿淋瓶机、GMH-I 安瓿干热灭菌烘箱进行清洁、保养

背景介绍

　　安瓿的清洗操作可以去除容器表面的微粒和化学物。干燥同时干热去热原，可以灭活微生物和降解内毒素。清洗时应关注包装材料的质量（如清洁度等）、工艺用水（纯化水、注射用水）的质量（可见异物）及洗涤后的容器清洁度。

　　灭菌后的安瓿应转移至配有层流的灌装设备或净化操作台上进行灌装。

任务简介

　　按批生产指令选择合适的洗瓶设备将安瓿进行清洗、干燥、灭菌操作，备用。已完成设备验证，进行洗瓶工艺验证。工作完成后，对设备进行维护与保养。

实训设备

　　传统的安瓿清洗生产线按顺序依次是超声波洗瓶机→甩干机→淋瓶机→甩干机→干热灭菌烘箱，以下对此进行介绍。玻璃瓶联动生产线将在粉针剂项目中进行介绍。

一、超声波洗瓶机

　　本设备可用于水针剂用安瓿、粉针剂用西林瓶、口服液用管形瓶等的清洗，主要由注水系统（冲淋）、可调节传送系统、水箱、加热管、超声波发生器及换能器等系统组成。它是将瓶盘通过淋瓶部分注满水后由输送链逐步传送到超声波清洗水箱内，由超声波发生器产生一个具有能量的超声频电讯号，再由换能器将电能转换成机械振动的超声能，从而使清洗介质发生空化效应，达到良好的清洗目的。

二、AS 安瓿离心式甩干机

　　本设备是超声波洗瓶机、安瓿淋瓶机的配套使用设备，对已注满水的安瓿进行离心式脱水，其脱水效果好，操作简便，该设备主体采用不锈钢材料制成，外表经砂磨抛光处理，见图 4-9。

三、ALB 安瓿淋瓶机

　　本设备适用于安瓿瓶、西林瓶、管形瓶的内外表面的冲洗，其主要结构为净滤喷淋嘴，

见图 4-10。

四、GMH-I 安瓿干热灭菌烘箱

本设备以电能为热源（干热），可长期在 250℃ 温度下灭菌，干燥安瓿并有效去除热原。出风口装有高效空气过滤器，防止了外界对内部的污染。内部装有高温高效过滤器，内部循环热风经高温高效空气过滤器过滤，保证进入有效空间的热风达到 A 级洁净要求。位于两个不同洁净区的双扇门受电气或 PLC 电脑控制，保证了各洁净区之间的隔离，防止了由于操作失误而引起的不符合 GMP 要求的事故发生，见图 4-11。

图 4-9 AS 安瓿离心式甩干机　　图 4-10 ALB 安瓿淋瓶机　　图 4-11 GMH-I 安瓿干热灭菌烘箱

实训过程

实训设备：超声波洗瓶机、AS 安瓿离心式甩干机、ALB 安瓿淋瓶机、GMH-I 安瓿干热灭菌烘箱。

粗洗按进入一般生产区、精洗按进入 D 级区要求进行着装，进岗后做好厂房、设备清洁卫生，并做好操作前的一切准备工作。

一、洗烘瓶准备与操作

1. 生产前准备

① 检查生产现场、设备及容器具的清洁状况，检查"清场合格证"，核对其有效期，确认符合生产要求。

② 检查房间的温湿度计、压差表有"校验合格证"并在有效期内。

③ 确认该房间的温湿度、压差符合规定要求，并做好温湿度、压差记录，确认水、电、气（汽）符合工艺要求，检查所有的管道、阀门及控制开关应无故障。

④ 检查、确认现场管理文件及记录准备齐全。

⑤ 生产前准备工作完成后，在房间及生产设备换上"生产中"状态标识。

2. 设备安装配件、检查及试运行

① 打开超声波洗瓶机电源，放入纯化水至规定水位。

② 安瓿淋瓶机内放入纯化水至规定刻度。

③ 安瓿甩水机试运行正常。

3. 生产过程

① 领料：从传递窗领取理好的安瓿，核对品名、规格、数量。

② 粗洗：设定清洗水的温度，并开始加热。设定超声时间。将安瓿放入运行轨道，缓缓推入槽内轨道，进入水槽淋满水并进行超声。随时检查盘内安瓿是否灌满水。

③ 甩水：将超声波清洗后的安瓿盘罩上不锈钢网罩，按次序放入粗洗用甩水机内，并

调节固定杆的螺钉，使安瓿固定住。打开电源，进行甩水，取出时不得有明显剩水。

④ 精洗：将甩水后的安瓿，去掉不锈钢网罩，放入淋瓶机的链条上，开启水泵和输送链条，进行注射用水淋洗。应随时检查清洁度，不得有白渍。

⑤ 甩水：将注射用水淋洗过的安瓿盘罩上不锈钢网罩，按次序放入精洗用甩水机内，并并调节固定杆的螺钉，使安瓿固定住。打开电源，进行甩水，取出时不得有明显剩水。

⑥ 干燥灭菌：将清洗干净的安瓿放入干热灭菌烘箱。按工艺规程设定温度、时间参数，进行干燥和灭菌。安瓿进入干热灭菌烘箱，需在180℃保温2h以上。烘瓶结束抽检安瓿是否烘干，不得沾带水汽。

⑦ 理瓶盘送回理瓶间。

4. 结束过程

① 洗烘瓶结束，关闭各生产设备。将灭菌好的安瓿通过层流罩送至灌封区。

② 生产结束后，按清场标准操作程序要求进行清场，清理工作场地和工作台的碎玻璃等废弃物，对超声波洗瓶机及甩水机进行清洗消毒。用于甩水的网罩需清理除去玻屑。做好房间、设备、容器等清洁记录。

③ 按要求完成记录填写。清场完毕，填写清场记录。上报 QA 检查，合格后，发"清场合格证"，挂"已清场"状态标识。

5. 异常情况处理

生产过程中若发现异常情况，应及时向 QA 人员和工艺员报告，并记录。如确定为偏差，应立即填写"偏差通知单"，如实反映与偏差相关的情况。

6. 注意事项

① 按正常秩序进行粗洗和精洗，整个过程做到轻拿轻放，避免和减少破损。

② 灭菌好的空安瓿存放时间不宜超过 24h。超过 24h 不得再送灌封间使用，必须重洗。

附1：超声波洗瓶机标准操作程序

1. 生产前检查

① 检查生产设备的清洁状态，检查设备是否完好，应处于"设备完好"、"已清洁"状态。检查水、电是否到位，房间温湿度、压差是否正常。

② 检查设备各部件、配件是否齐全，紧固件有无松动。

③ 检查电器控制面板各仪表及按钮、开关是否完好。

2. 操作过程

① 打开电源，指示灯亮；打开纯化水入水阀门，洗瓶机自动进水至槽内黑色标记处，水满电子开关自动关闭。

② 超声波的延时设定：控制器在通电状态下，按"set"键，进入延时数值设定，显示个位闪烁。按"向上"或"向下"键可增减延时数据，再按"set"键退出。

③ 洗瓶水温的设定：若按工艺需要加温超声波洗瓶，拨动"编码"键设定加热温度，按下"加热"键，加热指示灯亮，水温加热至设置的数值。

④ 喷淋：按下"水泵"按钮，水泵启动，喷淋器开始工作。

⑤ 放料：盛安瓿的盘子放入运行轨道，缓缓推入槽内轨道。

⑥ 按下"启动"按钮，超声波开始工作，定时器（按工艺需要设置时间）倒计时。

3. 结束过程

① 设备结束运行时，按下超声波"停止"按钮，按下"水泵"按钮，切断电源。

② 把槽内水排入地沟。

③ 做好保洁工作。

4. 注意事项

① 放纯化水时，应注意电子开关是否正常。

② 推安瓿盘子时，不要用力过猛，以免安瓿蹦出。

③ 保证安瓿在槽内运行时间（由工艺时间决定）。

④ 相同工艺，定时，温控无需更改。

附2：AS安瓿离心式甩干机标准操作程序

1. 生产前检查

① 检查生产设备的清洁状态，检查设备是否完好，应处于"设备完好"、"已清洁"状态。检查水、电是否到位，房间温湿度、压差是否正常。

② 检查设备各部件、配件是否齐全，紧固件有无松动。

③ 检查机器润滑情况是否良好。

④ 检查控制面板各按钮、开关是否完好。

2. 操作过程

① 放料：接通总电源，打开甩干机的盖子，将已淋满水的瓶子料盘罩上不锈钢网盘，放入离心机框架上。根据安瓿的高度，拧开调节杆螺丝，把瓶子料盘罩上不锈钢网盘固定住。同时对称放入，保持甩动时平衡，然后盖好上盖和关好边门。

② 甩水：按下"绿色"键，指示灯亮，设备开始运行。1～5ml安瓿，常规运行2s即可（按工艺需要自定），按下"红色"键，关机。因关机后有惯性，用脚踩住脚刹车，机器停止运行。

③ 瓶子里的水甩干，将瓶子料盘连同网罩一起取出，拿掉罩盘，将料盘送入下一道工序。

3. 结束过程

切断电源，做好保洁。

4. 注意事项

① 瓶子料盘罩上不锈钢网盘必须固定住，甩干机的上面、旁边的盖子必须紧紧扣住，确保安全运行。

② 当停止运行取出料盘及罩盘时不必拧松两根带胶管的压辊，直接将料盘抽出即可。

③ 放入料盘及罩盘时直接将料盘及罩盘一同插入即可。同规格的瓶子不必再调整带胶管的两根压辊的高度，可反复使用。

附3：ALB安瓿淋瓶机标准操作程序

1. 生产前检查

① 检查生产设备的清洁状态，检查设备是否完好，应处于"设备完好"、"已清洁"

状态。检查水、电是否到位，房间温湿度、压差是否正常。

② 检查设备各部件、配件是否齐全，紧固件有无松动。

③ 检查机器润滑情况是否良好。

④ 检查电器控制面板各仪表及按钮、开关是否完好。

2. 操作过程

① 打开注射用水阀门，向水箱注水，水位注至链条下端即可。

② 开启总电源。

③ 开启循环水泵开始淋瓶。

④ 开启链条转动泵，传送带将盛满安瓿的周转盘缓慢地送往出料口。

⑤ 每支安瓿均应注满水，然后送往甩水机即可。

3. 结束过程

① 关闭循环泵、输送泵、切断电源。

② 放掉箱内水，排入地沟。

③ 做好保洁。

4. 注意事项

① 淋瓶中确保安瓿注满水。

② 喷淋总成水泵进水管进水流量调节螺栓，出厂已调好，不能随意调节，以免进水量过大，造成水泵电机电流超过额定电流引起损坏。

③ 每次循环水都要更换。

附4：GMH-I 安瓿干热灭菌烘箱标准操作程序

1. 生产前检查

① 检查生产设备的清洁状态，检查设备是否完好，应处于"设备完好"、"已清洁"状态。检查水、电是否到位，房间温湿度、压差是否正常。

② 检查设备各部件、配件是否齐全，紧固件有无松动。

③ 检查电器控制面板各仪表及按钮、开关是否完好。

2. 操作过程

（1）把已甩干的安瓿放入烘箱，关闭前后门。

（2）接通总电源，干燥设备电脑控制器显示主控画面，进行参数设定。

① 选择菜单，进入"菜单一　加热参数的设定"，按"确认"键，电脑屏上显示温度设定菜单：控制温度　000.00　报警温度　000.00，然后按菜单上的上下方向箭头可以选择数字0～9，按菜单右边的方向箭头，选择调节位置。按工艺需要选好控制温度值、报警温度值（一般报警温度值大于控制温度值），按"确认"键，返回主菜单。

② 进入"菜单二　时间参数的设定"，按"确认"键，电脑屏幕上显示时间设定菜单　恒温时间　000.00　运行时间　000.00，数值调节方法与温度相同（按工艺需要设置）。按"确认"键，返回主菜单。

③ 进入"菜单三　排湿参数的设定"，按"确认"键，显示：a. 排湿温度　70℃，排湿时间　3min；b. 排湿温度　90℃，排湿时间　5min。

④ "菜单四　参数设定系统"不能任意改动。

（3）自动运行　把左边旋至循环处，按下右边"自动"键后，再按下"启动"键，风机、加热都会自动启动，各指示灯亮，主屏显示各运行值，烘箱已进入正常工作状态。

（4）手动运行　按下"手动"键后，按下"启动"键，根据工艺要求按下"风机"、"加热"按钮，指示灯亮表示正在运行。

3. 结束过程

① 自动方式：按工艺设置的运行时间，干热灭菌烘箱会自动切断电源，关闭总电源。

② 手动方式：需手动关闭"加热"、"风机"按钮，并按"停止"键停止。

4. 注意事项

① 干热灭菌烘箱升温过程中需要密切关注，人不能离岗，确保使用安全。

② 安瓿待冷却至室温，方可开启灭菌烘箱门，取出安瓿。

附5：洗烘瓶岗位中间品质量控制及检查方法

洗烘瓶岗位中间品质量控制及检查方法，见表4-7。

表 4-7　洗烘瓶岗位中间品质量控制及检查方法

检查项目	检查标准	检查方法		
		检查人	次数	方法
水质	取样100ml，小白点应小于3粒，大白块、纤维不允许存在	小组质量员	每次淋瓶前检查	灯检
	检查 pH 和氯化物	车间质量员	每日1~2次	工艺用水标准
灌水量	每盘每支均应灌满	自查	随时	每次不少于2盘
	安瓿口下，无水部分超过1cm者：2ml以下每盘小于10支，5ml每盘小于5支，10mL以上每盘小于2支，否则需重淋	小组质量员	每日4次	每次不少于2盘
		车间质量员	每日2次	每次不少于2盘
清洁度	不得有白渍	车间质量员	随时	随时剔除补充
甩水	不得有明显剩水	车间质量员	随时	
烘瓶	烘干，不得有湿瓶	灌封组	随时	

二、洗烘瓶工序工艺验证

1. 验证目的

洗烘瓶工序工艺验证主要针对洗烘瓶效果进行考察，评价洗烘瓶工艺稳定性。

2. 验证项目和标准

测试程序：按SOP进行批量生产，每批洗瓶数按计划产量减去管道残留量折合数的102%备瓶，试生产三批。记录压力，瓶子取样检查外观、可见异物、无菌，洗瓶破损率、洗瓶水水质。

合格标准：破损率、可见异物、水质等均符合规定。

三、洗烘瓶设备日常维护与保养

1. 超声波洗瓶机日常维护与保养

① 机器必须在自动状态下开车，不得用工具强行开车。

② 调整机器时应用专用工具，严禁强行拆卸及猛力敲打零部件。

③ 定期检查、紧固松动的连接件。

④ 检查分瓶架与进瓶通道的相对位置。

⑤ 加热器、超声波发生器禁止在无水时启动。

⑥ 按说明书对机器进行定期加油润滑。

⑦ 机器必须每天清洗、放尽水槽中的水，清除玻璃渣。

⑧ 检查堵塞的喷嘴。

2. 干热灭菌箱的日常维护与保养

① 箱体根据可靠保护必须接地或接零。

② 禁止将带腐蚀性液体的物品放入烘箱内烘干，防止腐蚀设备，严禁烘烤易燃易爆物品。

③ 每年对设备进行一次全面检修。

④ 设备在使用前，严格按标准操作规程操作。

⑤ 设备使用后，要清除烘箱内的残余物，擦净烘箱内外表面。

实训思考

1. 洁净度检查时，发现有纤维应考虑哪一环节污染？

2. 洁净度检查时，发现有小白点应考虑哪一环节污染？

3. 安瓿超声波清洗机开机前应做哪些准备工作？

4. 安瓿超声波清洗机停机应如何操作？

5. 清洗时出现破瓶较多的原因有哪些？怎样排除？

6. 水槽内浮瓶较多的原因有哪些？怎样排除？

7. 从哪些方面来判断安瓿的清洗质量？

8. 安瓿的无菌检查不合格，应从哪几方面考虑？

9. 若安瓿灭菌后没有冷却到室温，会产生什么影响？

任务三　灌　封

■【能力目标】

1. 能根据批生产指令进行灌封岗位操作

2. 能描述灌封岗位的生产工艺操作要点及其质量控制要点

3. 会按照 LG 安瓿拉丝灌封机操作规程进行设备操作

4. 能对灌封中间产品进行质量检查

5. 会进行灌封岗位工艺验证

6. 会对 LG 安瓿拉丝灌封机进行清洁、保养

背景介绍

注射剂灌装工艺可分为最终灭菌产品的灌装和非最终灭菌产品的灌装。最终灭菌产品一般为大容量注射剂和小容量注射剂，非最终灭菌产品一般是小容量注射剂、冻干粉针和无菌粉针。以下主要介绍最终灭菌产品的灌装，非最终灭菌产品的灌装详见粉针剂项目。

最终灭菌灌装可在 C 级（或 C 背景下局部 A 级）区内进行。灌装管道、针头等在使用前经注射用水洗净并湿热灭菌，必要时应干热灭菌。应选用不脱落微粒的软管，如硅胶管。盛药液的容器应密闭，置换进入的气体宜经过滤。充氮气、二氧化碳等惰性气体时，注意气体压力的变化，保证充填足量的惰性气体。灌装过程中应随时检查容器密封性、玻璃安瓿的性状和焦头等。灌封后应及时抽取少量半成品，用于可见异物、装量、封口等质量状况的检查。该岗位质量控制要点在于：安瓿的清洁度、药液的颜色、药液装量、可见异物。验证工作要点是：药液灌装量、灌装速度、惰性气体的纯度、容器内充入惰性气体后的残氧量、灌装过程中最长时限、灌封后产品密封的完整性、清洁灭菌效果的验证。

任务简介

按批生产指令采用拉丝灌封机将药液灌注至安瓿内，并进行拉丝封口操作。已完成设备验证，进行灌封工艺验证。工作完成后，对设备进行维护与保养。

实训设备

一、灌装设备与系统组件

灌装设备容器接触面为不锈钢材质，并经抛光处理，避免对产品产生污染。设备必须适于将准确计量的产品灌装入容器中，确保装量准确。产品和容器接触部位能承受反复清洗和灭菌。活动部件包在外罩内，避免暴露在无菌环境中。和药品接触部件尽量减少润滑油的使用，如需用润滑剂应进行灭菌处理。

灌装系统视容器灌装量和药液的性质而定，还需考虑药液黏度、密度和固体物质的含量（混悬型注射剂）。这些参数会影响管路、泵组以及灌装针头内的流速，影响每一个容器的灌装时间。

灌装系统各组件如下。

① 贮液罐：用于贮存药液，根据工艺需要保持一定的温度，可增加在常压（或洁净氮气）下通过除菌过滤器，将药液传输至灌装机的缓冲容器内。

② 缓冲容器：不锈钢或玻璃材质，保证药液在容器中的最高水平位置和最低水平位置。调节缓冲容器的液位高度，可改变泵的吸入压力，保证装量精度。

③ 药液分配器：仅当贮液罐的药液水平低于泵内药液量，需设置药液分配器。用于从缓冲容器中吸取药液，灌入泵内。

④ 阀门：活塞运动时药液有两条通道：吸入通道和排放通道，阀门的作用就是决定药液流经的通道。在每个周期内，活塞缩回，使药液从缓冲容器或药液分配器内经吸入通道进入泵体，活塞缩回升至最高点时，吸入通道关闭，排放通道打开，泵体推进活塞时，在泵体内的药液经排放通道流向灌装针头。活塞到最低点时，排放通道关闭，吸入通道再次开启。

⑤ 活塞剂量泵：材质可以是不锈钢、陶瓷、玻璃或带密封的合成品，视装量体积和长期稳定性而定。用于汲取一定量的药液，再在阀门打开后通过排放通道排出药液。

⑥ 灌装针头：根据所需灌装药液的黏度、泡沫特性、流速和表面张力，以及待灌药液

的开口选择不同直径的灌装用针头。通常灌装管直径为 2～10mm。当针头插入容器后，药液在泵活塞的压力作用下被灌装入容器内。注意避免药液在容器内产生涡流，避免发泡。

⑦ 连接线或管：用于传输药液。如在清洗时需拆卸或部分拆卸时，必须使用软管作为连接管线。此时要求软管在压力下的体积变化维持最小（即应有最小的"呼吸"效应）。

另有采用时间—压力灌装系统进行灌装的设备，要求准确、快速测量，并根据流动的药液计算出截流的开启时间段。

二、LG 安瓿拉丝灌封机

本设备适用于制药、化工行业对安瓿瓶灌装液进行灌装密闭封口，见图 4-12。采用活塞计量泵定量灌装，遇缺瓶能自动停止灌液，燃气可使用煤气、液化天然气、液化石油气。

图 4-12　LG 安瓿拉丝灌封机

目前药厂常采用安瓿洗灌封联动机，将安瓿洗涤、烘干灭菌及药液灌封三个步骤联合起来的生产线。联动机由安瓿超声波清洗机、安瓿隧道灭菌箱和多针安瓿拉丝灌封机三部分组成。其主要特点是生产全过程在密闭或层流条件工作，采用先进的电子技术和计算机控制，实现机电一体化，使整个生产过程达到自动平衡、监控保护、自动控温、自动记录、自动报警和故障显示，减轻了劳动强度，减少了操作人员，但对操作人员的管理知识和操作水平要求相应提高，维修困难。

热塑性材料也可采用吹灌封系统，应用于眼用制剂、呼吸系统用药等，缩短了暴露于环境的时间，降低污染风险。

实训过程

实训设备：LG 安瓿拉丝灌封机。

进岗前按进入 C 级区要求进行着装，进岗后做好厂房、设备清洁卫生，并做好操作前的一切准备工作。

一、灌封准备与操作

1. 生产前准备

① 检查生产现场、设备及容器具的清洁状况，检查"清场合格证"，核对其有效期，确认符合生产要求。

② 检查房间的温湿度计、压差表有"校验合格证"并在有效期内。

③ 确认该房间的温湿度、压差符合规定要求，并做好温湿度、压差记录，确认水、电、气（汽）符合工艺要求，检查所有的管道、阀门及控制开关应无故障。

④ 检查、确认现场管理文件及记录准备齐全。

⑤ 生产前准备工作完成后，在房间及生产设备换上"生产中"状态标识。

2. 设备安装配件、检查及试运行

① 消毒安瓿经过的部件：进瓶斗、出瓶斗、齿板及外壁。

② 手部消毒后，安装玻璃灌注系统。

③ 安装完毕，用注射用水冲洗灌注系统。

④ 手轮摇动灌封机，检查其运转是否正常。

3. 生产过程

① 接收安瓿：戴上隔温手套，避免污染，搬运安瓿周转盘。

② 挑选安瓿：用镊子夹选 2 支瓶，翻转 180°，瓶口朝下，观察瓶内壁有无水珠。未烘干的瓶子应送至洗烘瓶岗位重新灭菌。逐支检查有无破损，如有破损，放入废料桶内。

③ 接收药液：核对数量、品名、规格，确认无误后，由稀配岗位操作人员过滤。

④ 送空安瓿：将周转盘内的安瓿送入进瓶斗中，撤下挡板，挂在进瓶斗上，破损的安瓿用镊子夹出，放于废物桶中。轻轻上提周转盘，撤下周转盘。

⑤ 点燃喷枪：调整喷嘴位置，开启燃气和助燃气阀门，点燃火焰喷枪，微调旋钮，调节火焰强度。

⑥ 排管道：将灌封机灌液管进料口端管口与高位槽底部放料口端管口连接好，打开高位槽放料阀，使药液流到灌液管中，排灌液管中药液并回收，尾料不超过 500ml，装入尾料桶中。

⑦ 调装量：打开输送带开关，试灌装 10 支，关闭输送带，调节喷嘴位置。取灌装好的安瓿，用注射器抽取检查装量。

⑧ 正式熔封：打开输送带开关，调节助燃气微调旋钮，使封口完好，开始灌封。随时向进瓶斗中加安瓿，检查灌封装量和熔封效果，取出装量和熔封不合格的安瓿。如发生炸瓶，溅出的药液及时用擦布擦干净，停机对炸瓶附近的安瓿进行检查。

⑨ 接料：取安瓿周转盘，放在灌封机出瓶斗上，用两块切板挡住灌封机出瓶轨道的安瓿，将安瓿送入安瓿周转盘。当盘内排满时，取出一块切板，隔开盘内产品和出瓶轨道内产品。将另一块切板取出，接第一块切板切入地方重新切入，靠近盘内产品侧，取出周转盘，挡上挡板，检查是否有焦头现象，剔除熔封不合格产品。将合格产品放入传递窗，由灭菌操作工接收。灌封好的安瓿放在专用的不锈钢盘中，每盘应标明品名、规格、批号、灌装机号及灌装工号的标识牌，通过指定的传递窗送至安瓿灭菌岗位。

4. 结束过程

① 灌封结束，通知配料岗位关闭药液阀门、通知燃气供应岗位停气，剩余空安瓿退回洗烘岗位。

② 本批生产结束应对灌封机进行清洁与消毒。拆下针头、管道、活塞等输液设施，清洁、消毒后装入专用的已消毒容器。

③ 生产结束后，按清场标准操作程序要求进行清场，做好房间、设备、容器等清洁记录。

④ 按要求完成记录填写。清场完毕，填写清场记录。上报 QA 检查，合格后，发"清场合格证"，挂"已清场"状态标识。

5. 异常情况处理

① 生产过程中若发现异常情况，应及时向质量监控员和工艺员报告，并记录。如确定

为偏差，应立即填写"偏差通知单"，如实反映与偏差相关的情况。

　　② 封口过程中，要随时注意封口质量，及时剔除焦头、漏头、泡头等次品，发生轧瓶应立即停车处理。

　　③ 灌封过程中发现药液流速减慢，应立即停车，并通知配液岗位调节处理。

　　④ 灌封过程中应随时检查容量，发现过多或过少，应立即停车，及时调整灌装量。

　　⑤ 灌封过程中容易出现的问题及解决办法，见表4-8。

表 4-8　灌装过程中容易出现的问题及解决办法

现象	可能原因	解决办法
安瓿瓶颈沾有药液	灌装针头定位不正确	检查灌装针头定位
	灌装针头弯曲	矫正灌装针头
安瓿内药液表面产生泡沫	泵的灌装压力过高	降低设备速度
	灌装针头横截面太小	选择大横截面
	药液灌装针头高度太高	降低灌装针头插入深度
	灌装针头太接近安瓿底部	抬升灌装针头高度
灌装针头漏液	泵的回吸作用太小	改变回吸作用的控制
	灌装针头的压力管太长	缩短软管长度，必要时采用硬管

附 1：ALG 安瓿拉丝灌封机标准操作程序

　　1. 生产前检查

　　① 检查生产设备的清洁状态，检查设备是否完好，应处于"设备完好"、"已清洁"状态。检查水、电是否到位，房间温湿度、压差是否正常。

　　② 检查设备各部件、配件是否齐全，紧固件有无松动。

　　③ 检查机器润滑情况是否良好。

　　④ 检查电器控制面板各仪表及按钮、开关是否完好。

　　2. 配件安装、试运行

　　(1) 采用 75％乙醇溶液清洁、消毒灌封机进瓶斗、出瓶斗、齿板及外壁。

　　(2) 安装灌注系统

　　① 手部消毒后，从容器中取出玻璃灌注器，检查是否漏气。

　　② 将不漏气的玻璃灌注器分两部分，粗玻璃管带细出口的一头装入灌注器钢套中，放入皮垫，细玻璃管带细出口的一头套上弹簧和皮垫、钢套盖，将两部分组装起来，拧紧钢套盖。

　　③ 灌注器上下出口处分别用较短的胶管连接，灌注器上部胶管连接上活塞，上活塞与针头之间用胶管连接，将针头固定在针头架上，拧紧螺钉。

　　④ 将灌注器底部安装在灌封机的灌注器架上，灌注器不卡在顶杆套上。

　　⑤ 灌注器下部胶管连接下活塞，下活塞与玻璃三通一边出口处用胶管连接，玻璃三通另一边出口处用胶管连接另一个灌注器的下活塞，玻璃三通中间上出口处用胶管连接，并用止血钳夹住。

　　⑥ 玻璃三通下部出口处，用较长的胶管连接下活塞，放入过滤后的注射用水瓶中，冲洗灌注系统。

（3）用手轮顺时针转动，检查灌封机各部件运转情况，有无异常声响、振动等，并在各运转部位加润滑油。检查针头是否与安瓿口摩擦，针头插入安瓿的深度和位置是否合适，如果针头与安瓿口摩擦，必须重新调整针头位置，使操作达到灌装技术标准。

（4）接通设备的总电源，通知供气室打开液化气、氧气和氮气的总阀门，供电、气至设备处。设备压力表不低于 0.08MPa。

（5）打开"缺并止灌"开关，止灌开关信号灯亮，设备电源已接通。

（6）打开液化气、氧气和氮气的阀门，设备处于供气状态。使用时压力表显示0.05MPa。

（7）试机：打开"电机"开关，电动机是否正常运转。判明正常，再推联合器，查看链条输送运转是否正常，添加机油，判明正常后推联合器停机。

（8）用摇手柄按顺时针方向转动机子至最高点，为点火做准备。

3. 操作过程

① 将灭菌好的安瓿，挑出碎瓶和不合格的安瓿，将合格的安瓿瓶装入进瓶斗。取少许摆放在齿板上。

② 调节输液系统，若有空气泡，需排出。

③ 点火：旋开"燃气"开关，点燃，微调旋钮调节燃气的火焰。旋开"助燃"开关，调节"燃气"及"助燃"开关，使火焰变成蓝焰。

④ 打开联合器，检查安瓿瓶的封口效果，如果封口是次品，关闭联合器，调整预热火焰或封口火焰，至封口最佳状态。

⑤ 根据调剂下的装量通知单，用相应体积干燥注射器及注射针头抽尽瓶内药液，然后注入标准化的量筒，在室温下检视装量不得少于标示量。

⑥ 观察安瓿封口处玻璃受热是否均匀，如果安瓿封口处玻璃受热不均，将安瓿转平板中的顶针上下移动，使顶针面中心对准安瓿中心，安瓿顺利旋转，使封口处玻璃受热达到均匀。

⑦ 观察拉丝钳与安瓿拉丝情况，如果钳口位置不正时，调节微调螺母，修正钳口位置，使拉丝钳的拉丝达到技术要求。

⑧ 将灌封机各部件运转调至生产所需标准，开始灌封。

⑨ 将灌注系统的下活塞放入澄明度合格的滤液瓶内，密封瓶口，在出瓶斗处放洁净的钢盘装灌封后安瓿。

⑩ 灌封时，查看针头灌药情况，每隔 20～30 分钟检查一次装量。

⑪ 更换针头、活塞等器具，应检查药液澄明度，装量合格后，继续灌封。用镊子随时挑出灌封不合格品。

⑫ 调整灌封机各部件后，螺丝必须拧紧。

4. 结束过程

① 关闭联合器。

② 先关闭"助燃"开关，燃一会儿，再关闭"燃气"开关。

③ 切断电源、气源。

④ 拆下灌注系统，用注射用水清洗。对设备擦洗干净，待下次使用。

5. 注意事项

① 每次开车前必须先用摇手柄转动机器，查看其转动是否有异状，确实判明正常后，才可开车。

② 千万要注意：开车前一定要先将摇手柄拉出，保证操作安全。

③ 调整机器时，工具要使用适当，严禁用过大的工具或用力过猛来拆卸零件，避免损坏机件或影响机器性能。

④ 每当机器进行调整后，一定要将松过的螺钉紧好，再用摇手柄转动机器，查看其动作符合要求后，方可以开车。

⑤ 燃气头应该经常从火头之大小来判断是否良好，因为燃气头之小孔使用一定时间后，容易被积炭堵塞或小孔变形而影响火力。

⑥ 机器必须保持清洁，严禁机器上有油污、药液或玻璃碎屑，以免造成机器损蚀，故必须：机器在生产过程中，及时清理药液或玻璃碎屑；实训结束后必须将机器各部位清洗一次，并加油一次；每周应大擦洗一次，特别是将平常使用中不容易清洁到的地方擦净，并用压缩空气吹净。

附2：灌封岗位中间品质量控制

灌封工序的中间品质量检查是保证注射剂质量好坏至关重要的一步。灌封合格率的高低将影响整个注射剂的生产。因此在灌封过程中，要求灌封人员时刻注意灌封质量，同时要求质量员随时检查每台灌封机的产品质量。若在此工序出了质量问题，将会大大影响成本，因为药液已经注入安瓿并封口，要回收即需打破安瓿取药液，这将大大浪费药液、安瓿，而且还有大量的人力。因此应严格控制其质量，见表4-9。一旦发现有不符合的情况，即停机检查原因，解决后方可继续生产。

表 4-9　灌封岗位中间品质量控制

检查项目	检 查 标 准		检查方法		
			检查人	次数	方法
灌装容量	易流液 1ml(1.05～1.08ml) 2ml(2.06～2.12ml) 5ml(5.15～5.20ml)	黏稠液 (1.08～1.1ml) (2.10～2.15ml) (5.30～5.40ml)	自查	随时	用标准安瓿、用干注射器及量筒抽取、计量
			车间质量员	每日2次	
封口质量	泡头、漏头、冷爆、焦头、空瓶 每100支不得超过1支		自查		每机不少于2盘，每盘不少于200支
			车间质量员		
机头澄明度	不得有可见的白块、异物。抽取100支允许有2个白点		配料工	灌封前逐台检查	灯检
标记	标明品名、批号、工号、盘号纸不得有遗漏		灭菌工	灭菌前逐盘检查	目测

二、灌封工序工艺验证

1. 验证目的

灌封工序工艺验证主要针对灌封效果进行考察，评价灌封工艺稳定性。

2. 验证项目和标准

测试程序：从配液系统接收符合中间产品质量标准的药液，经可见异物检查合格后，从洗瓶机组接收符合洁净度要求的安瓿瓶，从终端开始过滤除菌到灌装灌封结束在6h内无菌合格。每30分钟取样测定装量。

合格标准：目检可见异物<1 个/支。

装量：在±2%范围内。

无菌：符合规定。

收率：87.0%≤限度≤100.0%。

三、灌封设备的日常维护与保养

（1）每次开车前用手轮转动机器，观察是否有异常现象，确定正常后方可开车。

（2）调整机器时，工具使用适当，严禁用过大的工具或用力过猛来拆卸零件，避免损坏机件或影响机器性能。

（3）每当机器调整后，要将松过的螺丝紧固，再用手轮转动观察各工位动作是否协调，方可开车。

（4）燃气头应经常从火头大小来判断是否良好，因燃气头的小孔使用一段时间后，容易被积炭堵塞或小孔变形而影响火力。

（5）机器必须保持清洁，严禁机器上有油污、药液或玻璃碎屑，以免造成机器损蚀，故必须注意以下几点：

① 机器在生产过程中，及时清除药液或玻璃碎屑；

② 交班前将机器各部件清洁一次，机器表面运动部位进行润滑；

③ 每周应大擦洗一次，特别是将平常使用中不容易清洁到的地方擦净，或用压缩空气吹净，对机器传动部位进行润滑；

④ 经常检查机器气源接口是否有松动，皮管是否有破损，松动应紧固，破损皮管更换。

实训思考

1. 产生焦头的原因有哪些？应如何处理？

2. 产生泡头的原因有哪些？应如何处理？

3. 产生尖头的原因有哪些？应如何处理？

4. 造成安瓿封口不严的原因有哪些？应如何解决？

5. 出现装量不合格的原因有哪些？

任务四　灭　菌　检　漏

▌【能力目标】

1. 能根据批生产指令进行灭菌检漏岗位操作

2. 能描述灭菌检漏岗位的生产工艺操作要点及其质量控制要点

3. 会按照灭菌器操作规程进行设备操作

4. 能对灭菌检漏中间产品进行质量检查

5. 会进行灭菌检漏岗位工艺验证

6. 会对灭菌器进行清洁、保养

背景介绍

制剂产品的灭菌方法根据产品性质进行选择。无菌制剂应在灌装到最终容器内进行最终灭菌。如产品处方对热不稳定不能进行最终灭菌时，应考虑除菌过滤和无菌生产。如采用法规外的方法进行灭菌，要求无菌保证水平（sterility assurance level，SAL）达到官方认可（≤10^{-6}），可作为替代的灭菌方法。

最终灭菌产品和非最终灭菌产品的区别主要就在于生产过程中是否采用了可靠的灭菌措施。

任务简介

按批生产指令采用灭菌器进行灭菌检漏操作。已完成设备验证，进行灭菌检漏工艺验证。工作完成后，对设备进行维护与保养。

实训设备

湿热灭菌设备根据方法的不同可分为脉动真空灭菌器（预真空灭菌器）、蒸汽-空气混合物灭菌器和过热水灭菌器等。

一、脉动真空灭菌器

脉动真空灭菌器采用饱和蒸汽灭菌，灭菌阶段开始前通过真空泵或其他系统将空气抽走，再通入蒸汽进行灭菌。此类灭菌器设有真空系统和空气过滤系统，灭菌程序自动控制完成，具有灭菌周期短、效率高等特点，可用于空气难以去除的多孔、坚硬物品的灭菌，如软管、过滤器、灌装机部件等，对物品包装、放置位置等无特殊要求。

二、混合蒸汽-空气灭菌器

混合蒸汽-空气灭菌器的工作原理：当蒸汽进入灭菌柜时，风机将蒸汽和灭菌器内的空气混合并循环，将产品和空气同时灭菌。灭菌后，可采用灭菌器夹套或盘管上通入冷却水，保持空气循环冷却，或直接在产品上方喷淋冷却水使其降温。此类灭菌器热传递效率较低。

三、过热水灭菌器

过热水灭菌器将产品固定在托盘上，灭菌水（至少是纯化水）进入灭菌腔内，通过换热器循环加热、蒸汽直接加热等方式对灭菌水加热、喷淋灭菌。还可通入无菌空气、加热循环、除水等工艺进行干燥。此类灭菌器采用空气加压，保持产品的安全和所需的压力，同时便于控制加热和冷却的速率，通常适用于瓶装或袋装液体制剂的灭菌。

四、XG1.0 安瓿灭菌器

本设备以压力蒸汽作为灭菌介质，可实现105～127℃温度区间的均匀灭菌，采用多点置换排气升温方式，保证灭菌室内冷空气排除彻底，升温迅速均匀，有效消除了因冷空气存在而造成的温度死角。灭菌结束后通过抽真空加正压通入色水检漏，保证检出率100%，色水和二次清洗用水可多次使用。该灭菌器广泛用于制药企业、医疗单位对安瓿等液体制剂的灭菌和检漏处理。

实训过程

实训设备：XG1.0安瓿灭菌器。

进岗前按进入一般生产区要求进行着装，进岗后做好厂房、设备清洁卫生，并做好操作前的一切准备工作。

一、灭菌准备与操作

1. 生产前准备

① 检查生产现场、设备及容器具的清洁状况，检查"清场合格证"，核对其有效期，确认符合生产要求。

② 检查房间的温湿度计、压差表有"校验合格证"并在有效期内。

③ 确认该房间的温湿度、压差符合规定要求，并做好温湿度、压差记录，确认水、电、气（汽）符合工艺要求，检查所有的管道、阀门及控制开关应无故障。

④ 检查、确认现场管理文件及记录准备齐全。

⑤ 检查蒸汽供应情况。

⑥ 检查灭菌器密封胶条是否完好。

⑦ 生产前准备工作完成后，在房间及生产设备换上"生产中"状态标识。

2. 生产过程

① 领料：从传递窗接收灌封岗位传递过来的中间品，核对品名、批号、规格、数量，确认无误后将中间品装入灭菌车，移至待灭菌区。

② 打开灭菌柜电源，开启灭菌柜后门。将灭菌车推入灭菌柜，推车应扶手把，使轨道对准，再将灭菌车与灭菌柜挂钩，扣紧再放松架挂钩，将灭菌车缓缓推入灭菌柜内，进柜必须有两人以上操作。

③ 关上灭菌柜后门，压缩空气密封圈密封后门。

④ 根据品种灭菌条件，设定灭菌温度和灭菌时间。

⑤ 开启灭菌柜，灭菌根据设定的温度、时间、真空度等各参数自动灭菌、检漏、清洁干燥操作。

⑥ 详细记录进柜加热、升温、保温、出柜的时间与相应的温度。

⑦ 灭菌待自动冷却至压力降至零时方可打开灭菌柜前门，将灭菌车空架推向灭菌柜。对准轨道将灭菌车与灭菌柜挂钩扣紧，从灭菌柜内缓缓拉出至车架上，再将灭菌车挂钩扣紧，出柜必须有两人以上操作。

⑧ 在灭菌车上悬挂标识牌，移至已灭菌区内。灭菌空车从灭菌柜后门送入灭菌柜，再由前门回到待灭菌区。

3. 结束过程

① 灭菌检漏结束，清扫灭菌柜内残留的安瓿，将安瓿并入灭菌车上的不锈钢盘内，用饮用水冲洗灭菌柜，关上灭菌柜前门，关闭灭菌柜电源，关闭蒸汽阀、泵水阀、压缩空气阀和纯化水阀。

② 生产结束后，按清场标准操作程序要求进行清场，做好房间、设备、容器等清洁记录。

③ 按要求完成记录填写。清场完毕，填写清场记录。上报 QA 检查，合格后，发"清场合格证"，挂"已清场"状态标识。

4. 异常情况处理

① 当设备出现故障或停电时，若需开门，必须在确认内室压力为零时，用随设备配置的棘轮扳手旋转手动杆，将门升起，然后打开门。

② 生产过程中若发现异常情况，应及时向质量监控员和工艺员报告，并记录。如确定为偏差，应立即填写"偏差通知单"，如实反映与偏差相关的情况。

③ 在使用过程中，应警惕出现的每一件不正常的事情，如管路漏气漏水、压缩气泄漏、程序异常等。

④ 开关门过程中，应密切注意门升降情况，如有异常，立即取消操作，查看故障原因，并排除。

附1：XG1.0安瓿灭菌器标准操作程序

1. 生产前检查

① 检查生产设备的清洁状态，检查设备是否完好，应处于"设备完好"、"已清洁"状态。检查水、电是否到位，房间温湿度、压差是否正常。

② 检查设备各部件、配件是否齐全，紧固件有无松动。

③ 检查电器控制面板各仪表及按钮、开关是否完好。

2. 配件安装、试运行

① 供气、水、汽至设备处。接通总电源。

② 打开压缩空气阀门，压力表显示的压力达到0.4MPa以上。

③ 打开纯化水阀门。

④ 打开蒸汽阀门，压力表显示的压力保持在0.3～0.5MPa。

⑤ 打开饮用水阀门。

⑥ 将色水贮罐注满纯化水，并保证色水进入灭菌柜的通畅。

3. 操作过程

① 打开电源开关，触摸屏通电以后，经过一段时间的自检，显示如下的起始画面。

此画面显示内室压力、内室温度和当前时钟三个数值，以及前门操作、参数设置、程序运行、手动操作转换画面按钮。

② 开前门：在起始画面按"前门操作"按钮，转到如下的画面。

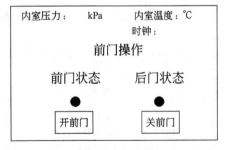

内室压力显示为零，按压触摸屏上的"开前门"按钮后，真空泵与换向阀先工作，抽出密封槽内的压缩空气，10s后，门电机工作（前门板的起始位置若不在关位时就无需这10s的延时）。在开前门的过程中，前门状态指示灯呈现闪烁状态，当门板到达开位后，开前门操作完成，此时便可打开密封门。

③ 将装有待灭菌物品的灭菌车推入灭菌柜内。

④ 关前门：将门轻轻转到关闭位，使门板上啮合齿进入主体齿条内，并靠紧主体，然后按压"关前门"按钮即可实现关前门操作。

在前门的关闭过程中，门电机工作，前门状态指示灯呈闪烁状态，此时再次按压"关前门"按钮，就可停止门关闭操作。在关前门过程中，如果出现了门保护，就会自动取消关前门操作，同时触摸屏会切换至报警画面，以提示出相应的报警信息，如下所示。

```
              报警

001 HH：MM 程序运行期间不能开门
002 HH：MM 请关好门后，再启动程序
003 HH：MM 请退出手动操作后，再启动程序
004 HH：MM
005 HH：MM
```

在此画面当中，需要用户按压"确认"按钮，以清除报警信息。当报警信息清除后，触摸屏自动切换至门操作画面。

在关前门的过程中真空泵起动，前门换向阀工作，抽回前封板上的密封胶条，门板到达关位后，前门指示灯亮，关前门操作完成。此时，压缩空气经过换向阀进入密封槽，将密封条顶出并紧靠密封门门板，实现门的密封。

⑤ 参数设置：在触摸屏"主菜单"画面上按压"参数设置"按钮，进入下面的设置画面。

```
内室压力：  kPa 内室温度：  ℃
       参数设置  时钟：
灭菌温度：℃       灭菌时间：秒
冷却温度：℃       清洗时间：秒
真空限度：kPa      干燥时间：秒
检漏正压：kPa      正压检漏：秒
检漏负压：kPa      负压检漏：秒
压力限度：kPa         Fφ值：
控制方式：时间
```

此时可以设置或修改一些程序参数。设置的方法是用手触摸相应的显示框，触摸屏就会自动弹出一个键盘，如下画面。

```
        0.0          内室温度：   ℃
                        时钟：
最大：150.0         灭菌时间：  秒
最小：0.0          清洗时间：  秒
                     干燥时间：  秒
 7   8   9   ↔     正压检漏：  秒
                     负压检漏：  秒
 4   5   6   ×        Fφ值：
 1   2   3   ←
                      ┌────┐
 .   0   —   ↵        │ 返 回 │
                      └────┘
```

操作员可以根据如下画面的范围输入数据，然后按压键盘的右下键加以确认，此时参数设置完成，所设置的参数会显示在相应的显示框内。

参数设定范围如下。

压力限度：	0～230kPa	用户自定
真空下限：	−100～0kPa	一般取−80kPa
检漏上限：	0～230kPa	一般取80kPa
灭菌温度：	0～150℃	用户自定
冷却温度：	0～150℃	一般95℃
灭菌时间：	0～9999s	用户自定
检漏时间：	0～9999s	一般取180s
清洗时间：	0～9999s	用户自定
干燥时间：	0～9999s	一般不用

⑥ 程序运行

在启动程序前，请先确认门已关好，并退出手动操作（否则程序将无法启动）。在确认无需再修改参数时，在起始画面中，请按压"程序运行"按钮，以进入到运行程序选择画面。

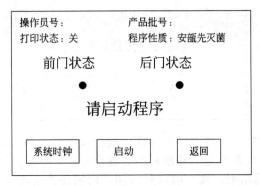

启动程序前，先要设置"操作员号"和"产品批号"。如果需要打印，请先将"打印状态"选择为"开"；如果不需要打印，请将"打印状态"选择为"关"即可。

选取所需要运行的程序后（按压程序按钮依次为安瓿先灭菌、安瓿先检漏和口服液程序），就可以启动运行该程序。

程序启动后进入到主流程画面。

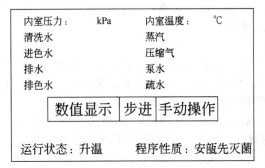

在主流程画面中，程序目前所在的状态，会有相应的指示灯指示。阀门打开时，会在其附近出现一个小亮点予以提示。如果要查看与灭菌程序相关的一些时间参数，请按压"数值显示"按钮，将切换到如下的数值信息画面。

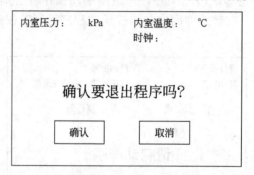

在本画面中提示了一些与灭菌相关的数值参数。在"数值显示"画面中按压"主流程图"按钮，画面返回到主流程画面。在灭菌的过程中，如果需要取消灭菌操作，请在"数值显示"画面中按压"程序复位"按钮以进入如下确认画面。

```
内室压力：    kPa      内室温度：    ℃
                      时钟：



            确认要退出程序吗？


        确认            取消
```

此时如果按压了"确认"按钮，灭菌程序就会被取消，画面切换至起始画面。如果按压"取消"按钮，画面就会返回到原来的"数值显示"画面，并继续程序的运行。

⑦ 开后门：当灭菌结束，按"确认"按钮，内室压力为零时，可以进行开门操作。按压主体后面板上的"开门"按钮，与其相关的信息也可在前面板上触摸屏中提示出来，其开门过程和其他相关的一些操作同开前门。

程序运行过程中，密封门自动锁紧，按压"开门"按钮，门不工作。

4. 结束过程

① 灭菌结束，关闭电源（前门及后门的电源都应在关闭状态）。

② 关闭压缩空气、蒸汽、纯化水及自来水的阀门。

③ 切断灭菌柜的总电源。

5. 注意事项

① 当内室压力高于零位或者低于零位 8kPa 时，或者是后门不在关位时都不能进行开前门操作，此时会在报警画面中提示相应的报警信息。在开门的过程中，门电机出现了保护，就会自动取消开门操作，并提示相应的信息。

② 压力限度是指内室压力的最大值，以防灭菌过程中温度变化过大。121℃灭菌时一般取 115kPa。实际操作过程中，根据用户所确定的灭菌温度，可将此适当增加或减少。饱和水蒸气的压力与温度对应表，见表 4-10。

③ 只有在有压缩空气的状态下才可以开门和关门，即使室内压力有正负，也无法打开密封门。

④ 在程序运行过程中，请勿触摸打印机的"SEL"、"LF"两个按钮，以防通信中断，打印停止。

表 4-10 饱和水蒸气的压力①与温度对应表

压力①	0.8	0.9	1.0	1.1	1.2	1.3	1.4	1.5	1.6
温度/℃	116.9	118.5	120.1	121.6	123.1	124.5	125.9	127.2	128.5
压力①	1.7	1.8	1.9	2.0	2.1	2.2	2.3	2.4	2.5
温度/℃	129.7	130.9	132.1	133.3	134.4	135.4	136.5	137.5	138.5

① $1kgf/cm^2 = 98.0665kPa$。

⑤ 手动操作程序过程只能由熟悉灭菌设备和待灭菌物品特性的专业人员来做。

⑥ 若触摸屏无反应，不要频繁地按压该选择按钮。

附2：灭菌岗位半成品质量控制及检查方法

灭菌岗位半成品质量控制及检查方法见表 4-11。

表 4-11 灭菌岗位半成品质量控制及检查方法

检查项目	检查标准	检查方法		
		检查人	次数	方法
温度	应控制并记录每锅升温及保温时间、温度。每锅至少放2支留点温度并记录	自查	随时	检查记录纸
		车间质量员	抽查	
		化验室	每锅一次	无菌检查
烘房	温度不得超过50℃。瓶子必须干燥，特殊品种按规定执行	自查	随时	检查记录纸
		车间质量员		
空盘	不得有锈迹、纸屑及附着污物，逐只清洗干净	自查	随时	—
检漏	漏检真空不得低于0.08MPa，漏头必须挑干净，并记录机号及时通知灌封工	自查	随时	剔除
外壁清洁率	瓶子必须充分淋洗，烘干后不得有明显色液	车间质量员	抽查	—

二、灭菌检漏工序工艺验证

1. 验证目的

灭菌检漏工序工艺验证主要针对灭菌检漏效果进行考察，评价工艺稳定性。

2. 验证项目和标准

测试程序：按 SOP 操作，记录灭菌检漏情况、统计三批中间产品检测项目数据。

合格标准：应符合规定。

三、灭菌设备日常维护与保养

① 关门时，用力不要过猛，以免撞坏门开关。

② 每隔半年左右时间，应打开门罩，给链轮、链条、丝杠等处加润滑油。

③ 每日用一块软布或一块纱布擦净门密封圈。

④ 每周应清洗灭菌室内壁，除去水垢，擦净外罩，检查安全阀。

⑤ 每年一次检查紧固接头盒检测通断状态，每年一次检查传动丝杆磨损情况，并涂适

量润滑油。

实训思考

1. 为什么灭菌器开始加热后要排放冷空气?
2. 灭菌结束能否立即开柜门? 应如何操作?
3. 灭菌后的药品能用冷水冲洗外壁吗?
4. 灭菌器的门关不严的原因有哪些?

任务五　灯　　检

■【能力目标】

1. 能根据批生产指令进行灯检岗位操作
2. 能描述灯检岗位的生产工艺操作要点及其质量控制要点
3. 会按照灯检仪操作规程进行设备操作
4. 能对中间产品进行质量检查
5. 会进行灯检岗位工艺验证
6. 会对灯检仪进行清洁、保养

背景介绍

注射剂中在目视下可观测到的不溶性物质,称为可见异物,粒径或长度通常大于 $50\mu m$。存在的微粒注入人体会产生危害,因此注射剂在出厂前应采用适宜的方法逐一检查并剔除不合格品。

药典规定可见异物检查法有灯检法和光散射法两种。一般采用灯检法,也可采用光散射法。现有一种全自动灯检仪,利用机器视觉原理对可见异物进行视别检测,被检测产品在高速旋转时被制动静止,工业相机连续拍照获取多幅图像,经过计算机系统分析比较,判断被检测产品是否合格,并自动区分合格品与不合格品。

任务简介

按批生产指令采用灯检仪进行灯检操作。已完成设备验证,进行灯检工艺验证。工作完成后,对设备进行维护与保养。

实训设备

YB-Ⅱ型澄明度检测仪

本设备的光源由专用三基色荧光灯、电子镇流器和遮光装置组成,可消除频闪,照度指标、黑色背景及检测用白板均符合《中国药典》规定。照度可调,数字式读数直观。检测时间任意设定,并有声光提示。

技术指标:照度范围 $1000\sim4000lx$;时限范围 $1\sim79s$,任意设定;荧光灯灯管功率

20W（专用荧光灯）。

实训过程

实训设备：YB-Ⅱ型澄明度检测仪。

进岗前按进入一般生产区要求进行着装，进岗后做好厂房、设备清洁卫生，并做好操作前的一切准备工作。

一、灯检准备与操作

1. 生产前准备

① 检查生产现场、设备及容器具的清洁状况，检查"清场合格证"，核对其有效期，确认符合生产要求。

② 检查房间的温湿度计、压差表有"校验合格证"并在有效期内。

③ 确认该房间的温湿度、压差符合规定要求，并做好温湿度、压差记录，确认水、电、气（汽）符合工艺要求。

④ 检查、确认现场管理文件及记录准备齐全。

⑤ 生产前准备工作完成后，在房间及生产设备换上"生产中"状态标识。

2. 生产过程

① 与灭菌人员交接灯检产品，核对品名、规格、数量。

② 打开灯检台照明电源，检查照度是否符合《中国药典》规定。小容量无色澄清溶液，照度为 1000~1500lx。

③ 按照《中国药典》2010 年版"注射液可见异物检查法"逐瓶目检，剔除残、次品，力争正品中无废品，废品中无正品。

④ 手持待检品瓶颈部于遮光板边缘处，轻轻旋转和翻转容器，使药液中可能存在的可见异物悬浮（注意不使药液产生气泡），在明视距离（指供试品至人眼的清晰观察距离通常为 25cm），分别在黑色和白色背景下，用目视法挑出有可见异物的检品。

⑤ 灯检员检出不合格品后，应分类放入专用瓶盘中。

不合格品分类方式如下。

可回收品：检出玻屑、白块、纤维、焦头、容量差异等。

不可回收品：检出裂丝、空瓶、漏头、浑浊、色素瓶等。

两类不合格品应严格分开。

⑥ 可回收不合格品放于"药液回收"瓶盘中，不可回收不合格品放于"报废品"瓶盘中，并分别做好相应状态标记。

3. 结束过程

① 灯检结束后，每盘成品应标明品名、规格、批号、灯检工号，移交印字包装岗位。

② 生产结束后，按清场标准操作程序要求进行清场，做好房间、设备、容器等清洁记录。

③ 按要求完成记录填写。清场完毕，填写清场记录。上报 QA 检查，合格后，发"清场合格证"，挂"已清场"标识。

4. 注意事项

在同一灯检间内不得同时灯检不同品种、规格、色泽的产品或同品种不同规格的产品。

附1：YB-Ⅱ型澄明度检测仪标准操作程序

1. 生产前检查

① 检查生产设备的清洁状态，检查设备是否完好，应处于"设备完好"、"已清洁"状态。检查水、电是否到位，房间温湿度、压差是否正常。

② 检查设备各部件、配件是否齐全。

③ 检查电器控制面板各仪表及按钮、开关是否完好。

2. 操作过程

① 接通电，确认处于正常状态。

② 将检测白板正向放入灯箱内，保护电器箱内电器元件。

③ 启动电源开关，此时荧光灯亮。

④ 启动照度开关，此时照度显示为数字"00"表示照度0×100lx。

⑤ 将仪器配备的照度传感器插头插入面板孔，掀开光电池保护盖，将其放在平行于伞栅边缘，检品检测位置，测定照度，同时旋转仪器上部的照度调节旋钮至所需照度为止。照度调好后，拔下插头，关闭照度开关。

⑥ 根据所测要求，用仪器面板上的拨盘开关，设定所需检测的时间。

⑦ 在检测样品的同时，按动计时微触开关，指示灯每秒闪烁一次，而且开始与终止有声响报警。

3. 结束过程

① 测试完毕后，关上总电源开关，拔掉电源插头。

② 每次使用完毕，应立即清洁仪器，悬挂标识，并及时填写使用记录。

4. 注意事项

① 该仪器使用前一定要检查电源插座的地线是否可靠接地，检品盘内若有药水应及时清除，以防流入电器箱内造成其他事故。

② 打开电源后，如若灯管不亮首先检查保险管和电源，调节仪器灯管旋钮时禁止旋转360°，最大只能旋转180°，以防止灯管电线接触不良。

③ 该仪器请勿置于潮湿、风吹日晒、雨淋之处。使用仪器前，请先检查电源软线与插头，清理灯箱内壁必须使用毛刷。

④ 仪器及环境应时常保持清洁。

附2：灯检岗位中间品质量控制

灯检岗位中间品质量控制如表4-12。

表4-12　灯检岗位中间品质量控制

检查项目	检查标准	检查方法		
		检查人	次数	方法
漏检	灯检合格品中,玻屑、白块超过限量的白点等异物的漏检率不得超过1.5%(否则重新灯检),不得有异常的色泽加深及容量明显不足等	班组检查员	每盘抽查	1～2ml每盘抽检100支 5～20ml每盘抽检25支
		车间质量员	抽查	
灯检速度	1～2ml　　　3s/支 5ml　　　　4s/支 10ml　　　 5s/支 20ml　　　 7s/支	车间质量员	抽查	—

二、灯检工序工艺验证

1. 验证目的

灯检工序工艺验证主要针对灯检效果进行考察，评价灯检工艺稳定性。

2. 验证项目和标准

测试程序：按照 SOP 操作。目检产品的可见异物，记录不合格产品数量。

合格标准：97.0%～100%。

收率限度：97.0%≤限度≤100.0%。

三、灯检设备日常维护与保养

① 每月进行一次仪器的维护检查，并填写维护记录。

② 灯管不亮时，应检查电源开关、保险管是否损坏。

③ 灯管启动不亮，应检查灯管，电子镇流器是否损坏。

实训思考

1. 灯检时为何需在白色和黑色背景下检查？

2. 灯检时对人员有哪些具体要求？

项目四

注射剂质量检验

任 务 氯化钠注射液的质量检验

■ 【能力目标】
1. 能根据 SOP 进行注射剂的质量检验
2. 能描述注射剂质量检验项目和操作要点

背景介绍

注射液是指药物制成的供注射入体内的无菌溶液型注射液、乳状液型注射液或混悬型注射液，可用于肌内注射、静脉注射、静脉滴注等。注射液应进行以下检查：装量、可见异物、无菌，静脉用注射液还应检查细菌内毒素，溶液型静脉用注射液应检查不溶性微粒。

任务简介

进行氯化钠注射液的质量检查。

实训设备

一、不溶性微粒测定仪

不溶性微粒的测定可采用光阻法和显微计数法。除另有规定外，一般采用光阻法，当光阻法不符合规定或样品不适于采用光阻法测定时，采用显微计数法测定。不溶性微粒测定仪（图 4-13）是采用光阻法原理，包括取样器、传感器和数据处理器，可设定样品进样体积，根据样品的黏稠度设定进样速度，可设定转速的旋桨式无摩擦搅拌器，保证不同形状、体积的样品容器中微粒分布的均匀性。

二、pH 测定仪

《中国药典》规定水溶液 pH 值用以玻璃电极为指示电极、饱和甘汞电极为参比电极的酸度计进行测定。

三、渗透压摩尔浓度测定仪

通过测量溶液的冰点下降来间接测定溶液的渗透压摩尔浓度。渗透压摩尔浓度测定仪（图 4-14），一般由一个供试溶液测定试管、带有温度调节器的冷却装置和一对热敏电阻组成。测定时将探头浸入试管的溶液中心，并降至冷却部分同时启动冷却装置，使溶液结冰，将测得的温度转换为电信号并显示测量值。

图 4-13　不溶性微粒测定仪

图 4-14　渗透压摩尔浓度测定仪

实训过程

一、解读氯化钠注射液质量标准

1. 成品质量标准

成品质量标准如表 4-13 所示。

表 4-13　成品质量标准

检测项目	标　准	
	法规标准	稳定性标准
性状	无色澄明液体	无色澄明液体
鉴别	钠盐和氯化物的鉴别反应	—
氯化钠含量/(g/ml)	0.850%～0.950%	0.850%～0.950%
pH 值	4.5～7.0	4.5～7.0
重金属/(mg/L)	<0.3	<0.3
渗透压摩尔浓度/(mOsmol/kg)	260～320	260～320
细菌内毒素/(EU/ml)	0.50	0.50
无菌	符合规定	符合规定
不溶性微粒	含 10μm 及以上的微粒不超过 6000 粒,含 25μm 及以上的微粒不超过 600 粒	含 10μm 及以上的微粒不超过 6000 粒,含 25μm 及以上的微粒不超过 600 粒

2. 中间品质量标准

中间品质量标准如表 4-14 所示。

表 4-14　中间品质量标准

中间产品名称	检测项目	标　准
配液中间品	NaCl 含量/(g/ml)	0.850%～0.950%
	pH	4.5～7.0
	可见异物	符合规定
灌封中间品	装量	不得少于标示量
	封口质量	符合规定

3. 贮存条件和有效期规定

① 贮存条件：密闭保存。

② 有效期：24 个月。

二、氯化钠注射液检验

1. 性状

目测。符合表 4-13 质量标准。

2. 鉴别

取铂丝，用盐酸浸润后，蘸取供试品，在无色火焰中燃烧，火焰显鲜黄色。

3. pH 测定

(1) 开机　按下"ON/OFF"键，仪器自动进入 pH 测量工作状态。

(2) 等电位点的选择　仪器处于任何状态下，按下"等电位点"键，仪器即进入"等电位点"选择工作状态。仪器设有 3 个等电位点，一般水溶液的 pH 测定选用等电位点 7.000。

(3) 电极的标定　电极标定可采用一点标定或二点标定，为提高 pH 的测量精度，一般采用二点标定法，即选用两种 pH 标准缓冲溶液对电极系统进行标定，测得 pH 复合电极的实际百分理论斜率和定位值。操作步骤如下。

① 将 pH 复合电极和温度传感器分别插入仪器的测量电极插座和温度传感器插座内，并将该电极用蒸馏水清洗干净，放入 pH 标准缓冲溶液中，在规定的五种 pH 标准缓冲溶液中选择一种和被测溶液 pH 相近的进行标定。

② 在仪器处于任何工作状态下，按"校准"键，仪器即进入"标定 1"工作状态，此时，仪器显示"标定 1"以及当前测得的 pH 的值和温度值。

③ 当显示屏上的 pH 值读数趋于稳定后，按"确认"键，仪器显示"标定 1 结束!"以及 pH 值和斜率值，说明仪器已完成一点标定。此时，pH、mV、校准和等电位点键均有效。如按下其中某一键，则仪器进入相应的工作状态。

④ 在完成一点标定后，将电极取出，用蒸馏水清洗干净，放入其余四种 pH 标准缓冲溶液中任意一种。

⑤ 再按"校准"键，使仪器进入"标定 2"工作状态，仪器显示"标定 2"以及当前的 pH 值和温度值。

⑥ 当显示屏上的 pH 值读数趋于稳定后，按下"确认"键，仪器显示"标定 2 结束!"以及 pH 值和斜率值，说明仪器已完成二点标定。

(4) pH 值测定　标定结束后，按下"pH"键进入 pH 测定状态。

4. 重金属检查

① 供试品溶液的配制：取本品 50ml，蒸发至 20ml，冷却，加乙酸盐缓冲液（pH 3.5）2ml，加水稀释成 25ml。

② 重金属检查法第一法进行检测：取 25ml 纳氏比色管三支，甲管中加标准铅溶液一定量与乙酸盐缓冲液（pH3.5）2ml 后，加水稀释成 25ml；乙管中加入供试品溶液 25ml；丙管中加入 0.45g 氯化钠，加配制水适量使溶解，再加与甲管相同量的标准铅溶液与醋酸盐缓冲液（pH3.5）2ml 后，再用溶剂稀释成 25ml；然后在甲、乙、丙三管中分别加硫代乙酰胺试液各 2ml，摇匀，放置 2min，置白纸上比对，自上向下透视，丙管中显出的颜色不浅于甲管，乙管中显示的颜色与甲管比较，不得更深。

5. 渗透压摩尔浓度

① 标准溶液的配制：取基准氯化钠试剂于 500～650℃ 干燥 40～50min，置干燥器中冷却至室温，分别精密称取 6.260g、12.684g，溶于 1kg 水中，摇匀，即得。

② 取适量新沸冷却的水调节仪器零点。

③ 取两种标准溶液进行仪器校正。

④ 测定药液渗透压摩尔浓度，渗透压摩尔浓度应为 260～320mOsmol/kg。

6. 细菌内毒素

取本品，采用凝胶法或光度测定法按《中国药典》附录ⅪE 进行细菌内毒素的测定，每 1 毫升中含内毒素的量应小于 0.50EU。

7. 无菌

薄膜过滤法，以金黄色葡萄球菌为阳性对照菌，按《中国药典》附录ⅪH 无菌检查法测定，细菌含量应符合规定。

8. 含量测定

精密量取本品 10ml，加水 40ml，2％糊精溶液 5ml，2.5％硼砂溶液 2ml 与荧光黄指示液 5～8 滴，用硝酸银滴定液（0.1mol/L）滴定。每 1 毫升硝酸银滴定液相当于 5.844mg 的氯化钠。

9. 装量

取供试品 5 支，将内容物分别用相应体积干燥注射器及注射针头抽尽，然后注入经标化的量入式量筒内（量筒的大小应使待测体积至少占其额定体积的 40％），室温下检视。每支装量均不得少于其标示量。

10. 可见异物

按《中国药典》附录ⅨH 可见异物检查法进行检查。

实训思考

1. 注射液的检查项目有哪些？

2. 哪些种类的注射液应测定渗透压摩尔浓度？

项目五
小容量注射剂包装贮存

任务一　小容量注射剂包装

■ 【能力目标】
1. 能根据批生产指令进行印包岗位操作
2. 能描述印包岗位的生产工艺操作要点及其质量控制要点
3. 会按照印字机操作规程进行设备操作
4. 能对印包中间产品进行质量检查
5. 会进行印包岗位工艺验证
6. 会对印字机进行清洁、保养

背景介绍

　　灯检后的产品装入中转容器，对产品进行印字和包装。包装工序应重点关注标签平衡。产品的产量、不合格品数量均应写入批记录中，计算产率后，由生产负责人完成产品的批生产记录。

任务简介

　　按批生产指令采用印字机进行印字操作。已完成设备验证，进行印包工序工艺验证。工作完成后，对设备进行维护与保养。

实训设备

YZ 安瓿印字机

　　本设备是供水针、粉针、安瓿的印字及进盒的常见设备。采用铜质字母插入调节，多行印字，自动上墨，光电计数，见图 4-15。

实训过程

　　实训设备：YZ 安瓿印字机。
　　进岗前按进入一般生产区要求进行着装，进岗后做好厂房、设备清洁卫生，并做好操作

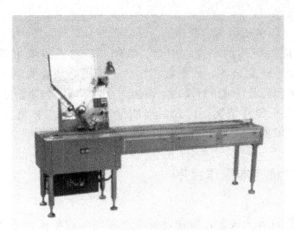

图 4-15 YZ 安瓿印字机

前的一切准备工作。

一、印包准备与操作

1. 生产前准备

① 检查生产现场、设备及容器具的清洁状况，检查"清场合格证"，核对其有效期，确认符合生产要求。

② 检查房间的温湿度计、压差表有"校验合格证"并在有效期内。

③ 确认该房间的温湿度、压差符合规定要求，并做好温湿度、压差记录，确认水、电、气（汽）符合工艺要求。

④ 检查、确认现场管理文件及记录准备齐全。

⑤ 生产前准备工作完成后，在房间及生产设备换上"生产中"状态标识。

2. 生产过程

① 领取待包装产品：与灯检人员交接印包产品，核对品名、规格、数量。

② 领取包装材料：核对领入的包装材料（标签、纸盒、使用说明书、印板、纸箱等）品名、规格等与待印包产品一致，并应有"检验合格证"。标签、使用说明书、纸箱由专管员按需领用、发放，及时记录，并做好物料平衡计算。

③ 安装好产品名称、规格印板和产品批号字模，经 QA 人员检查确认无误后，方可开机。

④ 安装好产品批号、生产日期、有效字模，打印标签、使用说明书和纸箱，经 QA 人员检查核对确认无误后，方可使用。

⑤ 在标签、纸箱、合格证等上面应打印有批号、生产日期、有效期等必须经 QA 人员核对确认无误后，方可使用。要求内容正确、字迹清晰、位置准确。

⑥ 开启印字机开始印字包装。注意随时检查，安瓿不得漏印，字迹应清晰；发现漏印、色素或其他不合格安瓿，须立即挑出；发现漏支须立即补足。保证药盒内不多支，不缺支，盖盒完整。

⑦ 每盒放使用说明书 1 张，不多放，不漏放。盒上盖贴标签，位置需居中，无漏贴、翘角。

⑧ 按工艺规程规定的数量扎捆，捆扎牢固，上下整齐，不缺盒，不多盒，防止空盒混入，堆放须整齐。

⑨ 依次放入纸箱。全部装入后，封箱。

3. 生产结束

① 生产结束，关闭印包机电源。

② 本批生产结束应对所用的小盒、中盒、纸箱、标签、说明书等进行物料平衡计算，各物料的领用数、实用数、剩余数、残损数相吻合，否则必须查明原因及时填写记录。

③ 对印字机、包装台面及场地进行清理、整洁，及时填写印包原始记录及"清场合格证"。

④ 生产过程中若发现异常情况，应及时向质量监控员和工艺员报告，并记录。如确定为偏差，应立即填写"偏差通知单"，如实反映与偏差相关的情况。

附1：YZ安瓿印字机标准操作程序

1. 生产前检查

① 检查生产设备的清洁状态，检查设备是否完好，应处于"设备完好"、"已清洁"状态。检查水、电是否到位，房间温湿度、压差是否正常。

② 检查设备各部件、配件及模具是否齐全，紧固件有无松动。

③ 检查机器润滑情况是否良好。

④ 检查电器控制面板各仪表及按钮、开关是否完好。

2. 配件安装

① 接通设备总电源，对进料斗左右转盘进行调整，为了安瓿顺利进入轨道，装置左右转盘时需注意，每个转盘上下齿形位置要错开。

② 进料及印字间隙的调整：印 2ml 安瓿时进瓶轨道的间距为 12.5～13mm。轨道内的安瓿由推送板依次推到海绵上印字，推送板的位置可前后调节以使推力达到要求，推力须适中。调节推送板使其刚脱开安瓿时，安瓿即被印轮带进海绵上印字，此时为最佳位置，若调节不好，则影响印字的质量。印 2ml 安瓿瓶时印轮与上海绵之间的间隙大约为 8mm。

③ 铅字和版子的调整：安瓿上字迹的清晰与否取决于版子滚筒的位置，字和版子的高低。放松紧固螺钉，可旋转版子滚筒以获得印字的最佳位置。调节螺钉 B 可使铅字座升高或降低以求得铅字的合适位置。调节螺钉 C 可使垫板升高或降低，从而获得版子满意的位置。以上三种调节均以使安瓿获得最清晰的印字为准。

④ 落瓶整齐的控制：安瓿自落式落入盒内。适当调整挡瓶橡皮架，挡瓶橡皮的位置和角度及挡瓶片的角度有助于安瓿较为整齐地进入盒内。

⑤ 印字机头产量的微量调整：印字机头的产量应符合输送皮带的产量，这样可使安瓿进盒较为整齐并可适当降低劳动强度，为此本机专门设置了机头产量的微调机构。调整调节螺母可使滑动皮带盘压紧或放松，同时也要调整三角皮带压轮，从而达到机头速度的微量调整。

3. 操作过程

① 打开电源总开关，按下红色设备电源，指示灯亮。设备电源已接通。

② 输送皮带左边放置塑料盒，把已经灯检完的安瓿放入进料斗。

③ 按下"单机"按钮，五个滚筒转动起来。

④ 按下"联动"按钮，整个设备运行。

⑤ 运行时，已放入进料斗的安瓿通过左右转盘之间作用进入轨道，再由往复式推送板依次送入印轮与上海绵之间进行印字，印字后依靠惯性安瓿瓶自行落入盒内。

4．结束过程

关闭"联动"按钮、"单机"按钮,切断总电源。

5. 注意事项

① 机器必须保持清洁,严禁机器上有油污、药液和玻璃碎屑,尤其是进瓶和印字部分。机器在生产过程中,应及时清除药液和玻璃碎屑。实训结束后应将台面上各零件清洁一次,特别要用丙酮等溶剂将沾有油墨的零件擦洗干净。定期大擦洗一次,将平常使用中不易清洁到的地方擦净。

② 为便于调整和调换铅字或版子,本机装有超越离合器,可通过手轮进行调试,按钮箱上的一组"单机"按钮在机动调试时使用,正常生产时,需用一组"联动"按钮。

附2:印包岗位中间品质量控制

印包岗位中间品质量控制,见表4-15。

表4-15 印包岗位中间品质量控制

检查项目	检查标准	检查方法		
		检查人	次数	方法
盒子	不允许有坏盒子、霉变、不洁纸盒。盒子外观应挺阔,格档整齐	自查	随时	按实样及质量标准检查
		小组质量员	随时	
		车间质量员	抽查	
		仓库保管员	进仓前检查	
印字质量	印字必须清楚、油墨均匀,不应有品名、规格、批号等错误,不得有白板、缺字	自查	随时	—
		小组质量员		
		车间质量员	抽查	
装盒	不应有下列缺陷:缺支、多支、空针、容量明显不足、色泽明显深浅、说明书短缺	自查	随时	—
		车间质量员	抽查	
贴盒	不应有漏贴、倒贴、错贴,批号及有效期必须清晰、准确	车间质量员	抽查	—
装箱	产品名称、规格、批号、有效期等内外相符,字迹清楚,每箱附有装箱单	车间质量员	抽查	—
打包	不得有缺盒,不应松动,封口严密	车间质量员	抽查	—

附3:小容量注射剂车间物料平衡管理规程

进行注射剂物料平衡计算操作,把握生产过程中物料收率变化,以防止混药、差错和交叉污染,确保产品质量。

(1) 注射剂车间应在规定的生产阶段结束后,进行物料平衡计算。

(2) 主要物料平衡内容与计算方法

① 原料

a. 配料工序

a 原料纯投入量/g		
n 中间体测定取样量/ml		
s 规格/(g/ml)	配制 95%～105%	$A=\dfrac{(b+n)\times s\times P}{a}\times100\%$
P 中间体含量/%		
b 待灌封药液量/ml		

b. 灌封工序

z 灌封合格品量/ml		
d 灌封不合格品量/ml	标准范围	$B=\dfrac{(z+d+e+x)}{b}\times100\%$
e 药液残留量/ml	配制 95%～105%	
x 灌封检测量/ml		

c. 灭菌工序

c 灌封合格品量/支		
f 灭菌检漏合格品量/支	标准范围	$C=\dfrac{(f+g)}{c}\times100\%$
g 灭菌检漏不合格品量/支	配制 95%～105%	

d. 灯检工序

h 灯检合格品量/支		
i 灯检不合格品量/支	标准范围	$D=\dfrac{(h+i+j)}{f}\times100\%$
j 半成品取样量/支	配制 95%～105%	

e. 包装工序

k 包装合格品量/支		
l 包装不合格品量/支	标准范围	$E=\dfrac{(k+l+m)}{h}\times100\%$
m 留样量/支	配制 95%～105%	

f. 整个生产工序

标准范围：95%～105%，成品含量：y

$$总物料平衡率=\frac{[z/c\times(k+l+m+i+j+g)+(x+e+d+n)]\times s\times y}{a}\times100\%$$

② 标签

标准范围：100%

$$物料平衡率=\frac{成品耗用数+样张数+损耗数+取样留样数}{领用数+破损数+退回数}\times100\%$$

③ 安瓿

标准范围：95%～105%

$$物料平衡率=\frac{成品数+灯检不合格品数+损耗数+取样留样数}{领用数+破损数+退回数}\times100\%$$

（3）超过物料平衡规定限度，应查找原因，作出合理解释，则该批产品方可按正常产品继续生产或销售。

（4）物料平衡表应作为批生产记录或批包装记录的一部分，与批生产记录或批包装记录一同保存。

二、印包工序工艺验证

1. 验证目的

印包工序工艺验证主要针对印包效果进行考察，评价印包工艺稳定性。

2. 验证项目和标准

测试程序：在包装生产过程中，按照包装质量控制表的要求每隔 30 分钟进行一次检查，重点应注意检查异物和产品外观物理特性。评价成品外观质量是否符合标准要求。

合格标准：在包装生产过程中无异常现象。

三、印包设备日常维护与保养

（1）机器必须保持清洁、严禁机器上有油污、药液和玻璃碎屑，尤其是进瓶和印字部分。

① 机器在生产过程中，应及时清除药液和玻璃碎屑。

② 交接班前应将台面上各零件清洁一次，特别是要用丙酮等溶剂将沾有油墨的零件擦洗干净。

③ 每月大擦洗一次，将平常使用中不易清洁到的地方擦净。

（2）机器在工作前，应将下列部位滴加 20 号或 30 号的机械润滑油。

① 进料斗后面的传动部位。

② 主轴、推墨轮轴、进瓶推进连杆和海绵。

③ 主传动中链条、压轮、印字皮带压轮轴上的油孔。

（3）根据实际生产情况必须定期检查、及时更换易损件（印轮、印轮衬套、海绵）。

实训思考

1. 印包机的单机和联动有何不同的作用？

2. 物料平衡计算的意义有哪些？

任务二　注射剂保管养护

■【能力目标】

1. 能根据不同性质注射剂进行合理保管养护

2. 能根据不同容器注射剂进行合理保管养护

背景介绍

注射剂在贮存期的保管养护，应根据药品的理化性质，并结合其溶液和包装容器的特点，综合加以考虑。

一、根据药品的性质选择保管方法

1. 一般注射剂

一般注射剂应避光贮存，并按《中国药典》规定的条件保管。

2. 遇光易变质的注射剂

遇光易变质的注射剂如肾上腺素、盐酸氯丙嗪、对氨基水杨酸钠、复方奎宁、维生素类等注射剂，在保管中要注意采取各种遮光措施，防紫外光照射。

3. 遇热易变质的注射剂

遇热易变质的注射剂包括抗菌素类注射剂、脏器制剂或酶类注射剂、生物制品等，它们绝大部分都有"效期"之规定，在保管中除应按规定的温度条件下贮存外，还要注意"先产先出、近期先出"。在炎热季节加强检查。

4. 抗菌素类注射剂

抗菌素类注射剂一般性质都较不稳定，遇热后促进分解，效价下降，故应置凉处避光保存，并注意"先产先出，近期先出"。如为胶塞铝盖小瓶包装的粉针剂，还应注意防潮，贮干燥处。

5. 脏器制剂或酶类注射剂

脏器制剂或酶类注射剂如垂体后叶注射液、催产素注射液、注射用玻璃酸酶、注射用辅酶 A 类，受温度的影响较大，主要是蛋白质的变性引起，光线亦可使其失去活性，因此一般均需在凉暗处遮光保存。有些对热特别不稳定，如三磷酸腺苷（ATP）、细胞色素 C、胰岛素等注射剂，则应在 2～10℃ 的冷暗处贮存。一般说，本类注射液低温保存能增加其稳定性，但是贮藏温度过低容易使其冻结，亦会因变性而降低效力。此外对于胶塞铝盖小瓶装的粉针剂型，应注意防潮，贮于干燥处。

6. 生物制品

生物制品如精制破伤风抗毒素、精制白喉抗毒素、白蛋白、丙种球蛋白等，从化学成分上看，具蛋白质的性质，一般都怕热、怕光，有些还怕冻，保存条件直接影响到制品质量。一般温度愈高，保存时间愈短，最适宜的保存条件是 2～10℃ 的干暗处。应注意除冻干品外，一般不能在 0℃ 以下保存，否则会因冻结而造成蛋白质变性，溶化后可能出现摇不散的絮状沉淀，致使不可供药用。

7. 钙、钠盐类注射液

氯化钠、乳酸钠、枸橼酸钠、水杨酸钠、碘化钙、碳酸氢钠及氯化钙、溴化钙、葡萄糖酸钙等注射液，久贮后药液能侵蚀玻璃，尤其是对于质量较差的安瓿玻璃，能发生脱片及浑浊（多量小白点）。这类注射液在保管时要注意"先产先出"，不宜久贮，并加强澄明度检查。

8. 中草药注射液

中草药注射液质量不稳定，主要由于含有一些不易除尽的杂质（如树脂、鞣质），或浓度过高、所含成分（如醛、酚、苷类）性质不稳定，在贮存过程中可因条件的变化发生了氧化、水解、聚合等反应，逐渐出现浑浊和沉淀。温度的改变（高温或低温）可以促使沉淀析出。因此中草药注射液一般都应避光、避热、防冻保存、并注意"先产先出"，久贮产品应加强澄明度检查。

二、结合溶媒和包装容器的特点选择保管方法

1. 水溶液注射剂（包括水混悬型注射剂、乳浊型注射剂）

这一类注射剂因以水为溶媒，故在低温下易冻结，冻结后体积膨胀，往往使容器破裂；

少数注射剂受冻后即使容器没有破裂，也会发生质量变异，致使不可供药用。因此水溶液注射剂在冬季就注意防冻，库房温度一般应保持在0℃以上。浓度较大的注射剂冰点较低，如25％及50％葡萄糖注射剂，一般在−13～−11℃才能发生冻结，所以各地可根据暖库仓库，冬季库温度情况适当掌握贮存地点。

2. 油溶液注射剂（包括油混悬液注射剂）

它们的溶媒是植物油，由于含不饱和脂肪酸，遇日光、空气或贮存温度过高，其颜色会逐渐变深而发生氧化酸败。因此油溶液注射剂一般都应避光、避热保存。油溶液注射剂在低温下有凝冻现象，但不会冻裂容器，解冻后仍能成澄明的油溶液或成均匀混悬液，因此可以不必防冻。在将冻或解冻过程中，油溶液有轻微混浊的现象，如天气转暖或稍加温即可溶化，这是解冻过程必有的现象，正如食用植物油冬季发生的现象一样，故对质量无影响。有时油溶液注射剂凝冻温度也不一样，这是因为制造时所使用的植物油不同，它们凝固点也不同，如花生油的凝固点约为−5℃左右，而杏仁油的凝固点为−20℃左右，因此在低温下用花生油作溶媒的注射剂先发生凝冻。

3. 使用其他溶媒的注射剂

这一类注射剂较少，常用的溶媒有乙醇、丙二醇、甘油或它们的混合溶液。因为乙醇、丙醇和甘油水的冰点较低，故冬季可不必防冻。如洋地黄毒苷注射液系用乙醇（内含适量甘油）作溶媒，乙醇含量为37％～53％，在室外−30～−10℃的低温下冷冻41天亦未冻结；又如氯霉素、合霉素注射液用丙二醇与适量的水作溶媒，在−45℃亦不冻结。因此这类注射剂主要应根据药品本身性质进行保管，如洋地黄毒苷注射液及氯霉素、合霉素注射液见光或受热易分解失效，故应于凉处避光保存，并注意"先产先出，近期先出"。

4. 结合包装容器考虑保管方法

目前有两种包装，一种为小瓶装，一种为安瓿装的。封口若为橡皮塞外轧铝盖再烫蜡，看起来很严密，但并不能完全保证不漏气，仍可能受潮，尤其在南方潮热地区更易发生吸潮变质亦有时因运输贮存中的骤冷骤热，可使瓶内空气骤然膨胀或收缩，以致外界潮湿空气进入瓶内，从而使之发生变质。因此胶塞铝盖小瓶装的注射用粉针在保管过程中应注意防潮（绝不能放在冰箱内），并且不得倒置（防止药物或橡皮塞长时间接触而影响药品质量），安瓿装的注射用粉针是熔封的，不易受潮，故一般比小瓶装的较为稳定。安瓿装的注射用粉针主要根据药物本身性质进行保管，但应检查安瓿有无裂纹冷爆现象。

任务简介

注射剂成品存放于仓库中，进行合理的药品保管养护。

实训过程

药品保管养护

养护人员负责指导保管人员对药品进行合理贮存，定期检查在库药品贮存条件及库存药品质量，针对药品的贮存特性采取科学有效的养护方法，定期汇总、分析和上报药品养护质量信息，负责验收养护贮存仪器设备的管理工作，建立药品养护档案。

1. 色标管理

① 为了有效控制药品贮存质量，应对药品按其质量状态分区管理，为杜绝库存药品的存放差错，必须对在库药品实行色标管理。

② 药品质量状态的色标区分标准为：合格药品——绿色；不合格药品——红色；质量

状态不明确药品——黄色。

③ 按照库房管理的实际需要，库房管理区域色标划分的统一标准是：待验药品库（或区）、退货药品库（或区）为黄色；合格药品库（或区）、中药饮片零货称取库（或区）、待发药品库（或区）为绿色；不合格药品库（或区）为红色。三色标牌以底色为准，文字可以白色或黑色表示，防止出现色标混乱。

2. 搬运和堆垛

① 应严格遵守药品外包装图式标志的要求，规范操作。

② 怕压药品应控制堆放高度，防止造成包装箱挤压变形。

③ 药品应按品种、批号相对集中堆放，并分开堆码，不同品种或同品种不同批号药品不得混垛，防止发生错发混发事故。

3. 药品堆垛距离

药品货垛与仓间地面、墙壁、顶棚、散热器之间应有相应的间距或隔离措施，设置足够宽度的货物通道，防止库内设施对药品质量产生影响，保证仓储和养护管理工作的有效开展。药品垛堆的距离要求为：药品与墙、药品与屋顶（房梁）的间距不小于30cm，与库房散热器或供暖管道的间距不小于30cm，与地面的间距不小于10cm。另外仓间主通道宽度应不少于200cm，辅通道宽度应不少于100cm。

4. 温湿度条件控制

① 应按药品的温湿度要求将药品存放于相应的库中，各类药品贮存库均应保持相对恒温。

② 对每种药品，应根据药品标示的贮藏条件要求，分别贮存于冷库（2～10℃）、阴凉库（20℃以下）或常温库（0～30℃）内，各库房的相对湿度均应保持在45%～75%之间。

③ 对于标识有两种以上不同温湿度贮存条件的药品，一般应存放于相对低温的库中，如某一药品标识的贮存条件为：20℃以下有效期3年，20～30℃有效期1年，应将该药品存放于阴凉库中，如整肠生。

5. 仓库内各剂型的养护

（1）片剂的养护重点与方法

① 一般压制片：吸潮后可发生分解、破碎、发霉、变质等现象。

② 包衣片（糖衣、肠衣片）吸潮后可发生褪光、褪色、粘连、溶化、霉变、膨胀脱壳等现象。

③ 含糖片剂，如各种糖钙片、喉片等，吸潮、受热后可发生溶化、粘连及变形。

④ 对光敏感的片剂要注意避光保存。

⑤ 中成药片剂易吸潮，要保证库房的干燥。

⑥ 抗生素、生化制剂要严格按药品说明书规定的贮存条件进行存放，并按"效期"规则出库。

（2）胶囊剂的养护重点与方法

胶囊剂（包括硬胶囊剂、软胶囊剂）吸潮、受热后易变软、发黏、膨胀、生霉。应注意要以防潮、防热为主。

① 一般胶囊剂要在密封、干燥的凉处贮存，但也不能过分干燥，防止胶囊脆裂，主药对光敏感的要注意避光。

② 有颜色的胶囊要注意因受潮、受热而出现变色。

③ 装有生药的胶囊要注意因受潮、受热而出现的发霉、生虫、发臭。

④ 抗生素胶囊应在密封、干燥、阴凉处贮存，避免因此使药品效价下降，并坚持按"先进先出，近期先出"的原则出库。

（3）注射剂的养护重点与方法

① 一般注射剂：应在避光贮存，并按《中国药典》规定的条件保管。

② 遇光易变质的注射剂：如肾上腺素、盐酸氯丙嗪、对氨基水杨酸钠、复方奎宁、维生素类等注射剂应避光贮存。

③ 遇热易变质的注射剂：包括抗生素类、脏器制剂或酶类注射剂剂、生物制品等，应在干燥、冷暗处贮存，温度控制在 $2\sim10℃$。

④ 钙、钠盐类注射液：如氯化钠、乳酸钠、碘化钠、碳酸氢钠、氯化钙、葡萄糖酸钙等久贮易发生药液侵蚀玻璃，应注意不要久贮，注意加强澄明度检查。

⑤ 中草药注射剂：由于含有不易除尽的杂质，所含成分不稳定，在贮存过程可发生氧化、水解、聚合反应，而出现浑浊、沉淀，应在避光、避热、防冻处贮存，并要注意"先进先出"，加强澄明度检查。

6. 养护措施

（1）养护检查中发现质量有问题的药品，应挂黄牌暂停发货或送到待验库等待具体处理意见，同时报质量管理部处理。

（2）做好库房温、湿度管理工作。

① 每日上午 8 时、下午 2 时对温湿度作记录。

② 发现影响在库贮存药品质量的问题后要及时处理，对比较严重的影响质量问题要及时向质量管理部汇报。

③ 每天上午：春夏季节 8 时 30 分、秋冬季节 9 时 30 分要将库房窗帘拉上，以避免阳光直晒造成药品质量发生变化，下午当无直射光线时可以将窗帘拉开。

④ 根据气候环境变化，结合夏防、冬防计划，采取干燥、除湿等相应的养护措施，如温度超标及时降温，如湿度不符合要求及时排风机除湿或换风机换气加湿等。冬天如有供暖要经常检查是否漏水及温度超标等现象。

实训思考

1. 不同性质的注射剂的保管条件有哪些？

2. 冬季贮存注射剂时应注意哪些问题？

实训五

口服液的生产

说明：

　　进入口服液生产车间工作，首先接收生产指令，解读口服液生产工艺规程，进行生产前准备，再按工艺规程要求生产口服液。生产过程如下：按处方进行称量配料，于配液罐内配制药液过滤后，通过输液系统输送至灌装间；口服液瓶进行清洗干燥灭菌，传递进入灌装间；药液检验合格后，进行灌装封口，灌封完毕送入灭菌岗位进行灭菌检漏，再进行灯检及送检，检验合格产品进行印字包装。熟悉操作过程的同时，进行各岗位的工艺验证，此验证是建立在安装确认、运行确认、性能确认基础上的生产工艺验证。岗位工作完成前后及过程中，均应按要求进行设备的维护与保养。生产完成后进行口服液质量全检，检验合格后，进行包装及仓储。

项目一

接收生产指令

任务 解读口服液生产工艺

【能力目标】

1. 能描述口服液生产的基本工艺流程
2. 能明确口服液生产的关键工序
3. 会根据口服液生产工艺规程进行生产操作

背景介绍

口服液多为中成药制剂，在制剂生产前需经过提取、过滤、浓缩等措施制得浸出制剂。在制剂车间的生产工艺流程与小容量注射剂类似，仅灌装岗位采取的设备有较大的不同。

任务简介

学习口服液生产工艺，熟悉口服液生产操作过程及工艺条件。

实训过程

一、解读口服液生产工艺流程及质量控制点

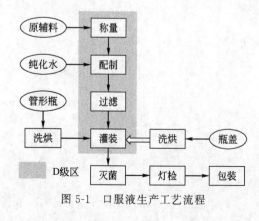

图 5-1 口服液生产工艺流程

1. 生产工艺流程

根据生产指令和工艺规程编制生产作业计划，口服液生产工艺流程图见图 5-1。

① 收料、来料验收：化验报告、数量、装量、包装、质量。

② 配制、过滤：按处方比例称量、投料、配制液体制剂，并进行过滤。

③ 灌装：灌装药液，加盖，旋紧盖子或轧盖。

④ 灭菌检漏：采用热压灭菌。

⑤ 灯检：剔除斑点、斑块、玻屑、异物、明显沉淀、漏液等情况。

⑥ 包装：贴签、装入纸盒、装箱打包。

2. 口服液生产质量控制要点

口服液生产质量控制要点如表 5-1 所示。

表 5-1　口服液生产质量控制要点

工序	质量控制点	质量控制项目	频次	检查人
称量	称量	品种、规格、数量	1 次/批	操作者、QA
配料	投料配制	品种、数量	1 次/批	操作者、QA
		时间、温度、均匀度	随时/批	
暂存	药液	半成品质量标准	1 次/批	QC
灌装	灌装药液	装量	1 次/30min	操作者、QA
		平均装量	随时/班	
灭菌	灭菌参数	压力、温度、时间	随时/班	操作者、QA
灯检	药液小瓶	可见异物、密封性	随时/班	操作者、QA
包装	待包装品	数量、批号	每箱	操作者、QA
	标签	内容、数量、使用记录	1 次/批(班)	
	装箱	数量、合格证、标签	每批	

二、口服液生产操作及工艺条件控制

1. 配制

（1）配制生产操作过程

① 根据批生产指令，按配料罐的生产能力，计算配料混合次数，均匀分摊每个配料罐混合时应加入的原辅料量。本批量生产配制两罐后，总混。

② 将生产处方量原辅料倒入配料罐中混合搅拌，加入溶剂适量调节含量，并且使总量至 1000L，用 0.8μm 孔径钛棒（或微孔滤膜），加压过滤，即得。

（2）配料工艺条件

① 核对生产中原辅料的品名、规格、批号（编号）、数量。

② 设备、器具按清洁规程清洁后使用。设备粗洗用水为饮用水，设备精洗用水为纯化水。

③ 必要时，配料前用 75% 乙醇对设备、容器的内壁进行擦拭及消毒。

④ 计算、称量、投料必须要进行复核，操作人员及复核人均应在记录上签字。

⑤ 室内洁净级别要达 D 级。

⑥ 操作人员不得裸手操作。

2. 洗烘瓶

（1）洗烘瓶操作过程

① 将瓶子正向转移至清洁的周转盘中，待洗瓶机空载 10min 后，上机洗瓶，依次开动饮用水、纯化水、洁净高压空气、高热空气各喷头，进行洗瓶、干燥、灭菌操作过程。

② 剔除不规格瓶和碎瓶，反向转移至清洁的周转盘中，待用。

（2）洗烘瓶工艺条件

① 设备、器具按规程清洁后使用。

② 瓶子和设备粗洗用水为饮用水，精洗用水为纯化水。纯化水用新水、饮用水和纯化水混合后的循环水，每 4 小时更换新水。

③ 热风循环加热温度设定为 180℃。瓶子与热空气接触时间不少于 8min。

④ 瓶子灭菌后取样检查细菌和霉菌数，细菌菌落在 5 个以下，霉菌为 0。

3. 理盖、瓶盖灭菌

（1）理盖、瓶盖灭菌生产操作过程　将瓶盖转移至清洁的周转盘中，用饮用水冲洗后，再用纯化水冲洗，淋干。按生产量转移至臭氧灭菌柜中，开机灭菌 1.5h 后，装入洁净容器中备用。

（2）理盖、瓶盖灭菌工艺条件　根据臭氧设备最低的臭氧消毒浓度为 10ppm，即 $20mg/m^3$（$1ppm＝2mg/m^3$）才能有效进行消毒。通过验证的灭菌时间一般为 $1～1.5h$。

臭氧确保灭菌在 1.5h 以上，达到灭菌后取样检查细菌和霉菌数均为 0。

4. 灌装

（1）灌装生产操作过程

① 灌装前，如果停机 48h，先用 75％乙醇作为灌装物对容器管道、活塞、针头进行消毒，12h 后，再用纯化水作为灌装物对容器管道、活塞、针头进行清洗，针头至少喷出纯化水 10 次为止。

② 灌装时必须进行试灌，试灌的工作内容有：检查最低装量（最低装量检查法，每支装量应不少于标示量的 93％）、压盖的适宜程度、密封性、外观。试灌的料液及时回收。

③ 正式灌装，每 20 分钟取样检查装量，依次取 5 支，平均装量应不少于标示量，同时，每支装量应不少于标示量的 93％。（运行中影响装量的因素主要是高槽的液位，注意保持高槽的液位相对稳定。）

（2）灌装工艺条件　灌装机每次停机需 12h 后再开机，无论是否更换品种和批次，都要按规程进行彻底清洁，逐个清洁和检查活塞是否灵活，管道、针头是否堵塞。

5. 灭菌

（1）灭菌操作过程

① 采用高压灭菌柜，饱和蒸汽外加热的方法对瓶内液体进行灭菌。

② 检查各部件是否完好，门上部件是否损坏或松动，设备状态标识是否为"已清洁"。

③ 开门：启动面板上人机界面进入"主控界面"画面，按"前门操作"键，显示"前门操作"画面，按"前门真空"键，门圈真空系统（真空泵、门圈真空阀、真空泵用水阀）启动，抽排门圈内密封用的压缩空气，约 15s 以后，按"开前门"键，前门锁紧机构开启，用手拉开前门。

④ 装载：将灭菌物品装入灭菌车，利用搬运车移至柜门，送入灭菌腔。

⑤ 关门：装载完毕，用手把门关上，并按住门板，同样在"前门操作"界面下，按"关前门"键，前门锁紧机构锁住。

⑥ 密封：此时前后门均为关闭位，准备进行灭菌操作，即可将门圈密封。

⑦ 自控运行：在"主控界面"画面中按"自控界面"键，将转入自动控制界面。此时按下"启动"键，设备将按预设程序自动运行，画面将同时动态显示实时工况。灭菌室压力、温度维持在设定范围内，到设定灭菌时间，结束灭菌。

⑧ 结束：灭菌室压力降至 0，结束灯亮，等待 30min（注意防爆），按门真空 15s 后，开门取物。

（2）灭菌工艺条件

灭菌工序的要点是：控制合理的压力、温度、时间，应按药液污染程度确定，一般设定为压力 0.2MPa、温度 121℃、时间 $15～20min$。

6. 灯检及检漏

（1）灯检及检漏生产操作过程

① 将灭菌后的中间产品逐盘逐个上灯检机，上机时水平目视装量，有变化的进行剔除，随机取出数支用手适劲旋动瓶盖，检查有无松动的瓶子，判定是否会漏液。

② 调节传送速度，使目视镜中的每支瓶子能够完全看清楚。

③ 对有斑点、斑块、玻屑、异物、明显沉淀的进行剔除。

④ 计算物料平衡。

（2）灯检及检漏工艺条件　选择责任心强，并且视力好的人员在本岗位上岗。

7. 外包装

（1）外包装操作过程

① 按批生产指令领取经检验合格的半成品及相应规格的包装材料。

② 由专人调整生产批号、生产日期、有效期打印字头，并与本批的内包装半成品的生产批号、生产日期、有效期编码完全相同。

③ 按领料→印字→分发→折盒→贴瓶签→装盒→装说明书→封口→装箱→打包的程序依次进行包装。

（2）外包装工艺条件

① 包装物必须是经检验合格的半成品及相应规格的包装材料。包装前必须清场，包装结束后准确统计物料的领用数、使用数、破损数及剩余数，计算成品率，对物料平衡进行处理。

② 入库前，及时请验。

③ 按成品质量标准检验合格后，方可入库，存放在合格品区。

实训思考

1. 口服液的生产流程。

2. 口服液各岗位的工艺条件。

项目二

生产口服液

任 务　口服液灌封

■【能力目标】
1. 能根据批生产指令进行口服液灌装岗位操作
2. 能描述口服液灌装的生产工艺操作要点及其质量控制要点
3. 会按照口服液灌装机的操作规程进行设备操作
4. 能灌装中间产品进行质量检查
5. 会进行灌装岗位工艺验证
6. 会对灌装机进行清洁、保养

背景介绍

灌装精度和稳定性影响产品的装量差异，在生产中应定期检测。口服液灌装时还应定期检查加塞、轧盖的运行状况，检测密封盖的密封效果。

任务简介

按批生产指令选择合适设备进行口服液灌装，并进行中间产品检查。灌装机已完成设备确认，进行灌装工艺验证。工作完成后，对灌装设备进行维护与保养。

实训设备

DGK10-20 口服液灌装机

本设备可对口服液体进行自动进瓶、灌装、加盖、轧盖、出瓶。采用螺旋杆将瓶垂直送入转盘，结构合理、运转平稳。灌液分二次灌装（装量可调）可避免液体泡沫溢出瓶口，并装有缺瓶止灌装置，以免料液损耗，污染机器及影响机器的正常运行。轧盖由三把滚刀采用离心力原理，将盖收轧锁紧（因瓶盖的尺寸技术数据不同与材质的软硬不等，可调整调节块的高低，从而变动三把滚刀的收锁力度）。适合于不同尺寸的铝盖及料瓶。

实训过程

实训设备：DGK10-20 口服液灌装机。

进岗前按进入 D 级区要求进行着装，进岗后做好厂房、设备清洁卫生，并做好操作前的一切准备工作。

一、口服液灌装准备与操作

1. 生产前准备

① 检查生产现场、设备、容器具的清洁状况，检查"清场合格证"，核对其有效期，确认符合生产要求。

② 检查房间的温湿度计、压差表有"校验合格证"并在有效期内。

③ 确认该房间的温湿度、压差符合规定要求，并做好温湿度、压差记录，确认水、电、气（汽）符合工艺要求。

④ 检查、确认现场管理文件及记录准备齐全。

⑤ 生产前准备工作完成后，在房间及生产设备换上"生产中"状态标识。

2. 生产过程

① 领料：逐一核对待灌封药液的品名、规格、数量；确认洗烘瓶岗位管形瓶已符合要求，可送瓶；确认理盖、洗盖岗位瓶盖已符合要求。

② 试机：开空机检查其运转是否正常。

③ 对灌封机输液管路进行消毒和清洗。

④ 检查待灌装料液的外观质量是否符合要求，检查灌装可见异物（澄明度），校正容量，应符合要求，并经 QA 确认。

⑤ 正式灌装：将玻璃瓶放入瓶斗，盖子放入理盖斗，开始灌装。最初灌装的产品应予剔除，不得混入半成品。

⑥ 封口过程中，要随时注意锁口质量，及时剔除次品，发生轧瓶应立即停车处理。灌封过程中发现药液流速减慢，应立即停车，并通知配液岗位人员调节处理。灌封过程中应随时检查容量，发现过多或过少，应立即停车，及时调整灌装量。

⑦ 灌封好的管形瓶放在专用的不锈钢盘中，每盘应标明品名、规格、批号、灌装机号及灌装工号的标识牌，通过指定的传递窗送至灭菌岗位。

3. 生产结束

① 灌装结束，通知配料岗位关闭药液阀门，剩余空瓶退回洗烘岗位。

② 本批生产结束应对灌装机进行清洁与消毒。拆下针头、管道、活塞等输液设施，清洁、消毒后装入专用的已消毒容器。按清场标准操作程序要求进行清场，做好房间、设备、容器等清洁记录。

③ 按要求完成记录填写。清场完毕，填写清场记录。上报 QA 检查，合格后，发"清场合格证"，挂"已清场"状态标识。

附 1：DGK10-20 口服液瓶灌装机标准操作程序

1. 生产前检查

① 检查生产设备的清洁状态，检查设备是否完好，应处于"设备完好"、"已清洁"状态。检查水、电是否到位，房间温湿度、压差是否正常。

② 检查设备各部件、配件是否齐全，紧固件有无松动。

③ 检查机器润滑情况是否良好。

④ 检查电器控制面板各仪表及按钮、开关是否完好。

2. 配件安装、试运行

① 接通总电源，旋转总电源开关，指示灯亮，电源已接通。

② 每次开机之前，各部位需添加机油。

③ 灌药器弹簧伸缩处使用前喷洒水，起润滑作用。

④ 试机，设备空转是否正常，判明正常后方可使用。

⑤ 检查输液系统的完好，若输液灌有空气泡，轻轻挤压灌药器弹簧，赶跑灌药器里的空气，使灌药器充满药液。

⑥ 旁边圆筒里倒入口服液瓶盖（开机时会自动送入落瓶轨道，在三个齿状缺口处，瓶盖向上会通过齿状缺口处，向下的会自动掉下。通过齿口的瓶盖继续沿着输送轨道至口服液大转盘运转，刚好吻合盖上瓶盖，挤压、封盖自动到出料口）。

3. 操作过程

① 开"振荡"，频率高低，调"接触调压器"。既可以调节圆柱中瓶盖振荡幅度的大小，也可以控制下落速度的快慢。

② 打开绿色"开"键，设备开始正常工作。

③ 如果运转过程中，瓶子用完，扳动"止灌"键，添加空瓶。

4. 结束过程

① 按下红色"关"键。

② 关"振荡"键，关电源。

③ 拆下灌药针头，用注射用水清洗，将对设备擦洗干净，待下次使用。

5. 注意事项

① 机器运转即将结束时，落瓶轨道内存瓶不多，使送瓶推力减小，此时须人为助力，将落瓶轨道内余瓶安全送入进瓶螺杆内，使机器正常运转避免轧瓶故障。

② 如果遇到针头上下动作与转盘动作不协调时，切勿调动主机动作，须调整针头凸轮前后位置。动作协调后，须将所有紧固螺钉锁紧，以防动作失准。

③ 空机运转时，须将止灌开关电源关闭，防止吸铁线圈频繁工作，烧坏线圈。

④ 铝盖与胶垫紧松配合要好，防止无胶垫的铝盖进入落盖轨道，造成轨盖故障。

附2：口服液灌装岗位中间品质量控制

口服液灌装岗位中间品质量控制见表 5-2。

表 5-2　口服液灌装岗位中间品质量控制

检查项目	检查标准		检查方法		
			检查人	次数	方法
灌装容量	易流液 10.30~10.50ml 20.30~20.60ml 50.50~51.00ml	黏稠液 10.30~10.70ml 20.40~20.90ml 50.80~51.50ml	自查	随时	用标准管形瓶、用注射器及量筒抽取、计量
			车间质量员	每日 2 次	
封口质量	封口不严、空瓶 每 100 支不得超过 1 支		自查	随时	每机不少于 2 盘，每盘不少于 200 支
			车间质量员	每日 1 次	
机头澄明度	不得有可见的白块、异物。抽取 100 支允许有 2 个白点		配料工	灌封前逐台检查	灯检
标记	标明品名、批号、工号、盘号纸不得有遗漏		灭菌工	灭菌前逐盘检查	目测

二、口服液灌装工序工艺验证

1. 验证目的

口服液灌装工序工艺验证主要考察灌封产品的装量差异、异物、含量均一性进行检验，评价灌装工艺稳定性。

2. 验证项目和标准

工艺条件是灌装机空气压力在 0.6MPa，灌封速度为 100 瓶/min。取样检测装量差异和异物。

验证程序：按工艺规程操作，上盖、轧盖前均匀取样 5 点，每次 10 个瓶盖，检测微生物限度；药液灌装机前取样 1 点，取样 100ml 检测微生物限度；灌装时每 30 分钟取 3 瓶检测微生物限度。

合格标准：符合规定。

三、口服液灌装设备日常维护与保养

（1）开车前必须先进行试车，判明正常后方可正式生产。

（2）调整机器时，工具使用适当，严禁用力过大、过猛或不合适的工具拆卸零件导致损坏机件及影响机器性能。

（3）每当机器进行调整，要将松过的螺丝拧紧。

（4）机器上必须保持清洁，不能有油污、药液、玻璃碎屑等。

① 在生产过程中，及时清除药液或玻璃碎屑。

② 交班前应将机器表面各部件清洁一次，并在活动部件上加清洁的润滑油。

③ 每周大擦洗一次，特别是将使用中不容易清洁到的地方擦净或用压缩空气吹净。

实训思考

1. 口服液灌装前要做好哪些准备工作？

2. 灌装机运行时有哪些注意事项？

项目三

成品质量检验

任务 口服液质量检验

■【能力目标】
1. 能根据 SOP 进行口服液的质量检验
2. 能描述口服液质量检验项目和操作要点

背景介绍

口服液一般为口服溶液剂，其质量检查项目主要是装量和微生物限度要求。

任务简介

进行葡萄糖酸锌口服溶液的质量检查。

实训过程

一、解读葡萄糖酸锌口服溶液质量标准

1. 成品质量标准

葡萄糖酸锌口服溶液成品质量标准，见表 5-3。

表 5-3 葡萄糖酸锌口服溶液成品质量标准

检测项目	标 准	
	法规标准	稳定性标准
性状	无色至淡黄色的澄清液体	无色至淡黄色的澄清液体
鉴别	1. 与三氯化铁试液反应显深黄色 2. 锌盐鉴别反应	—
含量	93.0%～107.0%	93.0%～107.0%
pH 值	3.0～4.5	3.0～4.5
相对密度	＞1.02	＞1.02

2.中间品质量标准

葡萄糖酸锌口服溶液中间品质量标准，见表5-4。

表 5-4　葡萄糖酸锌口服溶液中间品质量标准

中间产品名称	检测项目	标　　准
配液中间品	含量	93.0%～107.0%
	pH	3.0～4.5
灌装中间品	装量	不得少于标示量
	封口质量	符合规定

3.贮存条件和有效期规定

① 贮存条件：密闭保存。

② 有效期：24个月。

二、葡萄糖酸锌口服溶液质量检测

（1）性状　目测

（2）鉴别　①取本品5ml，加三氯化铁试液1滴，显深黄色。②显示出锌盐鉴别反应的结果。

（3）装量　取供试品10个，分别将内容物倾尽，测定其装量，每个装量均不得少于其标示量。

（4）微生物限度　参照《中国药典》附录ⅪJ微生物限度检查法检测，微生物含量应符合规定。

（5）相对密度　参照《中国药典》附录ⅥA相对密度检查法检查。

（6）含量测定　精密量取本品适量（约相当于葡萄糖酸锌0.35g），加水10ml，加氨-氯化铵缓冲液（pH 10.0）5ml，再加氟化铵1g与铬黑T指示剂少许，用乙二胺四乙酸二钠滴定液（0.05mol/L）滴定至溶液由紫红色转变为蓝绿色，并持续30s不褪色。

实训思考

口服液的质量检查项目有哪些？

实训六

粉针剂(冻干型)的生产

说明：

　　进入粉针剂（冻干型）生产车间工作，首先接收生产指令，解读冻干粉针生产工艺规程，进行生产前准备（采用正确方式进出 D、C、B、A 级洁净区，将物料采用正确方式传递进出 D、C、B、A 级洁净区），再按工艺规程要求生产冻干粉针。生产过程如下：按处方进行称量配料，与配液罐内配制药液过滤后，通过输液系统输送至灌封间；安瓿进行清洗干燥灭菌，传递进入灌封间；药液检验合格后，进行灌封，灌封完毕送入灭菌间进行灭菌检漏，再进行灯检及送检，检验合格产品进行印字包装。熟悉操作过程的同时，进行各岗位的工艺验证，此验证是建立在安装确认、运行确认、性能确认基础上的生产工艺验证。岗位工作过程中，均应按要求进行设备的维护与保养。生产完成后进行片剂质量全检，检验合格后，进行包装及仓储。

项目一

接收生产指令

任务 解读冻干粉针生产工艺

■【能力目标】
1. 能描述冻干粉针生产的基本工艺流程
2. 能明确冻干粉针生产的关键工序
3. 会根据生产工艺规程进行生产操作

背景介绍

冻干粉针是采用冷冻干燥技术将无菌液体变成无菌固体块状物所得的剂型，克服了无菌液体注射剂的不稳定状态，防止药品在水中降解；采用液体灌装，较粉末分装剂量更精确；用注射用水调配，除菌过滤等措施，可有效防止外来微粒的混入。冻干后的制品为多孔结构，质地疏松、较脆，复溶迅速，有利于临床应用。但未采用有效的灭菌方法，故属于非最终灭菌产品，也亟需采用无菌生产工艺规程。

任务简介

学习冻干粉针生产工艺，熟悉冻干粉针生产操作过程及工艺条件。

实训过程

一、解读冻干粉针生产工艺流程及质量控制点

1. 生产工艺流程

根据生产指令和工艺规程编制生产作业计划，冻干粉针生产工艺流程图，见图 6-1。

① 收料、来料验收：化验报告、数量、装量、包装、质量。

② 容器处理：西林瓶经洗烘联动线进入干燥灭菌后冷却，胶塞清洗并干燥灭菌后待用，铝盖清洗干燥后待用。

③ 称量：复核原辅料名称、规格、数量等，按投料量称量。

④ 配制：可采用浓配-稀配两步法，也可采用稀配一步配成法。

⑤ 过滤：包含粗滤和精滤。

⑥ 灌装半压塞：将合格药液灌装入玻璃瓶内，并进行半压塞。

⑦ 冻干：将样品放入冻干箱内，进行冻干。包括预冻、升华干燥和再干燥（解吸附）的过程。

⑧ 压塞：冻干完成后，自动液压压塞。

⑨ 轧盖：自动轧盖机进行轧盖，注意剔除封口不严的产品。

⑩ 目检：流水线上对产品进行逐瓶目视检测，剔除有异物、冻干不良的产品。

⑪ 包装：将检验合格的冻干粉针进行贴签包装，并进行装箱打包。

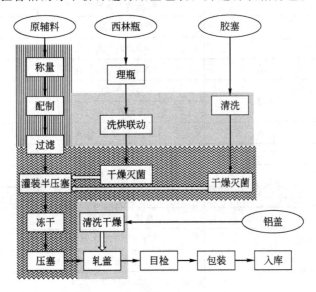

图 6-1 冻干粉针生产工艺流程

▨ D 级； ▧ A/B 级； ▥ C 级

配制、粗滤时可在 C 级区域内，精滤则在 B 级区域内进行。灌装工序必须在 B 级背景下的 A 级区内进行，物料转移过程中也需采用 A 级保护。

2. 冻干粉针生产质量控制要点

冻干粉针生产质量控制要点，如表 6-1 所示。

表 6-1 冻干粉针生产质量控制要点

工 序	质量控制点	质量控制项目	监控频次
备料	衡器、量具	校验、平衡	每次
	称量	数量、复核	每次
制水	纯化水	电导率	1 次/2h
		全项	1 次/周
	注射用水	pH 值、电导率	1 次/2h
		全项	1 次/周
		细菌内毒素	1 次/天
洗瓶	洗瓶	西林瓶质量、化验单	每批
		洗瓶水可见异物	3 次/班
		超声时间	2 次/班
		西林瓶清洗度	3~4 次/班

续表

工 序	质量控制点	质量控制项目	监控频次
洗瓶	隧道烘箱	灭菌时间、温度	随时
		西林瓶清洗度	3～4 次/班
		细菌内毒素	1 次/天
洗塞	胶塞清洗	胶塞质量、化验单	每批
		清洗后可见异物	每锅
	胶塞灭菌	灭菌时间、温度	每锅
		细菌内毒素	1 次/锅
配制	药液	含量、pH、色泽	每批
	超滤	可见异物	每批
		完整性试验	每周
灌装压塞	药液	装量、可见异物、色泽	随时
	装量	装量差异	1 次/15min
	半压塞	半压塞质量	随时
		可见异物、装量差异	每班
冻干	待冻干品	数量、加塞质量	每锅
	冻干	冻干温度、真空度	随时
		冻品进程	2h
	冻干品	轧盖质量	每锅
		水分	每批
		冻干质量	每批
铝盖	铝盖清洗	清洗后水电导率	每锅
	铝盖干燥	水分	每锅
轧盖	物料	铝盖清洗质量	每班
		胶塞压合质量	随时
	轧盖	轧盖质量	随时
外包装	待包装品	每盘标志	每盘
	目检	目检后抽查	30min
	包装材料	质量、报告单	每批
	贴签	批号、效期、贴签质量	随时
	装小盒	数量、说明书、标签、批号、效期	随时
	装大盒	数量、批号、效期	随时
	装箱	数量、批号、效期、装箱单	随时
	打包	打包质量	随时
入库	成品	整洁、分区、货位卡、数量	每批

二、冻干粉针生产操作及工艺条件控制

1. 领料
核对原辅料的品名、规格、含量、报告单、合格证。

2. 称量

① 操作过程：操作人员按生产指令领取所需原辅料、活性炭（针用），在领取称量时，应先核对品种是否与处方相符，并核对原辅料的品名、批号、数量。称取后的物料置洁净容器内备用。

② 工艺条件：称量时应一人称量，一人复核，确保无误。

3. 配液

① 操作过程：将处方量的原辅料加入配制量为 70％注射用水的浓配罐中搅拌使溶解，加入 0.1％的针用活性炭充分搅拌均匀，加热至 60℃保温吸附 15min，趁热用 0.8μm 钛棒过滤，QA 取样，进行 pH 值、含量测定，合格后的滤液经管道输入稀配罐中，加注射用水至足量，充分搅拌 20min（转速 80 次/min），经 0.45μm 微孔滤膜过滤，滤液再用 0.22μm 的微孔滤膜进行终端过滤。滤液经管道送入贮罐中，标明品名、批号、数量、时间、操作者备用。

② 工艺条件：0.8μm 钛棒 $P \geqslant 0.6$MPa；0.45μm 微孔滤膜 $P \geqslant 0.23$MPa，0.22μm 的微孔滤膜 $P \geqslant 0.39$MPa。

4. 洗瓶、干燥、灭菌

① 操作：将西林瓶放入洗瓶输送盘内，开启电源，使西林瓶传至洗瓶机内，以纯化水、注射用水清洗洁净后输送至烘干隧道，分别经过预热区干燥、高温区灭菌，15min 灭菌，低温区冷却，填写物料交接单，转入灌装室。

② 工艺条件：清洗水温在 50～60℃；灭菌区温度 350℃；每批灭菌西林瓶应在 12h 内使用。

5. 洗塞、干燥、灭菌

① 生产操作：将胶塞放入胶塞漂洗机内，用注射用水漂洗至洁净，洗塞水应澄明；移入对开门高效胶塞灭菌烘箱中，进行干燥、灭菌。

② 工艺条件：在 120℃，干燥灭菌 2h；每批灭菌胶塞应在 12h 内使用。

6. 铝盖处理

① 生产操作：将铝盖洗至洁净，烘干，待用。

② 工艺条件：烘干温度在 80℃以下，24h 内使用。

7. 灌装加塞

① 生产操作：核对品名、批号、数量、检验报告单、确认无误后接入药液，调整装量和加塞质量，合格后进行连续生产，每隔 15 分钟检查一次装量，随时观察灌装加塞质量封品情况，挑出不合格品，有异常情况应及时停机，灌装后的半成品放入不锈钢盘中，及时放入冻干箱内，进行冷冻干燥。

② 工艺条件：灌装量为 2ml；每批药液应在配制后 2h 内灌装完毕。

8. 冻干干燥

① 生产操作：预冻：箱内温度降至－40℃左右，保持 4h；升华：冷凝器的温度达到－40℃以下，对整个系统抽真空，升华开始，控制温度和真空度（升华干燥 35h）；二次干燥：水分大部分升华后，提高板层温度，提高干燥箱的压力以加快热量传送，产品进入二次干燥阶段（20℃干燥 2h）。二次干燥后，打开箱体的气源开关输入无菌空气，使箱内压力与大气一致。压塞，出箱。

② 工艺条件：预冻温度－40℃，维持 4h。升华干燥真空度应在 6Pa 以下。

9. 轧盖

进行轧盖操作，轧盖后的中间产品放入不锈钢盘中，并放入物料交接单。随时观察，挑出轧盖不合格产品。

10. 目检

目视检查，挑检出轧盖松动、变形、喷瓶断层、萎缩等质量不好的产品。检后每盘填好物料交接单。不合格品集中放置，并填好不合格证，进行统一处理。

11. 包装

操作者按生产指令领取包装所用的标签、说明书、盒托、中盒、大箱等，并由两人以上核对包装物的品名、规格、数量，审核无误后，在标签、说明书、中盒、大箱的规定处印上产品批号、有效期、截止日期、生产日期，贴标签过程中应随时抽检标签内容及标签清晰度，然后按下列程序包装，每瓶 0.3g，每 6 瓶连同一张说明书装 1 小盒内，贴上封签，每10 小盒装 1 中盒，每 10 中盒同一张装箱单，装一套大箱，箱口处用封箱胶带封口，再将大箱用捆扎机按"井"字形捆扎，同时进行取样，对成品进行检验。

实训思考

1. 冻干粉针的生产工艺流程包括哪些？
2. 简述冻干粉针各岗位的工艺条件。

项目二

粉针剂的生产前准备

任务 粉针剂车间人员进出及车间清场

■【能力目标】
1. 能采用正确的方法进出 A/B 级区
2. 能进行 A/B 级区清场

背景简介

　　冻干粉针生产洁净区有 D 级、C 级、B 级、A 级，根据岗位对洁净级别要求，人员按相应更衣规程进入洁净区。进出 C 级、D 级更衣规程详见前述。

　　进入 A/B 级洁净区的着装要求：用头罩将所有头发以及胡须等相关部位全部遮盖，戴口罩以防溅出飞沫，必要时戴防护目镜。应戴经灭菌且无颗粒物橡胶或塑料手套，穿经灭菌或消毒的脚套，裤腿应塞进脚套内，袖口应塞进手套内。工作服应为灭菌连体工作服，不脱落纤维或微粒，并能滞留身体散发的微粒。

　　每位员工每次进入 A/B 级洁净区时，应更换无菌工作服；如采用每班至少更换一次，应监测证明其可靠性。操作期间，应经常消毒手套，并在必要时更换口罩和手套。

任务简介

　　进行"人员进出 A/B 级区"的操作练习，保证洁净区卫生，防止污染和交叉污染。

实训过程

一、人员进出 A/B 级区与更衣

　　① 进入大厅，存放个人物品于指定位置，在更鞋区更换工作鞋，进入第一更衣室，更换工作服，摘掉饰物。

　　② 进入洗盥室：用流动纯化水对面部、手部进行清洁，用药皂反复搓洗至手腕上 5cm 处。应注意对指缝、指甲缝、手背、掌纹等处加强搓洗。必要时可用小毛刷刷洗。

　　③ 进入二更：进入气闸间更换洁净鞋，手部用 75% 乙醇溶液喷洒式消毒 2～3min。从"已灭菌"标识的 A 袋，按各人编号取出装有无菌内衣的洁净袋，检查里外标识是否一致，

附件是否齐全、确认无误，换上无菌内衣裤。

④ 进入三更：通过气闸间，手部喷洒消毒，进入第三更衣室。更换三更无菌鞋，手部消毒。从"已灭菌"标识的 B 袋中按各人编号取出装有无菌外衣的洁净袋，检查无误再更换无菌外衣、戴无菌帽、口罩。注意不得将无菌服接触到地面，扎紧领口、袖口、头发全部包在帽子里不得外露。衣裤、帽的更换顺序，按照由上至下的顺序进行。穿戴好无菌服后在镜前检查确认穿戴是否合适，再戴上灭菌手套。

⑤ 手部再次消毒：在三更气闸间手套用 75％乙醇喷洒消毒后，进入操作间。

⑥ 退出洁净区时，按进入时逆向顺序进行。在第二更衣室更衣（不需手部消毒）将无菌服换下装入原袋中，统一收集，贴挂"待清洗"标识，离开工作室。

二、物料、物品进出 B 级区

1. 生产原材料及包装材料的领取

① 仓库人员根据生产计划准备生产原材料，车间辅助人员根据生产指令填写领料单到仓库领料，仓库凭领料单发货。

② 辅助人员在交接区根据领料单要求对领取的原材料和包装材料的名称、规格、批号、数量进行核对并领取原材料，核对无误后，签收物料。

2. B 级洁净区物料出入

① 将原辅料领取到外清间，用浸饮用水的半湿丝光毛巾擦拭后，通过气闸室把原料传递至 D 级区，用浸有 75％乙醇溶液的半湿丝光毛巾擦拭原料桶，重点擦拭桶底部，放入传递窗开启紫外灯，照射 30min 后，通知 B 级区操作人员接收原料，B 级区辅助人员用浸75％乙醇溶液的半湿丝光毛巾擦拭一遍后，用周转车传入原料暂存间，并打开紫外灯照射。

② 将铝盖领取到外清间，除去外包装，将内包装用浸饮用水的半湿丝光毛巾擦拭后，通过气闸室把铝盖传递至铝盖清洗间，拆除内包装后放入铝盖清洗灭菌机进行清洗灭菌处理。灭菌完毕，通知 C 级区轧盖操作人员接收铝盖，烘干后的铝盖在 A 级层流罩下出料，做好状态标识。

③ 仓库人员把胶塞送到物料交接区，车间领料人员在物料外清间除去外包装，然后用浸饮用水的半湿丝光毛巾清洁胶塞的塑封包装，将胶塞传到气闸室，用浸 75％乙醇溶液的半湿丝光毛巾将胶塞内包装再擦拭一遍，将胶塞经 D 级洁净区走廊运入胶塞暂存间存放备用。洗塞人员将胶塞转移至胶塞清洗间，检查无异物后，加入胶塞清洗机料斗进行清洗灭菌。灭菌完毕，通知 B 级区辅助人员接收胶塞，在 A 级层流罩下出料，做好状态标识。

④ 西林瓶：在物料外清间把西林瓶外包装除掉，然后用浸饮用水的半湿丝光毛巾清洁西林瓶的塑封包装，清洁后将西林瓶传送至气闸室，经 D 级洁净区走廊运入瓶塞暂存间存放，洗瓶人员将西林瓶送至洗瓶机进行清洗，随轨道进入隧道式灭菌烘箱灭菌后，进入分装间，灭菌后西林瓶暴露环境为 B 级背景下的 A 级区域。

⑤ 需传入 B 级洁净区的原辅料、眼镜等其他物品，在传递间用浸饮用水的半湿丝光毛巾擦拭后放入传递窗，打开紫外灯照射 30min，然后由 D 级洁净区人员打开传递窗，传入 B 级洁净区，需传入 B 级洁净区的工器具和其他物品由 C 级洗烘人员用 75％乙醇溶液擦拭其表面后，根据灭菌方式选择干热或湿热灭菌方式传入 B 级洁净区。

⑥ B 级洁净区使用的消毒液在 C 级区域配制好后，经过除菌过滤进入 B 级区域。

3. B 级洁净区物料、工器具的进出

① 需要清洗灭菌的工器具和其他物品，经气闸室传递到 C 级洁净区，由 C 级洁净区清洗人员清洗后，经干热灭菌或湿热灭菌进入 B 级洁净区。

② 使用后的空铝瓶、胶塞从 B 级走廊传递窗退出 B 级洁净区，再通过 D 级洁净区走

廊、气闸、外清间退出岗位。

③ B 级洁净区退出的其他物品，从 B 级走廊传递窗退出 B 级洁净区，再通过 D 级洁净区走廊、气闸、外清间退出洁净区，由辅助员工统一处理。

4. 注意事项

① 岗位人员对原辅材料的名称、规格、批号、数量进行核对，核对无误后，签收物料传递单。D 级洁净室对传入 B 级区的原料等物品要进行登记，退出空铝瓶时核对数量是否与传入相一致，否则应查清原因。

② 所有存放原材料和包装材料的货架上都要有明显的状态标识，标明材料名称、规格、批号、数量、状态等，数量如有变动，应及时修改，并填写岗位物料领发台账，确保账、物、卡相符。

③ 物料转移过程中，注意与其他规格、型号、批号的同类物料分开放置，做好标识，避免混淆。

三、B 级区环境清洁

1. 清场间隔时间

① 各工序在生产结束后，更换品种、规格、批号前应彻底清理作业场所，未取得"清场合格证"之前，不得进行下一个品种、规格、批号的生产。

② 大修后、长期停产重新恢复生产前应彻底清理及检查作业场所。

③ 车间大消毒前后要彻底清理及检查作业场所。

④ 超出清场有效期的应重新清场。

2. 清场要求

① 地面无积灰、无结垢，门窗、室内照明灯、风口、工艺管线、墙面、天棚、设备表面、开关箱外壳等清洁干净无积灰。

② 室内不得存放与生产无关的杂品及上批产品遗留物。

③ 使用的工具、容器清洁无异物，无上批产品的遗留物。

④ 设备内外无上批生产遗留的物料、成品，无油垢。

3. 注意事项

① 无菌更衣室由 B 级区辅助人员用浸消毒液的半湿丝光毛巾沿一个方向擦拭天花板、墙壁、灯罩至洁净，重复再擦拭一遍。衣服架、鞋柜、净手器、盆架用浸消毒液的半湿丝光毛巾擦拭至洁净，重复再擦拭一遍。更衣室地面用浸消毒液的专用半湿丝光毛巾擦拭至无杂物、无污迹，重复再擦拭一遍。

② B 级区使用的消毒等清洁剂和消毒剂经过除菌过滤后使用，为避免交叉污染，消毒剂轮流交替使用，每周更换一次。

③ 清洁完毕，更改操作间、设备、容器等状态标识，标明有效期。有效期为 24h。QA 检查合格后，发放"清场合格证"，人员退出生产岗位。

四、环境消毒与灭菌

1. 臭氧消毒

（1）臭氧消毒前准备 关闭洁净区所有的门，保持洁净室（区）相对密封，防止臭氧泄漏，以确保臭氧在空间分布均匀和作用效率，人员退出岗位，开始消毒。

（2）臭氧灭菌程序

① 关闭空调新风，在净化空调机正常运转的状态下，接通臭氧发生器控制柜电源，电源指示灯亮，电压表显示电源电压，机器进入准备工作状态。

② 按下"启动"按钮，工作指示灯亮，电源指示灯灭，设置定时为 2h，定时器开始计时，电流表显示工作电流，机器进入正常工作状态。

③ 机器工作至预设时间（消毒结束），自动停机。此时工作指示灯灭，电源指示灯亮，机器恢复准备工作状态，开启新风，通风 2h 后，人员方可进入。

（3）洁净区在每个生产周期第 7 天臭氧消毒一次，时间 120min。消毒应在生产结束清场完毕，人员退出岗位后进行。

2. 甲醛灭菌

① 条件：当温度在 30～40℃，相对湿度在 65％以上时，甲醛气体的消毒效果最好。

② B 级区面积按 10ml/m³ 的比例量出甲醛 4580ml。C 级区面积按 10ml/m³ 的比例量出甲醛 3430ml。D 级区面积按 10ml/m³ 的比例量出甲醛 7020ml。

③ 将称量的甲醛倒入甲醛发生器，放置在指定位置，打开加热器使其蒸发成甲醛气体。

④ 启动空调器风机让甲醛气体循环 60min。

⑤ 停止空调器，房间熏蒸消毒 8h。

⑥ 热排风：闷消完成后，开启 B 级区、C 级区、D 级区空调机组，新风阀，排风机排风阀，房间排风机，开始热排风，环境温度控制在 34～36℃，热排风为 8h。

⑦ 冷排风：热排风完成后，开启制冷，关闭工业蒸汽，冷排风 4h，使 B 级区、C 级区、D 级区房间温度恢复至正常温度。

⑧ 正常生产时，B 级区每月要进行一次甲醛消毒工作；C 级区每 3 个月要进行一次甲醛消毒工作；D 级区每 6 个月要进行一次甲醛消毒工作。

3. 重点操作及注意事项

① 臭氧灭菌时，臭氧浓度要适中，时间控制在 120min。甲醛消毒灭菌前，通知空调岗位用加湿器调相对湿度至 60％～90％。

② 每次臭氧或甲醛消毒灭菌前应彻底清洁环境，甲醛消毒时打开洁净区各房间的门，但通往其他洁净区的门不得打开。

③ 甲醛消毒前要将洁净内衣洗净、烘干后，将两套清洗好的洁净内衣放在 D 级区更衣室随环境一起消毒。C 级区洗衣人员将一套洗涤干净的 C 级工作服，挂在 C 级区更衣室随环境一起消毒。B 级区辅助人员将一套灭菌后的 B 级区工作服放在 B 级洁净区更衣室随环境一起消毒。D 级区洗衣人员将一套洗涤干净的 D 级工作服，挂在 D 级区更衣室。

4. 甲醛蒸发锅的清洁

消毒完毕，人员穿戴洁净服将甲醛蒸发锅从洁净室取出，传递至车间外部，由辅助人员佩戴消毒面具，倒出其中的残液，往甲醛蒸发锅内加水，用毛刷刷洗残渣，直至干净后备用。

5. 结束过程

消毒完毕岗位员工要及时清洁岗位。

实训思考

1. 人员进出 B 级区与 C 级区有何不同？
2. 简述 B 级区的清场要求。

项目三

生产冻干粉针

任务一 清洗西林瓶

【能力目标】

1. 能根据批生产指令进行洗瓶（联动生产线）岗位操作
2. 能描述洗瓶的生产工艺操作要点及其质量控制要点
3. 会按照 QCL 型立式转鼓式超声波洗瓶机、SZK420-27 隧道灭菌烘箱的操作规程进行设备操作
4. 能对洗瓶工艺过程中间产品进行质量检查
5. 会进行西林瓶洗瓶岗位工艺验证
6. 会对 QCL 型立式转鼓式超声波洗瓶机、SZK420-27 隧道灭菌烘箱进行清洁、保养

背景介绍

药液盛装的玻璃容器主要有安瓿、西林瓶、输液瓶。安瓿、西林瓶的清洗和灭菌自动化程度比较高，目前多采用洗、烘、灌联动生产线，提高洗瓶效率也避免生产过程中细菌污染。

清洗设备设计成旋转式或者箱体式系统。清洗介质包括无菌过滤的压缩空气、纯化水、循环水，最后冲淋的是注射用水。

任务简介

按批生产指令将西林瓶装入洗瓶机中清洗，并进行质量检查。洗瓶机已完成设备验证，进行洗瓶工艺验证。工作完成后，对设备进行维护与保养。

实训设备

一、QCL 型立式转鼓式超声波洗瓶机

本机为立式转鼓结构，采用机械手夹翻转和喷管作往复跟踪的方式，利用超声波和水汽交替冲洗，能自动完成进瓶、超声波清洗、外洗、内洗、出瓶的全过程，整体传递过程模拟齿轮外齿啮合原理。该机通用性广，运行平稳，水、气管路不会交叉污染。见图 6-2 和图 6-3。

清洗程序如下：容器浸入水浴→超声波→纯化水（或注射用水）冲淋→注射用水冲淋→

图 6-2　立式转鼓式超声波洗瓶机

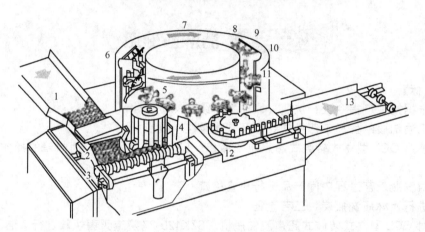

图 6-3　立式转鼓式超声波洗瓶机原理

1—进瓶斗；2—超声工位；3—变距螺杆；4—提升架；5—翻转工位；
6,7,9—喷纯化水工位；8,10,11—喷气工位；12—拨盘；13—出瓶斗

无菌过滤的压缩空气吹干→进入烘箱灭菌。

用水冲淋时，应确保水能迅速被排干。微粒不会被水冲走，而是残留在容器内，因而需用压缩空气吹干。

二、SZK 系列隧道式灭菌箱

本机为整体隧道式结构，分为预热区、高温灭菌区、冷却区三个部分。采用热空气洁净层流消毒原理对容器进行短时的高温灭菌去热原。本机风量、风速自动无级调速，各区域温度、风压实时监控，高效、更换便捷，可用于西林瓶、安瓿瓶的烘干灭菌。

实训过程

实训设备：QCL 型立式转鼓式超声波洗瓶机、SZK420/27 隧道灭菌烘箱。

进岗前按进入 D 级区要求进行着装，进岗后做好厂房、设备清洁卫生，并做好操作前的一切准备工作。

一、西林瓶清洗准备与操作

1. 生产前准备

① 检查生产现场、设备及容器具的清洁状况，检查"清场合格证"，核对其有效期，确

认符合生产要求。

② 检查房间的温湿度计、压差表有"校验合格证"并在有效期内。

③ 确认该房间的温湿度、压差符合规定要求，并做好温湿度、压差记录，确认水、电、气（汽）符合工艺要求，检查所有的管道、阀门及控制开关应无故障。

④ 检查、确认现场管理文件及记录准备齐全。

⑤ 生产前准备工作完成后，在房间及生产设备换上"生产中"状态标识。

2. 配件安装、检查、试运行

① 检查西林瓶清洗机及隧道烘箱均已清洁。

② 确认洗瓶注射用水的各项指标均合格，同时取注射用水，检查其可见异物应合格，方可用于西林瓶的洗涤。

③ 空开洗瓶机检查洗瓶机是否正常。

3. 生产过程

(1) 根据领料核料单核对西林瓶，并检查其是否有"检验合格证"，同时检查西林瓶有无下列缺陷，如裂缝、疵点、变形、高度和直径不一致或其他外形损坏等，将其拣出并堆放到指定地点。

(2) 理瓶盘用纯化水洗刷干净烘干备用。

(3) 打开纯化水、注射用水、压缩气阀门，检查各压力是否满足工艺要求：纯化水压力≥0.2MPa，注射用水压力≥0.2MPa，压缩空气压力≥0.2 MPa。

(4) 开启隧道灭菌烘箱各风机及排风机，开启加热电源，使灭菌温度上升至 250℃以上可开始走网带，待温度升至 350℃以上方可开始进瓶（灭菌时间大于 5min，固定网带运行频率 37.5Hz，进瓶口压差不能大于 250Pa，冷却段不能形成负压，加热段两段压差维持在 ±5Pa）。

(5) 进瓶　将人工理好的西林瓶慢慢放入分瓶区。

(6) 粗洗　瓶子首先经超声波清洗，温度范围 50～60℃。

(7) 精洗　用压缩空气将瓶内、外壁水吹干，用循环水进行西林瓶内、外壁的清洗，再用压缩空气将西林瓶内、外壁水吹干，然后用注射用水进行两次瓶内壁冲洗，再用洁净压缩空气把西林瓶内外壁上的水吹净。

(8) 检查　操作过程中，随时注意检查以下项目。

① 检查各喷水、气的喷针管有无阻塞情况，如有，及时用 1mm 钢针通透。

② 检查西林瓶内外所有冲洗部件是否正常。

③ 检查纯化水和注射用水的过滤器是否符合要求。

④ 检查注射用水冲瓶时的温度和压力性能是否符合要求。

⑤ 检查压缩空气的压力和过滤器性能是否符合要求。

(9) 洗瓶中间控制　在洗瓶开始时，取洗净后 10 个西林瓶目检洁净度符合要求，要求每班检查 2 次，并将检查结果记录于批生产记录中。

(10) 干燥灭菌　灭菌洗净的西林瓶在层流保护下送至隧道灭菌烘箱进行干燥灭菌，灭菌温度≥350℃，灭菌时间 5min 以上，灭菌完毕后出瓶，要求出瓶温度≤45℃。

(11) 查看　灭菌过程中不断查看以下几点。

① 查看预热段、灭菌段、冷却段的温度是否正常。

② 查看各段过滤器的性能，风速和风压有无变化。

(12) 每 30 分钟记录灭菌段、排风、冷却温度，每 2 小时记录以下数据。

① 五个压差计数值：隧道烘箱进口处与洗瓶间压差，预热段、灭菌段、冷却过滤器前后压差。（各个压差数值按规定控制在 12mmH_2O，在生产过程中如发现达不到该数值，操

作人员应报告车间主任，检查电机本身或检查过滤器是否堵塞。）

② 三个自动记录仪上的数据：灭菌段温度、网带速度、灭菌段风压。

③ 五个电机选速：排风、进风、热风、冷却 1 段、冷却 2 段的电机速度。

4. 结束过程

① 洗瓶结束，关闭洗瓶机。统计所用瓶子数量并做好记录。

② 生产结束后，按清场标准操作程序要求进行清场，做好房间、设备、容器等清洁记录。

③ 按要求完成记录填写。清场完毕，填写清场记录。上报 QA 检查，合格后，发"清场合格证"，挂"已清场"状态标识。

5. 异常情况处理

① 当出现洗瓶机在 1h 内无法修复的情况时，应及时通知工序和车间负责人，由车间和工序负责人通知相应的岗位人员，按各岗位的要求进行处置。

② 当其他工序出现异常情况时，应根据工序安排进行，若出现生产线无法运行的情况，应按步骤"4. 结束过程①"进行。

③ 洗瓶过程中容易出现的问题及处理方法，见表 6-2。

表 6-2　洗瓶过程中容易出现的问题及处理方法

问　题	处　理　方　法
洗瓶机网带上冒瓶及超声波进绞龙区易倒瓶	调整网带整体高度和输送网带速度，侧板两边增加 F4 条减少摩擦力或增加弹片，调整各部位间隙及交接高度，检查超声波频率是否开得适当
注射用水、循环水、压缩空气压力不足或喷淋水注不满瓶而浮瓶子	检查供水系统增加高压水泵，检测滤芯是否堵塞，按要求更换新的滤芯，检测水泵方向是否正确，检查管道是否堵塞，清洗水槽过滤网和喷淋板
水温过高导致绞龙变形，绞龙与进瓶底轨间隙过大导致掉瓶或破瓶	洗瓶机使用的注射用水一定要控制在 50℃左右，超过此温度需增加热转换器控制水温，调整绞龙与底轨之间的间隙，绞龙变形严重需更换新的绞龙
进瓶绞龙与提升拨块交接时间的调整	松开绞龙右端联轴器夹紧套上 M8 内六角螺钉，转动绞龙使瓶子与提升拨块重合，再拧紧夹紧套固定螺钉。手动盘车绞龙将瓶子送进拨块时无阻卡现象，则表明已调整到位，否则还需进一步调整
提升拨块、滑条由于水温过高而变形或 M4 固定螺钉易松动脱落导致卡死整台机	将提升块、滑条拆下来全部检查。将滑条、轴承、M4 固定螺钉重新加胶拧紧螺钉，滑条变形的需重新更换，轴承损坏需更换新的进口不锈钢轴承，更重要的还是要控制好水温
圆弧栏栅、提升拨块与机械手夹子交接区易破瓶或掉瓶	1. 调整不锈钢圆弧栏栅与瓶子的间隙，松开不锈钢圆弧栏栅两颗 M8 外六角固定螺钉，使提升拨块内瓶子与圆弧栏栅保留有 1～2 mm 的间隙 2. 调整提升拨块瓶子与机械手夹子对中，减少凸轮与机械手夹子交接时间。松开提升凸轮轴下面传动链轮上四颗 M8 外六角螺钉，便可以旋转提升凸轮使拨块瓶子正好送到机械手夹子的中间
大转盘间隙过大、摆动架间隙过大、喷针对中不好易弯	间隙过大的原因有可能是减速机、铜套、关节轴承、凸轮、十字节、轴与平键。调整大转盘传动小齿轮与大齿轮的间隙，检查传动万向节、所有传动的关节轴承、摆动架大铜套、跟踪和升降凸轮、减速机、凸轮与凸轮主轴和键的所有间隙是否过大，所有传动轴承是否磨损。全面调整它们相互间的间隙，使之在范围内，超过一定范围必须更换零部件减少它们之间的间隙，使得所有间隙在允许范围内才能正常运行。间隙消除后再调整校正喷针与机械手导向套对中
喷针与机械手导向套不对中	在大转盘和喷针摆动架位置确定情况下才能调整它们的相互对中，首先手动盘车使喷针往上走，当走到接近机械手导向套时再调整喷针与导向套的对中。如果所有喷针都往一个方向偏时，可以单独整体微调摆动架，松开摆臂上两颗 M12 夹紧螺钉进行微调。如果单个相差，可以将摆动架安装板和喷针架进行前后左右调整

续表

问　题	处　理　方　法
摆动架和大转盘错位	错位后需定位和调整。调整摆动架升降连杆,使摆动架与水槽的最高边缘要保留有5～10mm的间隙,摆动架走到最右端时与大转盘升降座要保持有5～10mm的间隙且不能相互碰撞
洗瓶机机械手夹子与出瓶拨块或拨轮交接区易掉块或破瓶	调整出瓶栏栅与出瓶拨块瓶子之间的间隙,减少夹子与同步带出瓶拨块的交接时间
出瓶栏栅与同步带拨块、出口与烘干机过桥板区易倒瓶和破瓶	调整出瓶栏栅与拨块之间的间隙,检查它们的交接时间、出瓶前叉与同步带拨块及出瓶弯板的间隙大小,正确调整来瓶信号和挤瓶信号接近开关以及进瓶弹片的弹力大小

附1：QCL型立式转鼓式超声波洗瓶机标准操作程序

1. 生产前检查

① 检查生产设备的清洁状态,检查设备是否完好,应处于"设备完好"、"已清洁"状态。检查水、电是否到位,房间温湿度、压差是否正常。

② 检查设备各部件、配件是否齐全,紧固件有无松动。

③ 检查电器控制面板各仪表及按钮、开关是否完好。

④ 检查冲瓶空气、仪表空气、注射用水、纯化水各阀门是否已打开,表压是否正常。

2. 操作过程

① 打开总电源,显示屏将出现相关信息。打开洗瓶机电源,同时检查入口进瓶处已排满瓶。机器将自动开始对循环水箱和超声波水箱加水。

② 当循环水箱和超声波水箱水位正常后,按"F6"键,确认循环水、注射用水、冲瓶空气的冲洗时间为8s,然后按"F8"键,检查超声波水箱出水、循环水箱出水、注射用水、冲洗瓶空气的压力,各压力(bar❶)应分别在1、0.5、0.5、1以上。

③ 按"复位"键,当显示屏上出现"MACHINE READY"后,即可按电源启动开关,开始洗瓶。

④ 在生产过程中,当出现特殊情况需立即停机时,按下机器上任何一个紧急按钮,机器马上停止工作。

3. 结束过程

洗瓶准备结束时,按"F8"键,对所有瓶夹上的瓶子排空,排尽后,按"停机"按钮,洗瓶机停止工作,然后关闭控制电源。

4. 机器的拆卸、清洗、安装

① 水箱的拆卸：放空循环水箱和超声波水箱的水后,依次拆掉循环水箱、超声波水箱与管道连接的夹头、螺钉,然后抬出循环水箱。

超声波水箱的拆卸：旋出超声波水箱与机器连接的四个螺钉,拔出超声波水箱与超声波发生器连接的电接口,同时旋出水箱摆动连杆与电机的连接螺钉。检查无误后合上水箱升降离合器,使离合器到位。合上主电源开关,插入点动器,按"机器启动"按钮,然后按"↓"键,放下超声波水箱,并拉出水箱。

---

❶ 1bar＝10^5Pa。

② 清洗：用湿布将水箱擦拭干净，对两个水箱的过滤网用软毛刷仔细刷洗，然后用纯化水冲洗。每天生产结束后拆下两个水箱清洗，同时用纯化水清洗机器内部及外壁。

③ 安装：将清洗干净的超声波水箱推入轨道，按"↑"键，至水箱到位。松开离合器，将摆动连杆与电机的连接螺丝旋紧，连接好超声波发生器的电接口。旋紧与主机连接的四个螺钉，然后与管道连接，再将循环水箱装回，连接好管道。

附2：SZK420/27 隧道灭菌烘箱的标准操作程序

1. 生产前检查

① 检查生产设备的清洁状态，检查设备是否完好，应处于"设备完好"、"已清洁"状态。检查水、电是否到位，房间温湿度、压差是否正常。

② 检查设备各部件、配件是否齐全，紧固件有无松动。

③ 检查机器润滑情况是否良好。

④ 检查电器控制面板各仪表及按钮、开关是否完好。

2. 配件安装试运行

① 应先检查各设定值是否在规定的范围内。要求灭菌段设定温度为320℃，报警温度为400℃；进口段最高排风温度为55℃；预冷段最高温度为90℃；冷却段最高温度为40℃。

② 检查各选择开关拨至自动位置。

③ 确认仪表空气和冷却水已到位。

3. 操作过程

① 升温：打开总电源，再打开隧道开关至"ON"位置，排风、进风、热风、冷风、灭菌段加热指示灯依次亮，同时显示屏会自动显示相关的信息，表明隧道处于加热状态。检查预热段、灭菌段、预冷段、冷却段的风压在 $10\sim12mmH_2O$，进风段与房间的压差为 $5\sim10mmH_2O$。

② 灭菌：待灭菌温度升至320℃后，隧道处于待命状态，按"网带启动"按钮，同时开分装机前转盘，隧道网带会根据洗瓶机的情况自动开启或停止。

③ 排瓶：待洗瓶机停机后，打开网带排空开关至"ON"位置，网带将继续运行，排尽隧道内的所有瓶子（此时隧道仍按正常生产状态运行）。

4. 结束过程

① 工作完毕，当隧道排空后，将隧道开关拨至"OFF"位置，隧道开始降温，待灭菌段温度降至90℃后，可关掉总电源，关闭冷却水和仪表空气。

② 生产结束后对隧道表面用75％乙醇溶液进行擦洗。

5. 注意事项

① 隧道总电源关闭之前，必须将灭菌段的温度降至90℃以下，否则会烧毁高效过滤器。特别是发生突然停电时，最易发生此类情况。因此若碰到停电情况，应提前2h通知车间，防止事故的发生。

② 时控控制：关掉隧道开关，10s后重新开启隧道开关，在设定开机时间前打开仪表空气、冷却水，隧道将在设定的时间内启动。（如采用时控控制方式启动，则不必关闭总电源，并在设定开机时间前提供仪表空气和冷却水，否则时控启动失效。）

③ 在生产过程中，当发生故障时，显示屏将出现出错信息，隧道将停止运行，在排除故障后，按下"复位"按钮，隧道将重新开始运行。

附3：西林瓶洗瓶中间品检查

生产过程中每2小时检查瓶子澄明度，每1小时检查超声波水压力、循环水压力、注射用水压力、冲瓶空气压力。

洗瓶设备各压力要求：超声波水压力≥1.0bar，循环水压力≥0.5bar，注射用水压力≥0.5bar，冲瓶空气压力≥1bar。

在洗瓶时应注意微粒的控制，符合以下要求。

① 注射用水澄明度：每300毫升检出200～300μm的微粒不得超过5个，无大于300μm的微粒。

② 洗瓶后的瓶子：每瓶检出200～300μm的微粒不得超过2个，无大于300μm的微粒。

二、西林瓶清洗（烘干）工序工艺验证

1. 验证目的

西林瓶清洗工序工艺验证主要考察洗瓶用水质量、隧道烘箱运行时间和温度，西林瓶洗涤和灭菌效果考察，评价洗瓶工艺稳定性。

2. 验证项目和标准

工艺条件包括超声波开启时间，压缩空气压力、时间、流量，洗瓶用水的可见异物检查等。

验证程序：按制定的工艺规程洗瓶、干燥灭菌，取洗净的空瓶装水检查可见异物。记录西林瓶干燥、灭菌的工艺过程，包括温度、时间等。查阅西林瓶干燥、灭菌过程自动打印记录的数据。按无菌检查操作规程检查西林瓶的无菌性。

洗瓶清洁度测定：分别于清洗后的西林瓶中取样，每30分钟取样50支，灌注合格注射用水，在灯检箱下按规定进行观察，剔除有可见异物的西林瓶，计算西林瓶清洁合格率，每批取样3次，共取连续生产的3个批次。

合格标准：①过滤后纯化水和注射用水的可见异物符合标准要求；洗涤后西林瓶的清洁度符合标准要求；最终冲洗水符合规定。②记录数据显示干燥、灭菌过程的运行时间、温度达到了程序设定值。③被检验的所有西林瓶均应无微生物生长。

三、洗瓶设备日常维护与保养

1. QCL立式转鼓式超声波洗瓶机的日常维护和保养

（1）机器的清洗

① 清洗洗瓶机大转盘和上下水槽。

② 清洗洗瓶机管道。

③ 清洗及更换洗瓶机滤芯。

（2）机器的润滑

① 定期对各运动部件进行润滑。

② 法兰件及易生锈的地方都要涂油防锈。

③ 摆动架上的滑套采用40号机械油润滑。

④ 链条、凸轮、齿轮采用润滑脂润滑。

⑤ 蜗轮蜗杆减速机的润滑油及时更换。

（3）易损件的及时更换

① 输瓶网带下瓶区两边进瓶弹片失去弹力需及时更换。

② 机械手夹头、弹簧、导向套、喷针、摆臂轴承、复合套磨损后需及时更换。

③ 滑条、提升拨块、出瓶拨块、同步带、绞龙磨损后间隙过大需及时更换。

2. 隧道灭菌烘箱的日常维护与保养

① 设备在使用中每周应清洁工作腔内部，每月应拆卸对流壁，彻底清洁烘箱的风道。

② 设备每隔半年至少应做一次验证，发现热分布不好或尘埃粒子超标应更换高效过滤器。

③ 每周应检查循环风机润滑脂，如缺少应及时补充。

④ 每半月检查一次设备的电器部分线柱是否有松动现象。

⑤ 设备运行结束后，应对设备表面及控制面板进行清洁。

⑥ 连续运行一年后，需对设备内部进行一次全面的拆卸、清洗，需加机油和润滑脂的在清洗后重新加注机油、润滑脂。

实训思考

1. 西林瓶超声波清洗机开机前要进行哪些准备工作？

2. 清洗过程中要注意哪些项目的检查？

3. 西林瓶干燥灭菌工序在运行过程中要注意记录哪些内容？为什么？

任务二　清洗胶塞

■【能力目标】

1. 能根据批生产指令进行胶塞清洗岗位操作

2. 能描述胶塞清洗的生产工艺操作要点及其质量控制要点

3. 会按照胶塞清洗机的操作规程进行设备操作

4. 能对胶塞清洗工艺过程中间产品进行质量检查

5. 会对胶塞清洗机进行清洁、保养

背景介绍

直接接触药品的包装材料（容器、胶塞）通常存在四种污染：微生物、细菌内毒素、外部微粒和外部化学污染。清洗工艺可以将微粒、化学污染、细菌内毒素控制在规定的范围；必要时，清洗后的物料经灭菌后使用。物料的清洗、灭菌工艺均应经过验证。

药包材所使用的胶塞是由合成橡胶制成的。橡胶具有弹性好、耐磨性好、可灭菌、易于着色等特点，可提供高密封性、利用率高、清洗简便、硬度可调等性能。合成橡胶制成的胶塞除上述污染物外，主要污染物是丁基化合物、金属粒子（胶塞模板）、润滑油以及配方中可萃取物质如硫、酚类、醛类及酮类化合物。如有安全性、耐高温等更高要求时，可选用聚四氟乙烯或硅橡胶（一般用于制造软管和垫圈）。

常用的卤化丁基橡胶可分为四类：需洗涤的胶塞、需漂洗的胶塞、免洗胶塞和即用胶塞。四类胶塞主要不同是在清洗时有所调整。

（1）需洗涤的胶塞　需清洗并经二甲基硅油硅化。清洗时需用大量清洗剂和大量清洗用水进行漂洗和精洗，再经灭菌、烘干，用于密封药品或先密封药品再进行最终灭菌。

此类胶塞具有相对较多的微生物污染、热原污染及微粒污染（纤维、胶屑等）。

（2）需漂洗的胶塞 使用前用适量的热注射用水漂洗，并用硅油适当硅化（过度易导致跳塞），经灭菌烘干或密封药品后再进行最终灭菌。

此类胶塞在生产厂经过深层次清洗，并经过初步灭菌。

（3）免洗胶塞（只需灭菌胶塞） 简称 RFS（ready-for-sterilization closure），使用前拆开包装只需灭菌即可使用。

此类胶塞在生产厂使用注射用水进行最终清洗，有效去除了细菌内毒素、微生物及微粒，并采用专用的 RFS 袋（俗称呼吸袋）进行包装。选用此类胶塞可减少甚至消除胶塞进厂后的产品质量再控制，减少了胶塞洗烘过程。但需注意由于包装袋的限制，所采用的灭菌方法通常是蒸汽灭菌、环氧乙烷灭菌和 γ 射线灭菌，不适于干热灭菌。

（4）即用胶塞 简称 RFU（ready-for-use closure）具有免洗胶塞所有特性，并经过提前灭菌，保持无菌状态。

任务简介

按批生产指令将胶塞放入胶塞清洗机内进行清洗，并进行质量检查。胶塞清洗设备已完成设备验证，进行胶塞清洗工艺验证。工作完成后，对设备进行维护与保养。

实训设备

KJCS-E 超声波胶塞清洗机

采用全自动进料方式，胶塞可以在同一容器内进行清洗、硅化、在线清洗、纯蒸汽在线灭菌、热风循环干燥、辅助真空气相干燥和螺旋自动出料等，均连续运行。采用超声波空化清洗，清洗桶慢速旋转搅拌，清洗箱双侧溢流，清洗液循环过滤等，洗涤效果较好。纯化水和注射用水单独接入，能按生产工艺需要自动切换，避免两水混淆。系统控制阀门在所有工艺介质的压力满足设定要求时，方可开启，以保证设备正常运行。见图 6-4。

图 6-4 KJCS-E 超声波胶塞清洗机

实训过程

实训设备：KJCS-E 超声波胶塞清洗机。

进岗前按进入 D 级区要求进行着装，进岗后做好厂房、设备清洁卫生，并做好操作前的一切准备工作。

一、胶塞清洗准备与操作

1. 生产前准备

① 检查生产现场、设备及容器具的清洁状况，检查"清场合格证"，核对其有效期，确认符合生产要求。

② 检查房间的温湿度计、压差表有"校验合格证"并在有效期内。

③ 确认该房间的温湿度、压差符合规定要求，并做好温湿度、压差记录，确认水、电、气（汽）符合工艺要求，检查所有的管道、阀门及控制开关应无故障。

④ 检查、确认现场管理文件及记录准备齐全。

⑤ 生产前准备工作完成后，在房间及生产设备换上"生产中"状态标识。

2. 配件安装、检查、试运行

① 胶塞经物流通道拆去外包装，进入胶塞贮存间，经紫外传递窗（风机延时 99s）进入胶塞清洗岗位。

② 检查胶塞是否有"检验合格证"，同时检查胶塞是否有破损、厚薄不均等现象，应拣出堆放在指定位置。

③ 确认清洗胶塞注射用水的各项指标均合格，同时检查注射用水可见异物应合格后，方可用于胶塞洗涤。

④ 胶塞完全吸入设备腔体后，检查胶塞机进料斗门和出料门是否关好。

⑤ 打开注射用水、真空泵、蒸汽阀门、压缩空气阀门，检查各压力及真空度是否满足工艺要求。要求注射用水压力≥0.2MPa，压缩空气压力≥0.35MPa。

3. 操作过程

① 上料：打开进料真空吸料阀，由真空控制器控制，将胶塞吸入清洗腔内，然后关闭进料口盖。

② 开机：选择好清洗程序后，采用自动程序控制操作。

③ 粗洗：首先用过滤的注射用水进行喷淋粗洗 3～5min，喷淋水直接由箱体底部排水阀排出，然后进行混合漂洗 15～20min 即可，混洗后的水经排污阀排出。

④ 漂洗 1：粗洗后的胶塞经注射用水进行 10～15min 漂洗。

⑤ 中间控制：漂洗 1 结束后从取样口取洗涤水检查可见异物应合格，如果不合格，则继续用注射用水进行洗涤至合格。

⑥ 硅化：加硅油 0～20ml/箱次，硅化温度为≥80℃。

⑦ 漂洗 2：硅化后，排完腔体内的水后，再用注射用水漂洗 10～15min。

⑧ 中间控制：漂洗 2 结束后从取样口取洗涤水检查可见异物，如果不合格，则继续用注射用水进行洗涤至合格。

⑨ 灭菌：蒸汽湿热灭菌，温度大于 121℃，时间大于 15min，F_0 值大于 15。

⑩ 真空干燥：启动真空泵使真空压力不大于 0.09MPa，抽真空，然后打开进气阀，这样反复操作直至腔室内温度达 55℃方可停机。

4. 结束过程

① 清洗结束，关闭胶塞清洗机。将洁净胶塞盛于洁净不锈钢桶内（层流罩下）并贴上标签，标明品名、清洗编号、数量、卸料时间、有效期，并签名，灭菌后胶塞应在 24h 内使用。

② 生产结束后，按清场标准操作程序要求进行清场，做好房间、设备、容器等清洁记录。

③ 按要求完成记录填写。清场完毕，填写清场记录。上报 QA 检查，合格后，发"清场合格证"，挂"已清场"状态标识。

附1：KJCS-E 超声波胶塞清洗机标准操作程序

1. 生产前检查

① 检查生产设备的清洁状态，检查设备是否完好，应处于"设备完好"、"已清洁"状态。检查水、电是否到位，房间温湿度、压差是否正常。

② 检查设备各部件、配件是否齐全，紧固件有无松动。

③ 检查电器控制面板各仪表及按钮、开关是否完好。

④ 检查注射用水、纯蒸汽、冷却水、压缩空气的阀门。

2. 操作过程

① 在 D 级区域打开胶塞清洗灭菌机的电控柜主电源。

② 打开注射用水、纯蒸汽、冷却水、压缩空气；在开纯蒸汽阀门前，应先将管路中的冷凝水排净。

③ 通知 B 级区的操作者打开电源开关。

④ 当电源打开后，控制面板上的相关指示灯亮，按下"开门"按钮，打开腔室的门，拉出胶塞清洗桶，松开清洗桶上胶塞装入口的螺母，将胶塞装入清洗桶中，每个清洗桶装入胶塞 9000 个后，将装料口盖板盖回，旋紧螺母后将清洗桶送回至腔室，按"关门"按钮，指示灯亮。通知 B 级区人员可以开始运行。

⑤ B 级区人员输入操作密码，选择程序，进入参数设定画面，检查各参数设定值是否符合要求。

⑥ 检查完毕后返回程序，按"回车"键，进入该程序运行画面，分别输入产品代码、批号、操作者后，按"翻页"按钮进入实时记录画面，若无报警信息出现后，可按下显示屏上的"开机"按钮，停机指示灯灭，开机指示灯亮，开始按设定的程序运行，直至结束。

3. 结束过程

① 门上的层流罩应提前程序结束前半小时启动。

② 程序运行结束后，检查腔室内的温度是否低于腔室设定的开门温度，若高于开门温度，则门不能打开，控制面板上的开门指示灯未亮；若温度低于设定温度，则控制面板上的开门指示灯亮，按下"开门"按钮打开腔室的门，拉出清洗桶，将胶塞放入不锈钢贮存桶中。然后将清洗桶推回腔室中，关门。

③ 打开 D 级区域的门，拉出清洗桶，用无尘布擦洗腔室内壁，拉出腔室排污管中的滤网，将滤网清洗干净。

④ 将清洗桶内外壁用无尘布擦洗干净后，将清洗桶推回腔室中，关门，通知 B 级区人员将电源开关拨至"O"位置，拔出电源钥匙。

⑤ 关闭注射用水、纯蒸汽、冷却水、压缩空气阀。

4. 腔室安全温度的设定

① 在 B 级区的操作面板上，有腔室安全温度控制显示仪，可设定腔室的最高温度值和腔室开门时的最低温度值。超过最高温度值，机器将发出报警声，高于最低温度值，腔室的门不能再打开。

② 按下 "F" 钮，显示屏上将出现 A1 参数设定值，此为最低温度设定值，要进行温度的修改，按 "▲▼" 后至需设定的温度值；再次按下 "F" 钮，将显示 A2 参数设定值，此为最高温度设定值，要进行修改，按 "▲▼" 后至需设定的最高温度值。当温度设定结束后，等 10s 后，显示屏上将自动出现测定值。

附 2：胶塞清洗中间品的质量检查

检验：胶塞在使用前应检查其可见异物，合格后方可使用，QA 取胶塞样品检测干燥失重、无菌。

清洗过程中需进行微粒控制，以保证胶塞洁净。

胶塞澄明度：每个胶塞检出 $200\sim300\mu m$ 微粒不超过 2 个，无大于或等于 $300\mu m$ 的微粒。

二、胶塞清洗设备日常维护与保养

① 气动球阀在正常使用条件下，每 2 年应更换一次密封圈。

② 支承主轴的可调心滚动轴承采用钠脂或锂脂润滑，润滑脂每 1 年更换一次。

③ 摆线减速机每年更换一次润滑油。

④ 循环真空泵每年由专业人员进行一次检修。

⑤ 主传动轴口的二套机械密封的润滑油应使用硅油。

⑥ 蒸汽过滤器、呼吸过滤器，当流经它们的阻力大于规定阻力一倍时，应拆下清洗或更换滤芯。

⑦ 气源处理三联组合件应定期检查，雾化器应在无油时加入雾化油。

⑧ 电器控制柜内的元器件每年要进行一次检查、保养，检查接线的可靠性，必要时更换不正常的电子元件和控制线。

⑨ 胶塞清洗机中的其他与电源有关的部件、元器件每半年均应检查一次接线的可靠性。

⑩ 经常检查安全接地线的接触是否良好，一旦发生不良现象应及时更换。

⑪ 每 3 个月应对电接点压力表对应控制的压力范围进行一次核对。

⑫ 每月进行一次电气回路、蒸汽管路、冷却水管路和压缩空气管路的检查，如有故障应及时排除。

实训思考

1. 胶塞清洗机的清洗过程如何？

2. 胶塞清洗机的如何进行保养与维护？

任务三　清洗铝盖

■【能力目标】

1. 能根据批生产指令进行铝盖清洗岗位操作

2. 能描述铝盖清洗的生产工艺操作要点及其质量控制要点

3. 会按照铝盖清洗机的操作规程进行设备操作

4. 能对铝盖清洗工艺过程中间品进行质量检查
5. 会对铝盖清洗机进行清洁、保养

背景介绍

为防止压塞不严，保持容器内的无菌，需再使用铝盖，虽不直接接触药品，但也应经过适当清洗方可使用。

任务简介

按批生产指令将铝盖放入铝盖清洗机内进行清洗，并进行质量检查。铝盖清洗设备已完成设备验证，进行铝盖清洗工艺验证。工作完成后，对设备进行维护与保养。

实训设备

BGX-1 铝盖清洗机

BGX-1 铝盖清洗机经拌筒的滚动、搅拌、水循环系统的高速喷淋，以及压缩气体激起的泉涌、冲浪等作用，达到清洗的效果。见图 6-5。

图 6-5　BGX-1 铝盖清洗机

实训过程

实训设备：BGX-1 铝盖清洗机。

进岗前按进入一般生产区要求进行着装，进岗后做好厂房、设备清洁卫生，并做好操作前的一切准备工作。

一、铝盖清洗准备与操作

1. 生产前准备

①经检查生产现场、设备及容器具的清洁状况，检查"清场合格证"，核对其有效期，确认符合生产要求。

② 检查房间的温湿度计、压差表有"校验合格证"并在有效期内。

③ 确认该房间的温湿度、压差符合规定要求，并做好温湿度、压差记录，确认水、电、气（汽）符合工艺要求，检查所有的管道、阀门及控制开关应无故障。

④ 检查、确认现场管理文件及记录准备齐全。

⑤ 生产前准备工作完成后，在房间及生产设备换上"生产中"状态标识。

2. 生产过程

① 领料：领料员根据生产指令领取铝盖，核对规格、批号、数量等，由物流通道进入车间，经脱外包装后进入岗位。

② 装料：装好进料斗，将铝盖加入铝盖清洗机内。

③ 开机：设置粗洗时间、洗涤温度、漂洗时间、精洗时间、放水时间、冲洗时间、烘干温度等温度和时间参数，进入自动运行状态。

④ 粗洗：高压喷淋水冲洗铝盖，滚筒翻转，水流从放水口带走比重较重的杂质。

⑤ 漂洗：循环水注水，铝盖在滚筒中翻转漂洗，水流从溢流口带走密度较小的杂质。

⑥ 精洗：纯化水经过滤后由喷淋管喷出，对铝盖进行精洗。

⑦ 取样检查：合格后，进入下步操作，否则重复步骤④、⑤、⑥直至合格。

⑧ 冲洗：放掉清洗槽中的水，待水放尽后，开启水泵冲洗。

⑨ 烘干：开风机、加热，将水分蒸发排出。

⑩ 出料：在轧盖室装好出料斗，调好合适转速，自动出料。

3. 结束过程

① 铝盖清洗结束，关闭铝盖清洗机。将装有铝盖的聚乙烯袋袋口扎紧，并做好产品标识。

② 生产结束后，按清场标准操作程序要求进行清场，做好房间、设备、容器等清洁记录。

③ 按要求完成记录填写。清场完毕，填写清场记录。上报 QA 检查，合格后，发"清场合格证"，挂"已清场"状态标识。

4. 注意事项

① 开始烘干时，应打开排水口，排尽管道里的水，注意下批开始清洗时，要关掉排水口。

② 在烘干温度接近目标温度时，打开出水阀，排尽清洗桶里的余水有利于干燥程序的顺利进行。

附 1：全自动铝盖清洗机标准操作程序

1. 生产前检查

① 检查生产设备的清洁状态，检查设备是否完好，应处于"设备完好"、"已清洁"状态。检查水、电是否到位，房间温湿度、压差是否正常。

② 检查设备各部件、配件是否齐全，紧固件有无松动。

③ 检查机器润滑情况是否良好。

④ 检查电器控制面板各仪表及按钮、开关是否完好。

2. 操作过程

① 开总电源开关，打开出水阀检查清洗箱是否有水。

② 进铝盖：打开主机开关，调节主机频率为 50Hz，关闭进料闸门，待料斗满后，再打开进料闸门，让铝盖进入清洗桶，进料完成后，关闭进料闸门，调节主机频率为 15Hz。

③ 进水：打开纯水进水总阀，打开机器进水阀，当纯化水位至液位视镜的一半时，关闭进水阀。

④ 清洗：开喷淋阀，此时循环水泵启动，新水阀自动打开，控制纯水进水总阀，保持合适的溢流水量，控制喷淋时间20min，关闭喷淋阀，使循环水泵停止，新水阀自动关闭。

⑤ 排水：打开排水阀，排尽清洗桶内纯化水。

⑥ 干燥：设定干燥温度125℃，打开风机开关、加热开关，待温度达到125℃后，保持3h，关闭加热开关。

⑦ 冷却：将风门打开，待温度冷却至70℃时，关闭风机开关及风门。

⑧ 出料：打开出料门手柄，挂上料斗，打开料斗开关至"下"的位置，主机频率自动调节为60Hz，出料自动进行，出料完成后，将出料开关打至"上"的位置，关上出料门手柄。

3. 结束过程

① 工作完毕，断开电源，关闭铝盖清洗机，用镊子挑出筒内残留的盖子和异物。

② 用丝巾擦拭设备外表系统。

③ 每日生产结束后，打开纯水进水总阀、机器冲洗阀，冲洗10min。

④ 每日生产结束后，机器的内外壁及进料斗等部件用纯水清洗。

4. 注意事项

根据工艺需求及铝盖的实际情况，铝盖可直接进行灭菌干燥，时间可保持2h。

附2：铝盖清洗中间品质量控制

目视法检查铝盖的清洁和干燥程度，并同时检查铝盖表面的光泽（表面光泽应同清洗前基本一致）。

二、全自动铝盖清洗设备日常维护与保养

① 出料大门的两个折弯转轴，每班应从油嘴注入微量硅油。

② 主传动轴上的二套机械密封的密封面，每班应加入少量硅油。

③ 每班查看水阻和风阻大于规定阻力一倍时，应将水过滤器芯及空气过滤器拆下清洗或更换。

④ 查看空气雾化器，及时添加雾化油。

实训思考

铝盖采用何种方法灭菌？

任务四 灌 装

■【能力目标】

1. 能根据批生产指令进行冻干粉针灌装岗位操作

2. 能描述冻干粉针灌装的生产工艺操作要点及其质量控制要点
3. 会按照灌装机的操作规程进行设备操作
4. 能对冻干粉针灌装工艺过程中间产品进行质量检查
5. 会进行冻干粉针灌装岗位工艺验证
6. 会对冻干粉针灌装机进行清洁、保养

背景介绍

非最终灭菌产品的灌装必须在无菌环境下进行，并采用自动化灌封系统，且应安装在隔离器内，可最大限度减少污染风险。

任务简介

按批生产指令将配好的药液灌装入西林瓶内，并进行质量检查。灌装设备已完成设备验证，进行无菌灌装工艺验证。工作完成后，对设备进行维护与保养。

实训设备

YG-KGS8 型灌装机

本机是由送瓶转盘、绞龙输送、跟踪灌装、盖胶塞系统、出瓶轨道和电控等重要部分组成，依靠同步跟踪灌装装置带动针头一次完成灌装动作。通过转盘和绞龙送瓶，针头跟踪绞龙定位，灌装泵按照电控装置的快慢和装量的多少进行灌装。最后，进入滚轮式盖胶塞工位，半压塞或全压塞、出瓶等动作一次完成，适用于冻干粉针剂液体灌装。见图 6-6。

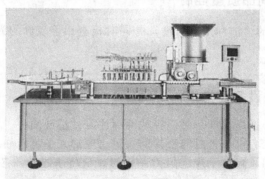

图 6-6　YG-KGS8 型灌装机

实训过程

实训设备：YG-KGS8 型灌装机。

进岗前按进入 A/B 级区要求进行着装，进岗后做好厂房、设备清洁卫生，并做好操作前的一切准备工作。

一、冻干粉针灌装准备与操作

1. 生产前准备

① 检查生产现场、设备及容器具的清洁状况，检查"清场合格证"，核对其有效期，确

认符合生产要求。

② 检查房间的温湿度计、压差表有"校验合格证"并在有效期内。

③ 确认该房间的温湿度、压差符合规定要求，并做好温湿度、压差记录，确认水、电、气（汽）符合工艺要求，检查所有的管道、阀门及控制开关应无故障。

④ 检查、确认现场管理文件及记录准备齐全。

⑤ 生产前准备工作完成后，在房间及生产设备换上"生产中"状态标识。

2. 设备安装配件、检查及试运行

① 检查配液器具是否清洗干净并贴上"待用"标识。

② 进入岗位后，启动 A 级层流罩，检查层流罩的运行是否正常。

③ 检查瓶、胶塞的澄明度，检查过滤后药液的澄明度是否符合要求，并按灌装指令单要求确认装量差异是否符合要求，当一切正常时，方可开机灌装。

3. 生产过程

① 瓶子准备：瓶子经洗瓶、隧道烘箱干燥、灭菌、除热原后经转盘、输送带、灌装机前转盘（全部带层流罩）进入灌装机（带层流罩）。

② 胶塞准备：胶塞经胶塞清洗机清洗、灭菌、干燥后进入胶塞贮藏室 A 级层流罩下用不锈钢桶加盖贮存，灌装时抬至灌装机旁，在灌装机 A 级层流罩下倒入胶塞振荡器中。

③ 药液准备：药液根据配液岗位的工作情况，等配液岗位准备好后进行无菌过滤（A 级层流）。

④ 过滤准备：无菌过滤前，应检查过滤器组件消毒灭菌记录，然后组装过滤器进行滤膜的完整性测试，按微孔滤膜的起泡点试验执行。滤膜完整性试验合格后，用真空将膜抽干。

⑤ 药液灌装：在接到配液岗位通知后，打开墙上的与配液间连接的管路通道，封好过滤管口，将过滤管插至配液间，由配液间人员操作，使其与配液容器连接。将过滤器组件与过滤容器连接，并连接好真空管和输液管，检查无误后开真空，开始抽滤。等过滤容器抽至体积的 2/3 时，关掉真空，将过滤器装至另一容器后，已装药液的容器压塞、封口后送至灌装机 A 级层流下，然后倒入盛液容器中，过滤容器压塞后送回过滤间使用，等本批药液过滤完毕后，拉出过滤管，盖回管路面板。

⑥ 放入冻干：操作者应及时将装满已灌装并半压塞瓶子的盘子沿 A 级层流保护通道送入冻干机中搁板上，在瓶子四周按上不锈钢边框后抽出底盘，每层搁板可放六个不锈钢盘。灌装结束后，关上冻干机门并锁紧，然后通知冻干岗位人员开机运行。

⑦ 灌装过程中应记录下列数据：每 2 小时记录隧道烘箱后转盘、灌装机前转盘、灌装机 A 级层流罩的压差；每 2 小时检查瓶子和半成品的澄明度；每 30 分钟检查每个注射器的装量差异。

4. 生产结束

① 在过滤准备阶段，由一人进行，其余两人进入冻干机出口间，开始上一批冻干箱的出箱准备。

② 当接到冻干岗位人员通知后，打开箱门，将瓶子从冻干机搁板上拉出后放到接盘上，送到轧盖转盘进口处，将瓶推入转盘中，同时通知轧盖岗位人员开始轧盖。

③ 冻干出箱结束后，关上箱门，通知冻干机操作员进行冻干机的在线清洗（C.I.P）和在线灭菌（S.I.P）程序，然后出箱人员对冻干机出口间进行清场，清场合格后准备下一批的灌装和进箱。

附1：YG-KGS8 灌装机标准操作程序

1. 生产前检查

① 检查生产设备的清洁状态，检查设备是否完好，应处于"设备完好"、"已清洁"状态。检查水、电是否到位，房间温湿度、压差是否正常。

② 检查设备各部件、配件是否齐全，紧固件有无松动。

③ 检查机器润滑情况是否良好。

④ 检查电器控制面板各仪表及按钮、开关是否完好。

2. 配件安装

① 开灌装机主电源，检查层流罩的工作是否正常，若"F1"、"F2"、"F3"指示灯亮，则相应的部件在工作，再按下"F1"、"F2"、"F3"，停止运行。

② 把已消毒好的硅胶管及两支注射器安装好，并把放药液的抽滤瓶下嘴和注射器进口连接好，注射器安装时，一定要小心，平握筒、塞交接处，先固定上面，再固定下面，整个注射器支架应松而不晃动。

③ 往胶塞斗中加胶塞使胶塞将斗中心的转轴淹没，同时，检查胶塞是否已进入转盘。

④ 上述工作完成后，关闭所有的门。

3. 操作过程

① 当隧道开始正常运行，瓶子已进到转盘时，开进瓶转盘电源，启动转盘。

② 控制面板上的电源指示灯亮，再次按下"F1"、"F2"、"F3"，相应的瓶进口网带、胶塞振荡器、胶塞进口网带开始运行，插入点动器，准备装量调节。

③ 开始灌装前，先用翻页钮进入显示屏进行装量调节，按下"clear"，用装量调节钮把装量调到"4000"，用点动器进行点动，排尽硅胶管路中的气泡。

④ 气泡排完后，再按装量调节，把装量调至生产需要的相应量，进行灌装，灌装两圈星轮后，取样送化验室进行标示量检测，检测合格后，再进行灌装。

⑤ 装量调节结束后，拔出点动器，按"复位"按钮，此时可正常生产，按下"开机"按钮，机器将按设定的程序运行。

⑥ 显示屏上将出现的几个参数为：

INS，speed——主机速度，它随着星轮转速的调节进行变化，一般星轮调至915，对应主机速度为108P/m。

Counter pcs——当前生产量

Filling adjust——灌装量调节

Cams adjust——凸轮调节

Enter password——输入密码

⑦ 当药液灌装结束，把进料液处的抽瓶用新鲜的注射用水冲洗后，再放适量的新鲜注射用水对灌装系统进行顶洗，收集顶洗液测效价，再继续用水冲洗，取废液测效价，同时取出胶塞轨道中的胶塞以及输送带上的瓶子进行清场，顶洗液送冷库中冷藏并进行合理再用。

⑧ 关机：当灌装、冲洗结束后，关闭转盘电源、灌装主机电源。

4. 结束过程

① 灌装结束后，取出注射器上的硅胶管后，再极为小心地取下注射器，注意卸下的应先松中间部件，再松下面，最后手握筒、塞交接处，轻轻地从支架凹槽中取出来，内

用注射用水冲洗干净后放置于不锈钢盘中，置于消毒柜里，准备消毒再用。

② 拆卸完毕，用新鲜注射用水对设备内外进行擦拭一遍，再用 75％乙醇溶液进行擦拭，擦拭时，特别是转盘、输送带及星轮、胶塞斗、胶塞轨道等要认真，仔细地擦，以免产生死角。

附 2：灌装中间品的质量检查

冻干粉针灌装中间品需进行以下项目的控制。

① 瓶子澄明度：每瓶检出 $200 \sim 300 \mu m$ 的微粒不超过 2 个，无大于 $300 \mu m$ 的微粒。

② 胶塞：每个胶塞检出 $200 \sim 300 \mu m$ 的微粒不超过 2 个，无大于 $300 \mu m$ 的微粒。

③ 装量差异：标准装量 $\pm 7.5\％$。

二、粉针灌装工序工艺验证

1. 验证目的

粉针灌装工序工艺验证主要针对药液可见异物、灌装效果进行考察，评价灌装工艺稳定性。

2. 验证项目和标准

工艺条件：包括灌装药液的可见异物，药液从稀释到灌装的时间限制等。

验证程序：按制定的工艺规程灌装。在灌装过程中每 30 分钟取样 1 次，检测药液可见异物。灌装生产操作人员在生产过程中负责控制装量，质量监控员在正式灌装生产前及生产过程中负责抽样检查装量。

合格标准：药液可见异物符合质量标准要求，注射剂装量应符合规定。

三、粉针剂灌装设备日常维护与保养

保证机器各部件的润滑。

① 灌装架的跟踪部件上的机油室，用于跟踪机构的纵向移动滑块的润滑。

② 各齿轮、链轮、凸轮工作部件每周加一次润滑脂，其他传动部件每天加一次润滑脂，带座球轴承每月加一次润滑脂。

③ 灌装升降、跟踪凸轮传动的润滑。

④ 蜗轮蜗杆减速机在出厂前已加好油。正常情况下，设备半年后更换一次，以后每一年更换一次。

实训思考

1. 药液灌装前要做哪些准备工作？

2. 灌装过程中需进行哪些检查？

任务五 冻 干

【能力目标】

1. 能根据批生产指令进行冻干岗位操作

2. 能描述冻干的生产工艺操作要点及其质量控制要点
3. 会按照冻干机的操作规程进行设备操作
4. 能对冻干工艺过程中间产品进行质量检查
5. 会进行冻干岗位工艺验证
6. 会对冻干机进行清洁、保养

背景介绍

冻干全称真空冷冻干燥，是将含水物料冷冻至共晶点以下，凝结成固体后，在适当真空度下逐渐升温，利用水的升华性能使冰直接升华为水蒸气，再利用真空系统中的冷凝器将水蒸气冷凝，使物料低温脱水而达到干燥目的的一种技术。该过程包括了三个步骤：预冻、一次干燥（升华）、二次干燥（解吸附）。

任务简介

按批生产指令将冻干机内的药液进行冻干，并进行质量检查。冻干机已完成设备验证，进行冻干工艺验证。工作完成后，对设备进行维护与保养。

实训设备

DX 系列真空冷冻干燥机

图 6-7　DX 系列真空冷冻干燥机

DX 系列真空冷冻干燥机见图 6-7，采用优质不锈钢制造，具有以下特点：①冷凝器结构紧凑，捕水能力大，不需使用扩散原也能达到高真空度要求，因此设备的能耗低；②采用液体循环进行冷却和加热在 −40～70℃ 维持同一搁板的不同位置及板与板之间温差控制在 ±1℃，保证整批产品质量均一；③配置有自动压塞装置，避免了产品与外界的接触，保证了产品的纯度，板层能上下自由移动，便于进、出料及设备的清洗消毒；④控制系统采用程式输入的先进装置，设备能正确地自动运行，并且将整个冻干周期内的数据记录、打印，供保存和分析；⑤采用综合报警系统和联锁控制机构，可避免产品在操作失误或配套设施出错时受到损失；⑥配置有限量泄漏控制仪，可缩短冻干周期 2～3h。

实训过程

实训设备：DX 系列真空冷冻干燥机。

进岗前按进入一般生产区要求进行着装，进岗后做好厂房、设备清洁卫生，并做好操作前的一切准备工作。

一、冻干准备与操作

1. 生产前准备

① 检查生产现场、设备及容器具的清洁状况，检查"清场合格证"，核对其有效期，确认符合生产要求。

② 检查房间的温湿度计、压差表有"校验合格证"并在有效期内。

③ 确认该房间的温湿度、压差符合规定要求，并做好温湿度、压差记录，确认水、电、气（汽）符合工艺要求，检查所有的管道、阀门及控制开关应无故障。

④ 检查、确认现场管理文件及记录准备齐全。

⑤ 生产前准备工作完成后，在房间及生产设备换上"生产中"状态标识。

2. 生产过程

① 确认物料：与灌装岗位工作人员联系，确认冻干机内已放入待冻干物品。

② 设置程序：根据待冻干药物的冻干曲线设置程序，进行产品冻干。

③ 预冻：冻干箱内缓慢制冷，使产品从液态转化为固态，使制品完全冻结。

④ 升华干燥：当制品温度达到$-35℃$以下的温度时并保持一段时间，一般为 1h，每块板的制品温度都达到这个温度，然后打开压缩机对冷凝器进行降温，后箱冷凝器温度降至$-45℃$以下并保持一段时间。打开真空泵 5min 后，打开小蝶阀，这时真空泵对冷凝器进行抽真空，对后箱抽 20min 后，打开大蝶阀，真空泵对整个系统抽真空，当干燥箱内真空度达到 13.33Pa 以下，关闭冷冻机通过搁置板下的加热系统缓缓加温，供给制品在升华过程中所需的热量，使冻结产品的温度逐渐升高至$-20℃$，药液中的水分就可升华，最后可基本除尽，然后转入再干燥阶段。

⑤ 二次干燥：在冻干过程中，升华阶段用去了大部分干燥时间，当产品中的冻结冰已不存在时，升华阶段应结束，但制品中还剩下 5%～10% 的水分，并没达到工艺要求，要进行二次干燥。二次干燥温度，根据制品性质确定，一般保持 2h 左右，整个冻干过程即结束。

⑥ 每个冻干过程均需进行压力测试，符合要求程序再继续运行。

⑦ 程序运行完成，进行压塞后再出箱。

3. 生产结束

① 产品完全出箱后，开启化霜程序进行除霜，待冷阱内无霜即可关闭冻干机。

② 生产结束后，按清场标准操作程序要求进行清场，做好房间、设备、容器等清洁记录。

③ 按要求完成记录填写。清场完毕，填写清场记录。上报 QA 检查，合格后，发"清场合格证"，挂"已清场"状态标识。

4. 异常情况及处理

① 含水量偏高：装入容器液层过厚，干燥过程热量供给不足、真空度不够、冷凝器温度偏高，可采用旋转冷冻机及其他相应方法。

② 喷瓶：主要原因是制冷温度过高，局部过热，制品熔化成液体，在高真空条件下，液体从固体界面下喷出来。

5. 注意事项

① 冻干机开机前一定认真检查各部位运行情况，真空泵、压缩机开动时，不许用手直接接触，出现故障时要停机维修，维修时切断电源，挂上明显指示标识。

② 压力表及压缩机按规定使用，压力表应有合格证。

③ 开机前首先打开冷却水，相关的制冷阀门都处于开的状态。

附：DX 系列冷冻干燥机标准操作程序

1. 生产前检查

① 检查生产设备的清洁状态，检查设备是否完好，应处于"设备完好"、"已清洁"状态。检查水、电是否到位，房间温湿度、压差是否正常。

② 检查设备各部件、配件是否齐全，紧固件有无松动。

③ 检查机器润滑情况是否良好。

④ 检查电器控制面板各仪表及按钮、开关是否完好。

2. 配件安装

① 开冻干机主电源，检查电源是否正常。

② 开电脑电源和显示器电源，检查各部分连接是否正常，进入冻干画面，是否有报警信息，电源、可编程控制器（PLC）、记录仪、压缩空气的画面变为绿色。

③ 检查供给冻干机正常工作的冷却水阀门是否已开，压力是否正常。

④ 检查冻干机腔室是否已清洗和灭菌，若未经清洗和灭菌处理，则需进行清洗和灭菌处理后才能进箱。

3. 操作过程

（1）进箱

① 将冻干机控制箱上的压塞开关拨至"1"的位置，搁板升降电源开关拨至"1"的位置，打开冻干机箱门，按下搁板升降电源开关，将最上层搁板放至箱体一半处，使操作者易于操作。

② 将灌装半压塞的西林瓶盘子从最上层开始摆放，每层放六盘，放满后将搁板升高，放第二层，依次类推，直至冻干箱每层搁板全部放满为止。

③ 若灌装量不足时，则应先装满上层，最好留下一层搁板，便于压塞。

④ 灌装结束后，关上箱门，通知冻干机操作人员准备开机。

（2）开机

① 在冻干主画面上，打开操作密码开关，输入操作密码，按"回车"键，接受后按下冻干主画面右边的"全自动"按钮，进入记录曲线画面，按下"程序"按钮，检查程序是否符合产品要求，若不对，按下主画面底部的"程序"按钮，进入程序选择画面，点击在 PLC 程序名称右边的程序名，输入需选择的程序名，确认无误后，退回冻干主画面，按下主画面右边的"启动自动控制"按钮，此按钮变为绿色，主画面上部的冻干、全自动指示灯变为绿色，主画面底部的"冻干"按钮指示灯闪烁变绿。

② 冻干程序启动后，相应的压缩机、真空泵按设定的程序开始运行，主画面上相应的设备状态会发生变化，具体变化见表 6-3。

③ 在程序运行过程中，当发生故障时，在冻干主画面的报警区会出现报警信息，并发出警报声，同时控制柜上的"警报"按钮指示灯亮，按下此按钮，警报被接受，报警信息由红色变为绿色，排除故障后机器将按程序继续运行。

④ 在程序运行过程中，当一次干燥结束时，程序将执行一次压力测试试验，符合测试要求后进入二次干燥阶段，否则需重新调整一次干燥程序。

⑤ 在完成二次干燥时，程序将再次执行压力测试试验，符合要求后会发出停机信息，确认无误后程序停止运行。

表 6-3　主画面设备状态表示法

设 备 名 称	开	关	报 警
阀门	浅绿色	黄色(底色)	—
泵	浅绿色	深绿色	红色(闪烁)
加热器	红紫色	深绿色	红色(闪烁)
压缩机	浅蓝色	深蓝色	红色
冷凝器与腔室阀门	浅绿色	棕色	红色
硅油贮罐	正常液位→蓝色		低液位→红色
腔室	空→黑色	空气→紫罗蓝色	蒸汽→红色
冷凝器	空→黑色	空气→紫罗蓝色	蒸汽→红色
边线和搁板	冷循环→浅蓝色	热循环→红色	无循环→黑灰
硅油冷却转换	静态→深蓝色		冷凝→浅蓝色
硅油加热转换	红色→自动调温器报警		深绿色→OK

⑥ 程序在运行过程中,若需检查程序的执行情况,按下主画面右边的"自动控制"按钮,将进入控制曲线屏,将显示程序执行步骤,已完成的时间;按下"程序"按钮,将进入程序显示屏,显示正在运行的程序阶段。

(3) 压塞　将控制柜上的压塞开关拨至"1"位置,开关指示灯亮,将冻干箱视镜旁边的电控柜上的隔板升降电源开关拨至"0"位置,可在普通区压塞;拨至"1"位置,则在洁净区压塞。按下搁板电源"下降"按钮,打开视镜灯,观察搁板下降至胶塞全部压入瓶子后,停止下降,按"上升"按钮使搁板上升至正常高度。最后将控制柜的压塞拨至"0"位置,开关指示灯灭。

(4) 放气　压塞结束后,准备出箱前,开箱门前的层流罩,将放气开关拨至"1"位置,开关指示灯亮,开始进气,直至箱内达到常压。最后将放气开关拨至"0"位置,开关指示灯灭。

(5) 出箱　常压化后,松开箱门上的压紧螺钉,开箱门,将冻干好的西林瓶整盘拉出,送至轧盖进料区,全部拉出后关箱门,通知冻干机操作人员进行腔室的清洗和消毒处理。

(6) 化霜　冻干结束时,检查是否有纯蒸汽,在冻干机主画面底部按下"化霜"按钮,进入化霜屏,将控制柜上的化霜开关拨至"1"位置,开关指示灯亮,冻干机冷凝器将按设定的程序运行,直至结束,最后将化霜开关拨至"0"位置,开关指示灯灭。

4. 结束过程

① 出箱结束后,开始腔室和冷凝器的清洗程序,先开清洗水贮罐的水开关,再开贮罐旁的水泵电源开关,回到电脑显示屏前,在冻干主画面底部按下"C.I.P."按钮,进入清洗屏,按下"清洗程序"按钮,选择清洗步骤,确认后退出程序设定屏,回至清洗屏。将控制柜上的"C.I.P."开关拨至"1"位置,开关指示灯亮,清洗将按选择的清洗步骤进行,直至清洗结束,关闭进水阀及水泵电源按钮,退出清洗屏,回至冻干主画面,最后将"C.I.P."开关拨至"0"位置,开关指示灯灭。

② 消毒：腔室清洗结束后，检查纯蒸汽的供应情况，准备开始消毒程序，将冻干主画面底部的"消毒"按钮按下，进入消毒画面，按下"设定"按钮，检查程序设定的消毒条件是否符合要求，即温度 121℃，时间 30 min，确认无误后退出，将控制柜上的灭菌开关拨至"1"位置，开关指示灯亮，消毒程序开始运行，直到结束。

二、冻干工序工艺验证

1. 验证目的

冻干工序工艺验证主要针对冻干工艺参数，冻干效果进行考察，评价冻干工艺稳定性。

2. 验证项目和标准

验证程序：按制定的工艺规程冻干。连续生产 3 批，对制品冷冻最低温度、保温时间、一次干燥时间、二次干燥时间等参数进行检测，核对设备自动记录。评价冻干工艺参数符合产品质量的要求。

合格标准：冷冻最低温度：－60℃　保温时间：12h

一次干燥时间：8h　　二次干燥时间：4h

外观：产品应为疏松完整块状物。

三、冻干设备日常维护与保养

1. 制冷系统

① 检查所有截止阀（压缩机吸、排气阀，供液阀，手阀等）是否处于开启状态，且读数是否正常。

② 开机查看压缩机运行声音是否正常，如果异常先检查供电的三相电是否平衡。

③ 查看制冷管是否有异常振动，如果有，则采用相应的固定措施。

④ 检查各项运行参数，如有异常查明原因进行处理。

2. 真空系统

① 开启真空泵之前检查真空泵油位是否位于视镜约 1/2 处，如不足及时添加。

② 真空泵对箱体开始抽真空前，确保后箱是干燥的，如果有水汽，则要使冷凝器温度低于－45℃。

③ 检查泵是否能够在正常的时间内抽到极限真空，观察真空泵运行时是否产生杂音，真空油泵和泵头上的连接部分是否存在松动现象，如有问题进行处理。

④ 每周打开真空泵气振阀，在空载的情况下运行 2h 左右检查泵体是否漏油，工作是否有杂音，如有问题进行处理。

3. 循环系统

① 开机前检查循环泵的运转方向（绿色指示灯亮为正常，红色指示灯亮为反向）。

② 检查平衡桶液位、循环泵压力、导热油温度等参数是否正常，如有异常查找原因进行解决。

4. 气动系统

① 确认气压是否正常，如有异常进行调整。

② 检查润滑器润滑油液位是否正常，如缺少及时添加。

5. 在位消毒系统

① 开机前对管道、安全阀门、疏水器、进汽/排汽阀门、检查门和门安全系统进行检查，如有异常及时处理。

② 开启蒸汽灭菌前务必确保门安全位置。

实训思考

1. 开启真空泵前应符合怎样的条件，为什么？
2. 冻干机冻干结束，产品出箱后，除一般的清场工作外还需进行哪些工作？
3. 冻干产品出现皱缩，可能是什么原因？

任务六 轧 盖

■ 【能力目标】

1. 能根据批生产指令进行轧盖岗位操作
2. 能描述轧盖的生产工艺操作要点及其质量控制要点
3. 会按照轧盖机的操作规程进行设备操作
4. 能对轧盖工艺过程中间产品进行质量检查
5. 会进行轧盖岗位工艺验证
6. 会对轧盖机进行清洁、保养

背景介绍

轧盖的目的是轧紧瓶颈处已压的胶塞，从而保证产品在长时间内的完整性和无菌性。轧盖会产生大量的金属颗粒，影响洁净区环境，故轧盖区的设计应保证轧盖过程不会对环境要求更高的灌装间及灌装过程造成污染。

任务简介

按批生产指令将冻干压塞好的瓶子进行轧盖，并进行质量检查。轧盖机已完成设备验证，进行轧盖工艺验证。工作完成后，对设备进行维护与保养。

实训设备

KYG400 型轧盖机

本机完成上盖、带盖、轧盖、计数等工序，具有以下特点：①单刀轧盖方式（瓶子自转和公转，轧刀公转）；②低噪声电磁振荡器，具有铝盖的监控装置，实现无盖停机功能；③机器上所有台面无焊缝、无死角，清洗方便；④良好的电气控制系统，在运行中保持电器散热良好；⑤操作面高出台面 250mm，可以有效地保护操作面的层流不混流。本机主要用于 2~50ml 西林瓶的轧盖。见图 6-8。

实训过程

实训设备：KYG400 型轧盖机。
进岗前按进入 D 级区要求进行着装，进岗后做好厂房、设备清洁卫生，并做好操作前的一切准备工作。

图 6-8　KYG400 型轧盖机

一、轧盖准备与操作

1. 生产前准备

① 检查生产现场、设备及容器具的清洁状况，检查"清场合格证"，核对其有效期，确认符合生产要求。

② 检查房间的温湿度计、压差表有"校验合格证"并在有效期内。

③ 确认该房间的温湿度、压差符合规定要求，并做好温湿度、压差记录，确认水、电、气（汽）符合工艺要求，检查所有的管道、阀门及控制开关应无故障。

④ 检查、确认现场管理文件及记录准备齐全。

⑤ 生产前准备工作完成后，在房间及生产设备换上"生产中"状态标识。

2. 生产过程

① 铝盖经铝盖清洗机干燥后，置于有盖的不锈钢桶里封好，贴挂标识卡，注明品名、数量、灭菌时间，24h 有效期使用。

② 打开铝盖贮存桶，将铝盖倒入铝盖振荡器。

③ 启动轧盖机，调整好压盖紧密度，使铝盖包口合适整平，不得有裙边和松动等现象，以三指拧盖顺时针旋转不动为限，如有松动返工重轧。

④ 各项试车检查合格后，将冻干合格的半成品放入轧盖机进料旋转转盘中，开始正式生产。

⑤ 生产过程中随时进行轧盖质量检查，挑出不合格铝盖、次盖、裙边等半成品，松动瓶需返工重轧。铝盖振荡器中应保持一定量的铝盖，操作者随时注意轨道上铝盖量，以免漏轧。返工轧盖应在轧盖区进行，尽量不使胶塞翘离瓶口，如有胶塞翘离瓶口，造成污染，此药瓶按废品处理。

3. 生产结束

① 轧盖结束，关闭轧盖机。将装有轧好盖瓶子的聚乙烯袋袋口扎紧，送至中间站，并做好产品标识，剩余铝盖返回准备岗位。

② 经生产结束后，按清场标准操作程序要求进行清场，做好房间、设备、容器等清洁记录。

③ 按要求完成记录填写。清场完毕，填写清场记录。上报 QA 检查，合格后，发"清场合格证"，挂"已清场"状态标识。

4. 注意事项

① 轧盖机运行中手或工具不得伸入转动部位，轧道上有倒瓶现象可用镊子夹起。

② 检查轧盖有松动时，要停机调整。

③ 轧道口有卡瓶现象应停机清除玻璃屑，检查碎瓶原因，并排出故障，方可开机。

附 1：KYG400 型轧盖机操作程序

1. 生产前检查

① 检查生产设备的清洁状态，检查设备是否完好，应处于"设备完好"、"已清洁"状态。检查水、电是否到位，房间温湿度、压差是否正常。

② 检查设备各部件、配件及模具是否齐全，紧固件有无松动。

③ 检查机器润滑情况是否良好。

④ 检查电器控制面板各仪表及按钮、开关是否完好。

2. 操作过程

① 先在振荡器上倒入铝盖，打开总电源，显示屏将显示机器的相关信息。按电源开关，然后再按"F4"键，调整合适的振荡器速度，以满足主机的运行速度。

② 按"F2"、"F3"键，以分别确认皮带和主机的运行速度。

③ 确认分装机后转盘和传送带已启动，瓶子已到位后，按"启动"键，同时开启轧盖机输出传送带，再次按下"启动"键，机器进入生产状态。

④ 开机初，先以低速试轧几十瓶，检查轧盖质量。若质量合格，再调整主机、皮带的运行速度，进入正常生产速度。在生产过程中随时检查轧盖质量，若发现轧盖轧得不好，应停机检查，找出所在轧盖刀口的号码，进行调整，至正常状态。

3. 结束过程

① 按"停止"键，主机停机；再次按下，传送带停止工作。

② 每天生产结束后，对机器台面、表面、振荡器、铝盖通道、轧盖刀口部位，先用注射用水擦洗，然后再用 75％乙醇溶液擦洗。

附 2：轧盖中间品的质量检查

轧盖中间品检查主要进行外观检查和气密性检查。

① 外观检查：封口圆整光滑，不松动。

② 气密性检查：按气密性检查方法检查，应全部合格。

二、轧盖工序工艺验证

1. 验证目的

轧盖工序工艺验证主要针对轧盖后西林瓶气密性进行考察，评价轧盖工艺稳定性。

2. 验证项目和标准

① 验证程序：按制定的工艺规程轧盖。用充有水的注射器注射入西林瓶内，观察注射器水能否自动吸入瓶内，连续 3 次并记录。

② 合格标准：3 个手指拧铝塑盖不应有松动现象，水能够自动吸入西林瓶。

三、轧盖设备日常维护与保养

① 检查气源压力，如有变化进行调整。

②　检查安全门传感器，如有故障进行处理。

③　检查设备各工位模具位置，位置有偏差进行调整。

④　紧固模具固定螺栓。

⑤　擦拭光电传感器探头并测试其灵敏度。

⑥　开机试运行查看设备运行状态。

实训思考

轧盖封口不严应怎样调整？

项目四

成品质量检验

任务 冻干粉针质量检验

【能力目标】

1. 能根据 SOP 进行冻干粉针的质量检验
2. 能描述冻干粉针质量检验项目和操作要点

背景介绍

冻干粉针的质量检查项目与注射液的不同之处在于需检查装量差异和不溶性微粒。

任务简介

进行冻干粉针的质量检查。

实训过程

一、解读注射用氨曲南质量标准

1. 成品质量标准

注射用氨曲南成品质量标准，见表 6-4。

表 6-4　注射用氨曲南成品质量标准

检测项目	标准	
	法规标准	稳定性标准
性状	白色或类白色疏松块状物	白色或类白色疏松块状物
鉴别	含量测定色谱图中，与对照品溶液主峰保留时间一致	含量测定色谱图中，与对照品溶液主峰保留时间一致
含量	90.0%～115.0%	90.0%～115.0%
pH 值	4.5～7.5	4.5～7.5
溶液澄清度与颜色	≤1 号浊度标准液 ≤黄色 4 号标准比色液	≤1 号浊度标准液 ≤黄色 4 号标准比色液

续表

检测项目	标　准	
	法规标准	稳定性标准
有关物质	符合规定	符合规定
细菌内毒素	0.17EU/mg	0.17EU/mg
水分	<2.0%	<2.0%
无菌	符合规定	符合规定
不溶性微粒	含 $10\mu m$ 及以上的微粒不超过 6000 粒，含 $25\mu m$ 及以上的微粒不超过 600 粒	含 $10\mu m$ 及以上的微粒不超过 6000 粒，含 $25\mu m$ 及以上的微粒不超过 600 粒

2. 中间品质量标准

注射用氨曲南中间品质量标准，见表 6-5。

表 6-5　注射用氨曲南中间品质量标准

中间产品名称	检测项目	标准
灌封中间品	装量差异	符合规定
	封口质量	符合规定

3. 贮存条件和有效期规定

① 贮存条件：密闭保存。

② 有效期：24 个月。

二、注射用氨曲南的质量检测

1. 性状

目测，性状符合表 6-4 标准。

2. 鉴别

照表 6-4 含量测定项下的方法试验，供试品溶液主峰保留时间应与对照品溶液一致。

3. pH 值

加水制成每 1 毫升中约含氨曲南 0.1g 的溶液，依法测定 pH 应为 4.5～7.5。

4. 溶液澄清度

取 5 瓶，分别加水制成每 1 毫升中约含氨曲南 0.1g 的溶液，溶液应澄清无色；如显浑浊，与 1 号浊度标准液比较，均不得更浓；如显色，与黄色或黄绿色 4 号标准比色液比较，均不得更深。浊度标准液配制方法按《中国药典》附录ⅨB 澄清度检查法配制。

5. 水分

照水分测定法测定，含水分不超过 2.0%。

6. 细菌内毒素

取本品，采用凝胶法或光度测定法按《中国药典》附录Ⅺ E 进行细菌内毒素的测定，每 1 毫克中含内毒素的量不得超过 0.17EU。

7. 无菌检查

取不得少于 2 瓶，加灭菌注射用水制成 1ml 含氨曲南 0.01g 的溶液，用薄膜过滤法处理，以金黄色葡萄球菌为阳性对照菌，按《中国药典》附录Ⅺ H 无菌检查法应符合规定。

8. 含量测定

采用高效液相色谱法测定。

① HPLC 色谱条件：流动相水-甲醇（80：20）配制的含 0.005mol/L 辛烷磺酸钠和 0.02mol/L 磷酸二氢钾并用磷酸调节 pH 值至 2.6 的溶液为流动相（必要时调节甲醇的含量和 pH 值），检测波长是 206nm。

② 供试液配制：精密称定约 0.18g，置 100ml 量瓶中，加流动相溶解并稀释至刻度，摇匀，精密量取 5ml，置 25ml 量瓶中，用流动相稀释至刻度，摇匀，即得。

③ 对照品配制：取氨曲南对照品约 25mg，精氨酸对照品约 20mg，分别精密称定，置 25ml 量瓶中，加流动相溶解并稀释至刻度，摇匀；精密量取 5ml。置另一 25ml 量瓶中，用流动相稀释至刻度，摇匀，即得。

④ 系统适应性：精密称取氨曲南对照品和氨曲南反式异构体对照品各 5mg，置 100ml 量瓶中，用流动相溶解并稀释至刻度，摇匀，量取 20μl 进样，氨曲南峰和氨曲南反式异构体峰的分离度应不小于 3.0。计算数次进样结果，其相对标准差 RSD 不得过 20%。

⑤ 量取 20μl 注入液相色谱仪。外标法以峰面积计算，即得。

实训思考

1. 冻干粉针的质量检查项目有哪些？
2. 冻干粉针在线检查项目有哪些？

项目五

包装贮存

任务 粉针剂包装

【能力目标】

1. 能根据批生产指令进行粉针剂包装岗位操作
2. 能描述粉针剂包装的生产工艺操作要点及其质量控制要点
3. 会按照贴签机、包装机等的操作规程进行设备操作
4. 能对粉针剂包装工艺过程中间产品进行质量检查
5. 会进行包装工序工艺验证
6. 会对贴签机进行清洁、保养

背景介绍

粉针剂在包装前仍需进行灯检，一般采用流水线上人工目检，剔除不合格品后，顺传送带直接进入包装岗位。

任务简介

按批生产指令将检验合格的半成品进行包装，并进行质量检查。包装设备已完成设备验证，进行包装工艺验证。工作完成后，对设备进行维护与保养。

实训设备

一、JTB 型全自动不干胶贴签机

本机能自动完成口服液瓶、西林瓶以及其他各类瓶子的不干胶贴签，引用热打印机头，微电脑全程控制，无瓶不出签。见图 6-9。

二、TQ 系列贴签机

本机器自动化程度高，能自动贴标签，自动打印生产批号及失效期，具有以下特点：①无瓶不贴签，不打印；②直线吸签方法结构简单；③可配两个独立加有消声器的干式真空泵，消除了油泵的油烟污染；④通过使用位置传感器系统实现全机自动化；⑤变频主电机从

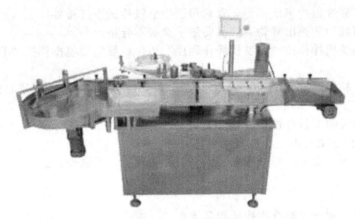

图 6-9　JTB 型全自动不干胶贴签机

零到额定转速的无级调速。见图 6-10。

图 6-10　TQ 系列贴签机

实训过程

实训设备：JTB 型全自动不干胶贴签机或 TQ 系列贴签机。

进岗前按进入一般生产区要求进行着装，进岗后做好厂房、设备清洁卫生，并做好操作前的一切准备工作。

一、粉针剂包装准备与操作

1. 生产前准备

① 检查生产现场、设备及容器具的清洁状况，检查"清场合格证"，核对其有效期，确认符合生产要求。

② 检查房间的温湿度计、压差表有"校验合格证"并在有效期内。

③ 确认该房间的温湿度、压差符合规定要求，并做好温湿度、压差记录，确认水、电、气（汽）符合工艺要求，检查所有的管道、阀门及控制开关应无故障。

④ 检查、确认现场管理文件及记录准备齐全。

⑤ 生产前准备工作完成后，在房间及生产设备换上"生产中"状态标识。

2. 生产过程

① 按包装指令单向车间物料管理员领取标签及包装物料，双方应核对无误后签字，由物料运输人员运送至岗位。

② 检查标签质量、贴签质量、小盒质量、大箱质量、标签批号是否合格。

③ 经轧盖机轧好盖的半成品经轧盖后传送带分段传送至灯检处。

④ 灯检：目视检测挑出异物、产品萎缩不全等不合格产品。

⑤ 不干胶贴签机操作按"贴签机操作程序"操作；纸签贴签操作按"TQ-3型贴签机操作程序"操作。

⑥ 贴签：灯检后经传递带送至贴签机，贴好标签的产品按不同产品的包装要求放入盒中，盒内放入说明书，贴好检封，放入大箱，打包而成，作待检品寄存仓库。

⑦ 说明书由说明书折叠机折叠，小盒批号由小盒批号打印机打印，大箱批号由大箱批号打印机打印，标签批号由贴签机自动打印。

⑧ 生产过程中，每2小时抽查贴签质量、装箱质量、装盒质量。

3. 生产结束

① 关闭电源。

② 打包完成的成品运至仓库作待检品寄存。

附1：JTB型全自动不干胶贴签机标准操作程序

1. 生产前检查

① 检查生产设备的清洁状态，检查设备是否完好，应处于"设备完好"、"已清洁"状态。检查水、电是否到位，房间温湿度、压差是否正常。

② 检查设备各部件、配件及模具是否齐全，紧固件有无松动。

③ 检查机器润滑情况是否良好。

④ 检查电器控制面板各仪表及按钮、开关是否完好。

2. 配件安装

① 按包装指令单领取标签，根据贴签机的线路指示连接好标签。

② 按指令单的批号调整贴签机上的批号打印钢字。

③ 调整批号打印位置至标签上规定的位置。

④ 调整批号感应器位置，确认标签品种、批号、批号位置无误后，准备生产。

3. 操作过程

① 检查压缩空气开关是否已开，打开主电源，调整产品传入、输出传送带的速度至生产线正常生产速度，按"运行"按钮，试贴几瓶检查贴签质量合格后，即可投入正式生产。

② 生产过程中机器将自动检查贴签质量，对不合格的贴签自动将瓶子吹入回收筒中，不流入下道工序，对连续出现的不合格现象，将自动停机，并在显示屏上显示出错信息。

③ 生产过程中贴签产量和次品数量在显示屏上自动显示。

④ 人工检查：在生产过程中，操作人员应经常检查贴签的质量，以及批号的位置是否正确。

4. 结束过程

① 工作完毕，断开电源，及时对转盘及传送带和机器表面进行清洁，用湿抹布擦拭干净。

② 按顺序拆下零配件和字模。

5. 标签的换装和拼接

① 换装：移开支撑杆并取出卷筒芯，装入新的标签并装上支撑杆，顺时针转动使卷带固定。

② 拼接：在标签之间剪断卷带，同样剪开新装上的卷带，用透明胶带在标签的背面连接起来，边缘部分对齐，通过卷带的顺时针转动展开纸带。

③ 批号改变的调整：待打印装置冷却后，松开定位螺钉和旋塞，打开托板，调换批号钢字至包装指令规定的批号，然后重新装回，固定定位螺钉和旋塞。

附2：TQ-3型贴签机标准操作程序

1. 生产前检查

① 检查生产设备的清洁状态，检查设备是否完好，应处于"设备完好"、"已清洁"状态。检查水、电是否到位，房间温湿度、压差是否正常。

② 检查设备各部件、配件是否齐全，紧固件有无松动。

③ 检查机器润滑情况是否良好。

④ 检查电器控制面板各仪表及按钮、开关是否完好。

2. 配件安装

① 根据生产指令领取标签，检查标签纸的尺寸应符合以下规定。

长：(40±0.5)mm；宽：(20±0.5)mm；厚：0.05mm（40g字典纸），符合要求后将标签装入签槽中。

② 配制好的胶液倒入胶斗后要调节胶斗拉簧以控制在刷胶滚上的胶膜厚度。

③ 根据批号将数字装入字盘内，要使字面保持等高，通过调节螺钉控制字盘和吸签盘的接触压力，保证打印的清晰；调整字盘的角度和高度，保证将字印在标签的正确位置上，及时向墨滚上刷油墨，使字面上存有适当的油墨。

④ 机器在停机数日后重新开机前，应先用主电机手轮手动盘车，观察各部件运转正常、无松动、卡碰现象后才允许通电。

3. 操作过程

① 将电器柜门上的电源开关顺时针转到"ON"位置，电源指示灯亮。

② 顺时针转动真空泵开关，真空泵工作，真空表指示应为0.3MPa左右。

③ 检查转换开关，应处在联动位置。

④ 按下主电机"启动"按钮，电机指示灯亮，主电机转动。

⑤ 顺时针转动电机控制开关，控制指示灯亮，电磁离合器处于工作状态。

⑥ 上步操作后应立即顺时针转动调速电位计，使整机启动，转速表指示应处于70～250瓶/min，按生产需要选定一个速度，不允许停止在70瓶/min以下。

⑦ 开始贴签后，检查前10瓶的贴签位置，标签纸下边距离瓶底为 (5±0.5)mm；标签纸倾斜度小于1.2mm；标签无翻边和翘边、翘角、起皱。

⑧ 停机前应将瓶子全部走出传送带。

4. 结束过程

① 工作完毕，关闭控制器，调速电位计回零，关闭主电机（按主电机"停止"按钮），关闭真空泵，关闭前后转盘，最后关掉主电源。

② 紧急停机可按下"急停"按钮，重新启动时需按下主电机"启动"按钮。

5. 注意事项

① 在螺杆中发现倒瓶时应紧急停机，以免损坏机件。

② 若发现在按摩带中倒瓶、碎瓶、或压签不牢时，可调整摩擦定板组件，及时清除碎瓶和黏附在通道中的标签纸，发现异常声响时紧急停机。

③ 前转盘有倒瓶时应及时扶正。

④ 标签纸的尺寸有变动造成吸签不正常时，应及时调整签槽右侧板和上板的位置。

⑤ 打印位置不正确时应调整字盘的高度和角度，随时补充油墨，印字过重或过轻时可用调节螺钉控制。

⑥ 胶液供给量可用调节螺钉控制，各滚子上多余的标签应及时清除。

⑦ 贴签圆盘中小皮带应保持清洁和张紧，否则应及时擦去胶液或调整张紧滚，在贴签处发生连续飞签时，应停机调整，排除故障。

6. 清洁

① 打开胶斗倒出剩余的胶水，把胶斗、胶滚组件、胶滚轮、刷胶滚上胶液擦洗干净。

② 擦干净贴签圆盘表面，特别要注意擦干净小皮带表面。

③ 检查吸嘴、吸签盘和贴签圆盘上各吸气孔是否通畅，必要时可开动真空泵用标签纸试验。

④ 严禁用水冲洗机器。

⑤ 人走前千万勿忘关掉总电源开关。

附3：包装岗位中间品检查

包装岗位需进行以下项目的质量控制。

① 瓶数、盒数应保证准确。

② 瓶签斜度应小于1～5mm，离瓶底2～4mm之间，标签上批号位置准确、清晰。

③ 小盒、大箱上的批号、有效期清晰，小盒的检封和大箱的封口纸贴应整齐，大箱打包牢固、端正。

二、粉针剂包装工序工艺验证

1. 验证目的

包装工序工艺验证主要针对灯检后产品的可见异物、成品外观进行考察，评价包装工艺稳定性。

2. 验证项目和标准

① 验证程序：按制定的工艺规程灯检、印包。质量监控员每30分钟抽查1次灯检后产品的可见异物，记录不合格产品数量。在包装生产过程中，按照包装质量控制表的要求每30分钟进行1次检查，重点应注意检查异物和产品外观物理特性。

② 合格标准：应符合质量标准要求，在包装生产过程中无异常现象。

实训思考

1. 出现打印位置不正确时应如何调整？

2. 换批号包装时应怎样处理？

实训七

粉针剂(粉末型)的生产

说明：

　　进入粉针剂（粉末型）生产车间工作，首先接收生产指令，解读注射用无菌粉末分装产品的生产工艺规程，进行生产前准备，再按工艺规程要求生产注射用无菌粉末分装产品。生产过程如下：按处方进行称量配料，与配液罐内配制药液过滤后，通过输液系统输送至灌装间；西林瓶进行清洗干燥灭菌，传递进入灌装间；药液检验合格后，进行灌装，半压塞，再送入冻干岗位进行冷冻干燥，压塞轧盖后进行灯检及送检，检验合格产品进行印字包装。熟悉操作过程的同时，进行各岗位的工艺验证，此验证是建立在安装确认、运行确认、性能确认基础上的生产工艺验证。岗位工作过程中，均应按要求进行设备的维护与保养。生产完成后进行片剂质量全检，检验合格后，进行包装及仓储。

项目一

接收生产指令

任 务　解读粉针剂（粉末型）生产工艺

■ 【能力目标】

1. 能描述粉针剂（粉末型）生产的基本工艺流程
2. 能明确粉针剂（粉末型）生产的关键工序
3. 会根据粉针剂（粉末型）生产工艺规程进行生产操作

背景介绍

粉针剂（粉末型）是采用无菌生产工艺将无菌原料药直接分装至洁净无菌容器内所得的剂型。与冻干粉针比较，工艺更简单，包括以下几个步骤：包材的清洗灭菌、分装、轧盖、灯检和包装。

任务简介

学习粉针剂（粉末型）生产工艺，熟悉粉针剂（粉末型）生产操作过程及工艺条件。

实训过程

一、解读粉针剂（粉末型）生产工艺流程及质量控制点

1. 生产工艺流程

根据生产指令和工艺规程编制生产作业计划，粉针剂（粉末型）生产工艺流程图见图7-1。

① 收料、来料验收：化验报告、数量、装量、包装、质量。

② 容器处理：西林瓶经洗烘联动线进行干燥灭菌后冷却，胶塞清洗并干燥灭菌后待用，铝盖清洗干燥后待用。

③ 擦拭消毒：将领取的无菌原料药外表面擦拭消毒，传递进入分装室。

④ 称量：根据需要进行称量，复核原辅料名称、规格、数量等，按投料量称量。

⑤ 分装（含压塞）：将无菌原料药分装入洁净西林瓶内，并压塞。

⑥ 轧盖：自动轧盖机进行轧盖，注意剔除封口不严的产品。

⑦ 目检：流水线上对产品进行逐瓶目视检测，剔除有异物、不良的产品。

⑧ 包装：将检验合格的粉针剂进行贴签包装，并进行装箱打包。

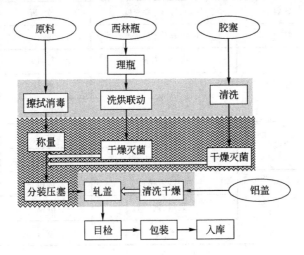

图 7-1　粉针剂（粉末型）生产工艺流程图

▨ D级　▥ C级　〰 A/B级

分装工序必须在 B 级背景下的 A 级区内进行，物料转移过程中也需采用 A 级保护。

2. 粉针剂（粉末型）生产质量控制要点

粉针剂（粉末型）生产质量控制要点见表 7-1。

表 7-1　粉针剂（粉末型）生产质量控制要点

工序	监控点	监控项目	检查频次	备注
车间	洁净区	沉降菌	每次大消毒后	静态
		尘埃粒子	每次大消毒后	静态
水站	纯化水	电导率、pH	1 次/2h	
	注射用水	电导、pH、氯化物	1 次/2h	
灭菌	工具、工衣	温度、压力、时间	1 次/柜	
洗瓶	洗净瓶	洁净度	2 次/班	自然光目检
洗塞	洗塞	可见异物	1 次/批	自然光目检
分装	分装间	沉降菌	每班	动态
		操作人微生物	每班	动态
		设备表面沉降菌	每班	动态
	灭菌后瓶子	干燥失重、无菌	1 次/班	
		可见异物	4 次/班	
	灭菌后胶塞	干燥失重、可见异物、无菌	1 次/批	
	分装后半成品	装量	30min/次	
			2h/次	
		可见异物	1 次/班	

续表

工序	监控点	监控项目	检查频次	备注
轧盖	轧盖	外观、异物、紧密度	2次/班	
	灯检	外观、异物、紧密度	每支	
包装	标签	批号、内容	每批	
		外观	1次/h	
			2次/班	
	中包	批号、印字内容	每箱	
		数量、内容	每箱	
	大包	批号、合格证	每箱	
		数量、内容	每箱	
		打包	每箱	

二、粉针剂（粉末型）生产操作及工艺条件控制

1. 原料的准备工作

在无菌分装操作前一天，将无菌原料经物料员凭批生产指令从仓库领取后，在缓冲间擦拭干净，由物料员和QA依据领料核料单审核原料名称、规格、批号、重量，是否有"检验合格证"等，审核合格后，由车间生产人员用消毒液擦拭桶外壁后，放到物料传递间。原料经净化后传入C级B区，第二天方可经传递窗紫外灯照射30min后传入C级A区。原料传入C级A区后需对原料铝桶外壁用消毒液擦拭，做好状态标识待用。

2. 胶塞的洗涤硅化灭菌与干燥

（1）胶塞清洗操作过程

① 粗洗：首先经过滤的注射用水进行喷淋粗洗3～5min，喷淋水直接由箱体底部排水阀排出，然后进行混合漂洗15～20min即可，混洗后的水经排污阀排出。

② 漂洗1：粗洗后的胶塞经注射用水进行10～15min漂洗。

③ 中间控制：漂洗1结束后从取样口取洗涤水检查可见异物应合格，如果不合格，则继续用注射用水进行洗涤至合格。

④ 硅化：加硅油量为0～20ml/箱次，硅化温度≥80℃。

⑤ 漂洗2：硅化后，排完腔体内的水后，再用注射用水漂洗10～15min。

⑥ 中间控制：漂洗2结束后从取样口取洗涤水检查可见异物，如果不合格，则继续用注射用水进行洗涤至合格。

⑦ 灭菌：蒸汽湿热灭菌，温度大于121℃，时间大于15min。

⑧ 真空干燥：启动真空泵使真空压力不大于0.09MPa抽真空，抽真空后，然后打开进气阀，这样反复操作直至腔室内温度达55℃方可停机。

⑨ 出料：将洁净胶塞盛于洁净不锈钢桶内并贴上标签，标明品名、清洗编号、数量、卸料时间、有效期，并签名。

⑩ 打印：自动打印记录并核对正确后，附于本批生产记录中。

（2）胶塞清洗工艺条件

① 漂洗时间视洗涤水可见异物是否合格而定。

② 灭菌条件为饱和蒸汽灭菌，温度大于 121℃，时间大于 15min，F_0 值大于等于 15。

③ 灭菌后胶塞应在 24h 内使用。

3. 西林瓶的清洗和灭菌

（1）西林瓶清洗灭菌生产操作过程

① 理瓶：将人工理好的西林瓶慢慢放入分瓶区。

② 粗洗：瓶子首先经超声波清洗，温度范围 50～60℃。

③ 精洗：用压缩空气将瓶内、外壁水吹干，用循环水进行西林瓶内、外壁的清洗，再用压缩空气将西林瓶内、外壁水吹干，然后用注射用水进行两次瓶内壁冲洗，再用洁净压缩空气把西林瓶内外壁上的水吹净。

④ 检查：操作过程中，一定要控制以下项目。

a. 检查各喷水、气的喷针管有无阻塞情况，如有，及时用 1mm 钢针通透。

b. 检查西林瓶内外所有冲洗部件是否正常。

c. 检查纯化水和注射用水的过滤器是否符合要求。

d. 检查注射用水冲瓶时的温度和压力。

e. 检查压缩空气的压力和过滤器。

⑤ 洗瓶中间控制：在洗瓶开始时，取洗净后 10 个西林瓶目检洁净度符合要求，要求每班检查 2 次，并将检查结果记录于批生产记录中。

⑥ 灭菌洗净的西林瓶在层流保护下送至隧道灭菌烘箱进行干燥灭菌，灭菌温度 ≥350℃，灭菌时间 5min 以上，灭菌完毕后出瓶，要求出瓶温度≤45℃。

⑦ 查看：灭菌过程中不断查看以下项目。

a. 预热段、灭菌段、冷却段的温度是否正常。

b. 各段过滤器的性能、风速和风压有无变化。

（2）西林瓶清洗灭菌工艺条件

① 西林瓶清洗温度 50～60℃。

② 西林瓶灭菌温度≥350℃，灭菌时间 5min 以上。

4. 铝盖的准备

（1）铝盖清洗的生产操作过程

① 工作区已清洁，不存在任何与现场操作无关的包装材料、残留物与记录，同时审查该批生产记录及物料标签。

② 根据批生产指令领取铝盖，并检查其是否有"检验合格证"，包装是否完整。在 D 级环境下，检查铝盖，将已变形、破损、边缘不齐等铝盖拣出存放在指定地点。

③ 将铝盖放于臭氧灭菌柜中，开启臭氧灭菌柜 70min。灭菌结束后将铝盖放入带盖容器中，贴上标签，标明品名、灭菌日期、有效期待用。

（2）铝盖清洗的工艺条件　臭氧灭菌 70min。

5. 工器具的灭菌消毒处理

（1）分装机零部件的处理

① 分装机的可拆卸且可干热灭菌的零部件用注射用水清洗干净后，放入对开门 A 级层流灭菌烘箱干热灭菌，温度 180℃以上保持 2h，取出备用。

② 分装机可拆卸不可热压灭菌的零部件用注射用水冲洗干净后，用 75％乙醇溶液擦洗浸泡消毒处理，设备不可拆卸的表面部分每天用 75％消毒液进行擦拭消毒处理。

③ 其他不可干热灭菌的工器具在脉动真空灭菌柜中 121℃灭菌 30min，后转入无菌室。

（2）进无菌室的维修工具零件不能干热灭菌的，必须经消毒液消毒或紫外照射 30min

以上方可进无菌室。

（3）纸张、眼镜经紫外照射 30min 以上方可进入无菌室。

6. 无菌分装

① 按下主电机驱动按钮，观察各运动部位转动情况是否正常，充填轮与装粉箱之间有无漏粉，并及时给予调整。

② 调试装量，完毕后，每台机器抽取每个分装头各 5 瓶，检查装量情况，调试合格后方可正式生产。

③ 西林瓶灭菌后由隧道烘箱出口至转盘，目视检查将污瓶破瓶捡出，倒瓶用镊子扶正。

④ 西林瓶在 A 级层流的保护下直接用于药粉的分装，分装后压塞，操作人员若发现落塞用镊子人工补齐。

⑤ 装量差异检查，每隔 30 分钟取 5 瓶进行检查，装量应在合格范围。如发现有飘移，在线微调；如检查超过标准装量范围，通知现场 QA，对前一阶段产品进行调查；如发现不合格的应将前 10min 的瓶子全部退回按规定处理。

⑥ 在分装过程，发现分装后的产品有落塞和装量不合格等现象，及时挑出，作为不合格品处理。

⑦ 分装期间，操作人员要求每 30 分钟用 75％乙醇溶液手消毒一次。

7. 轧盖、灯检

① 已灌粉盖塞合格的中间产品随网带传出无菌间，在轧盖间轧盖，要求轧盖要平滑、无皱褶、无缺口，并用 3 个手指直立捻，不松动为合格，若发现轧口松动、歪盖、破盖应立即停机调整。

② 逐瓶灯检轧好盖的中间产品，将不合格品挑出，每 1 小时将灯检情况记录于批生产记录中，在灯检岗位必须查出破瓶、轧坏、异物、色点、松口、量差等不合格品。

8. 包装

① 贴签：将标签装上机，调整高度，开始贴签，将第 1 张已打码合格的并经班组长及 QA 核对签名的标签贴于本记录背面。如有倒瓶，将倒瓶扶正，使之进入贴签进料输送带上进行贴签。在贴签过程中，随时检查贴签质量，标签是否平整，批号是否正确、清晰。

② 装小盒（或中盒），小盒（或中盒）打印：按批包装指令在小盒（或中盒）上打印产品批号、生产日期和有效期，并将第一个打码合格并经班长、QA 核对签名的小盒（或中盒）附于批记录中，然后在每个小盒（或中盒）上手工盖箱号。装塑托时需装好说明书，装中盒时应贴好封口签。

③ 装大箱，打包，单支包装产品需先塑封后装箱，打包。大箱打印：按批包装指令在包材打印记录上打印产品批号、生产日期、有效期。将包材打印记录交班组长及 QA 核对签名，附于批生产记录，并正式打印大箱。

④ 将大箱用胶带封底后放上垫板。胶带长度为每边 5～10cm（不得盖住打印内容）。

⑤ 装大箱：将包装好的中盒放于大箱内，不得倒置，放入核对正确的产品合格证一张。包装完毕，将包装记录附入本批批记录中。

⑥ 包装检查：包装质检员对已装箱的每箱产品按要求进行检查。检查完一箱，在产品合格证上签名。全部检查完毕，将包装检查记录附入本批批记录中。

⑦ 封箱：用胶带对检查合格后的产品封箱，胶带长度为每边 5～10cm（不得盖住打印内容）。

⑧ 打包：平行打包两条打包带，打包带距边 10～15cm，松紧适宜，按顺序码放于托盘

上，批号朝外。

　　⑨ 入库待检：填写成品完工单和请验单，成品入库待检。

　　注：对于部分产品，在装盒后，还需进行塑封，然后再装箱。

实训思考

　　1. 粉末型粉针剂的生产工艺流程包括哪些？

　　2. 简述粉末型粉针剂的生产工艺条件。

项目二

生产粉针剂（粉末型）

任务　无菌粉末分装

■【能力目标】
   1. 能根据批生产指令进行无菌粉末分装岗位操作
   2. 能描述无菌粉末分装的生产工艺操作要点及其质量控制要点
   3. 会按照无菌粉末分装机的操作规程进行设备操作
   4. 能对无菌粉末分装工艺过程中间产品进行质量检查
   5. 会进行无菌粉末分装岗位工艺验证
   6. 会对粉末分装机进行清洁、保养

背景介绍

无菌粉末的分装应通过培养基灌装试验验证分装工艺可靠性后方能正式生产，且需定期进行验证。该岗位是高风险操作，为最大限度降低产品污染的风险，应在 A 级背景下进行。

任务简介

按批生产指令将无菌粉末进行分装，并进行质量检查。分装机已完成设备验证，进行无菌粉末分装工艺验证。工作完成后，对设备进行维护与保养。

实训设备

BKFG250 无菌粉末分装机

本机（图 7-2）采用直线螺杆式自动分装无菌粉末。瓶子由柔性输送带作间歇运动，并将药瓶送 4 列加塞工作站，4 个螺杆分装头同步，将药粉定量装入小瓶，再进入 4 列加塞工作站完成加塞。特殊设计的螺杆，可满足不同分装和不同黏度的药粉。

实训过程

实训设备：BKFG250 无菌粉末分装机。

图 7-2　BKFG250 无菌粉末分装机

　　进岗前按进入 A/B 级区要求进行着装，进岗后做好厂房、设备清洁卫生，并做好操作前的一切准备工作。

一、分装准备与操作

1. 生产前准备

　　① 检查生产现场、设备及容器具的清洁状况，检查"清场合格证"，核对其有效期，确认符合生产要求。

　　② 检查房间的温湿度计、压差表有"校验合格证"并在有效期内。

　　③ 确认该房间的温湿度、压差符合规定要求，并做好温湿度、压差记录，确认水、电、气（汽）符合工艺要求，检查所有的管道、阀门及控制开关应无故障。

　　④ 检查、确认现场管理文件及记录准备齐全。

　　⑤ 生产前准备工作完成后，在房间及生产设备换上"生产中"状态标识。

2. 生产过程

　　① 西林瓶经洗瓶、隧道烘箱干燥、灭菌、除热原后经分装前转盘（带层流罩）进入分装机（带层流罩）。西林瓶使用前应检查西林瓶是否在有效期内（西林瓶的有效期为 4h，若超过则应及时送回洗瓶间重洗）。

　　② 胶塞经胶塞清洗机清洗、干燥、灭菌后进入分装室，A 级层流罩下用不锈钢桶加盖贮存，分装时在 A 级区将胶塞装入小不锈钢桶中，加盖后运至分装机，在分装机头 A 级层流罩下倒入胶塞振荡器中，胶塞使用前应检查胶塞是否在有效期内（胶塞有效期为出箱后24h）。

　　③ 无菌原料粉按无菌原料药进出无菌生产区清洁消毒规程进入分装室，需分装时在分装机头 A 级层流罩下倒入原粉斗中准备分装（无菌原料应距有效期 6 个月以上，否则不能作为分装原料投入使用）。

　　④ 按《BKFG250 无菌粉末分装机操作规程》组装分装机头，确认正常后，即可开机生产。

　　⑤ 正式分装前应检查瓶子澄明度、胶塞澄明度、原粉澄明度是否符合要求，并按分装指令单要求确认装量差异是否符合指令单要求，当一切都正常时，方可正式开机

分装。

⑥ 分装过程中应记录下列数据：每 2 小时记录分装机的吸粉和持粉真空度；每 2 小时记录分装机吹粉和清洁空气压力；每 2 小时记录分装机前转盘 A 级层流和分装机头 A 级层流的压差，分装机层流罩内的温度和湿度。

⑦ 分装过程中应进行以下检查：检查每批原粉的性状色泽和澄明度；检查每批胶塞的清洁度、水分；每 3 小时检查瓶子和半成品澄明度；每 15 分钟每个下粉口抽查 4 瓶半成品的装量差异；每 2 小时每个下粉口抽查 24 瓶半成品的装量差异。

3. 结束过程

① 关闭分装机，关闭总电源。将装有分装压塞好的瓶子传送到轧盖岗位，并做好产品标识。

② 生产结束后，按清场标准操作程序要求进行清场，做好房间、设备、容器等清洁记录。

③ 按要求完成记录填写。清场完毕，填写清场记录。上报 QA 检查，合格后，发"清场合格证"，挂"已清场"状态标识。

附 1：BKFG250 无菌粉末分装机标准操作程序

1. 生产前检查

① 检查生产设备的清洁状态，检查设备是否完好，应处于"设备完好"、"已清洁"状态。检查水、电是否到位，房间温湿度、压差是否正常。

② 检查设备各部件、配件及模具是否齐全，紧固件有无松动。

③ 检查机器润滑情况是否良好。

④ 检查电器控制面板各仪表及按钮、开关是否完好。

2. 配件安装

① 依照编号将装有柱塞的两个下粉转轮固定在分装机转瓶星轮上方的螺栓上，旋紧盖子，转一下装量调节盘是否正常。

② 将两个下粉缓冲斗依编号固定在下粉转轮的上方，将两个插片和一个刮片贴紧下粉转轮，固定好螺钉，同时拉出密封胶木板，使与下粉转轮密封。

③ 将下粉斗抬至下粉缓冲斗的上方，对准固定螺丝放平，然后装上搅拌桨，固定好搅拌桨上的螺栓，盖好盖子，放好粉位感应器。

④ 将灭菌注射用水倒入星轮出瓶皮带的水槽内，使之保持湿润。

3. 操作过程

① 分装机头安装好后，用手轮旋转数圈检查有无异常情况。

② 确认机头安装正常后，加入药粉和胶塞，准备生产。

③ 生产前应根据各类产品的具体情况确认吹粉空气、清洁空气、吸粉真空、持粉真空的大小。

a. 吹粉空气应控制使药粉形成一个药柱吹出，既要吹尽，又不要使药粉溅出。

b. 清洁空气可控制在吹粉空气的 1 倍大小。

c. 吸粉真空和持粉真空应控制使药粉吸满粉槽和在下粉轮转动中保持药粉固定不脱落。

④ 调节装量：根据分装指令单要求，不断调整装量调节盘直至装量符合要求，即可开机，然后按"F8"键取样，将取出的 48 瓶样品称重，符合要求后即可正式开始生产。

⑤ 开机程序：开总电源，使层流罩运行 30min 后，打开机器电源，按"F1"键进行产量归零；按"F2"、"F3"键，确认皮带和电机速度在规定的数值范围内；按"F4"键使胶塞振荡器调整至胶塞下塞速度与主机速度协调。按运行开关即可开机，如要停机，按关机开关即可。

4. 结束过程

生产结束后关闭电源开关和总电源开关。

5. 拆卸

① 停机后，在层流罩下将粉斗里的余粉用不锈钢容器装回原粉桶中，将下粉斗搬出机器。

② 将两个缓冲粉斗中的插片往里推，密封住缓冲粉斗下部分口，松开刮片的固定螺钉，然后拆下下粉轮，用不锈钢容器接住两个缓冲粉斗的下方，搅动搅拌，使粉掉到容器中，然后倒回原粉桶中。

③ 拉出下粉轮的柱塞插销，小心取出柱塞，置于不锈钢盘中。

④ 拆出缓冲粉斗的密封胶木、搅拌、插片、刮片，置于不锈钢盘中。

⑤ 松开星轮固定螺钉，拆出星轮上片，即可对星轮进行清洁工作。

6. 清洗

① 柱塞先放在超声波水箱中清洗 5min 后，用注射用水漂洗干净。

② 下粉转轮、缓冲粉斗等部件均用注射用水清洗干净。

③ 以上部件经注射用水冲洗干净后，放进灭菌柜中，启动干燥程序进行干燥。

④ 将干燥后的下粉轮及缓冲粉斗各零件依编号组装好，送入灭菌柜中 121℃灭菌 30min，并干燥。

⑤ 下粉斗、缓冲粉斗的密封胶木片及橡胶密封圈。经注射用水冲洗干净后，最后用 75%乙醇溶液清洗两遍，自然晾干后，在安装前再用电吹风吹干。

⑥ 机头清洁：用真空将台面吸干净后，用注射用水擦洗，再用 75%乙醇溶液擦洗，然后将拆下的星轮上片装回，所有的探头用干的无菌揩布擦净。

7. A 级层流罩

① 生产前 30min 开启隧道出口转盘、分装机头的层流罩，生产前要确认分装机头的 A 级层流罩的温湿度（温度 20～26℃；温度≤40%），以及过滤器压差在 0.8～1.2bar 之间方可开机生产。

② 每天生产结束后，用 75%乙醇溶液擦拭层流罩的进风口和出风口的网罩。

附 2：分装中间品的质量检查

分装过程中需进行以下项目的控制。

① 瓶子澄明度：每瓶检出 200～300μm 的微粒不超过 2 个，无大于 300μm 的微粒。

② 胶塞：每个胶塞检出 200～300μm 的微粒不得超过 2 个，无大于 300μm 的微粒，水分含量≤0.1%。

③ 无菌原料粉中不溶性微粒：每瓶 200～300μm 不超过 5 个，无大于 300μm 的微粒。

④ 装量差异：≤±5%。

⑤ 标示量：97%～103%。

二、分装工序工艺验证

1. 验证目的

通过培养基模拟灌装试验确认粉针车间在现有设备和环境下，按现有的标准操作，执行现行的分装工艺能生产出合格的无菌分装产品。

2. 验证项目和标准

① 验证程序：在分装线上，先将经过辐射灭菌的乳糖粉末分装到西林瓶中，再将无菌的液体肉汤培养基灌装到西林瓶中，压塞、轧盖后恒温培养，通过培养结果确认无菌分装工艺的可靠性。整个操作过程模拟正常的粉针剂生产状态。

② 判定标准：经试验灌装好的培养基按以上要求培养后，应将每瓶培养基对着灯光仔细目测。透明、澄清、无浑浊的培养基判为无微生物生长；培养基浑浊或有悬浮的菌丝或菌落，则需做进一步的微生物生长检查，以确定培养基是否真正染菌。一旦染菌，应对污染菌进行鉴别，其阳性率应低于 1/1000。

三、分装设备日常维护与保养

① 在各运动部位应加注润滑油，槽凸轮及齿轮等部件可加钙基润滑脂，进行润滑。

② 开机前应检查各部位是否正常，确认无误后方可操作。

③ 调整机器时工具要适当，严禁用过大的工具或用力过猛拆卸零件，以防影响或损坏其性能。

实训思考

1. 分装过程中要进行哪些检查？
2. 分装机分装完毕要进行哪些工作？

项目三

成品质量检验

任 务　注射用青霉素钠质量检验

【能力目标】
1. 能根据 SOP 进行粉针剂（粉末型）的质量检验
2. 能描述粉针剂质量检验项目和操作要点

背景介绍

粉针剂粉末型与冻干型的质检项目类似，在不同品种项下有不同的要求。

任务简介

进行注射用青霉素钠的质量检查。

实训过程

一、解读注射用青霉素钠质量标准

1. 成品质量标准

注射用青霉素钠成品质量标准见表 7-2。

表 7-2　注射用青霉素钠成品质量标准

检测项目	标准	
	法规标准	稳定性标准
性状	白色结晶性粉末	白色结晶性粉末
鉴别	1. 含量测定色谱图中,供试品主峰保留时间与对照品溶液主峰保留时间一致 2. 红外吸收光谱与对照图谱一致 3. 钠盐的鉴别反应	—
含量	95.0%～115.0%	95.0%～115.0%
澄清度与颜色	符合规定	符合规定

续表

检测项目	标准	
	法规标准	稳定性标准
酸碱度	5.0～7.5	5.0～7.5
有关物质	≤1号浊度标准液 ≤黄色或黄绿色2号标准比色液	≤1号浊度标准液 ≤黄色或黄绿色2号标准比色液
青霉素聚合物	＜0.10%	＜0.10%
细菌内毒素	0.10EU/1000个青霉素单位	0.10EU/1000个青霉素单位
无菌	符合规定	符合规定
干燥失重	＜1.0%	＜1.0%
不溶性微粒	含10μm及以上的微粒不超过6000粒，含25μm及以上的微粒不超过600粒	含10μm及以上的微粒不超过6000粒，含25μm及以上的微粒不超过600粒

2. 中间品质量标准

注射用青霉素钠中间品质量标准，见表7-3。

表 7-3　注射用青霉素钠中间品质量标准

中间产品名称	检测项目	标准
灌封中间品	装量差异	符合装量差异限度要求
	封口质量	符合规定

3. 贮存条件和有效期规定

① 贮存条件：密闭保存。

② 有效期：18个月。

二、注射用青霉素钠质量检验

1. 性状

目测符合表7-2"性状"项标准。

2. 装量差异检查

取供试品5瓶，除去标签、铝盖，容器外壁用75%乙醇溶液擦净，干燥，开启时注意避免玻璃屑等异物落入容器中，分别迅速精密称定，倾出内容物，容器用水或75%乙醇溶液洗净，在适宜条件下干燥后，再分别精密称定每一容器的重量，求出每瓶的装量与平均装量。每瓶装量应在规定限度范围内，如有1瓶不符合，应另取10支复试。

3. 溶液澄清度与颜色

取本品5瓶，按标示量分别加水制成每1毫升含60mg的溶液，溶液应澄清无色，如显浑浊，与1号浊度标准液比较，均不得更浓；如显色，与黄色或黄绿色2号标准比色液比较，均不得更深。浊度标准液配制方法按《中国药典》附录ⅨB澄清度检查法配制。

4. 干燥失重

取本品，在105℃干燥，减失重量不得过1.0%。

5. 不溶性微粒

取本品，按标示量加微粒检查用水制成每1毫升含60mg的溶液，根据不溶性微粒检查法，应符合规定。

6. 青霉素聚合物

采用分子排阻色谱法进行测定，以青霉素计，不得超过 0.10%。

7. 有关物质

采用高效液相色谱法测定。

（1）HPLC 色谱条件：梯度洗脱方式。

① 流动相 A：0.5mol/L 磷酸二氢钾溶液（用磷酸调节 pH 至 3.5）：甲醇：水＝10：30：60。

② 流动相 B：0.5mol/L 磷酸二氢钾溶液（用磷酸调节 pH 至 3.5）：甲醇：水＝10：50：40。

③ 梯度洗脱：参数如下。

时间	流动相 A	流动相 B
0	70	30
20	0	100
35	0	100
50	70	30

④ 检测波长是 225nm。

（2）供试液配制：取本品适量，精密称定，加水溶解并定量稀释制成每 1 毫升约含 4mg 的溶液。

（3）对照品配制：精密量取上述供试品溶液 1ml，置于 100ml 容量瓶内，用水稀释至刻度，作为对照溶液。

（4）进样 20μl，供试液色谱图中如有杂质峰，各杂质峰面积之和不得大于对照溶液主峰面积（1.0%），供试液色谱图中任何小于对照品溶液主峰面积 0.05 倍的峰可忽略不计。

8. 含量测定

采用高效液相色谱法测定。

① HPLC 色谱条件：流动相 A-流动相 B（70：30），检测波长 225nm。

② 供试液配制：取本品适量，精密称定，加水溶解并定量稀释制成每 1 毫升约含 1mg 的溶液。

③ 对照品配制：取青霉素对照品适量，加水溶解并定量稀释制成每 1 毫升约含 1mg 的溶液。

④ 进样 20μl。外标法以峰面积计算，其结果乘以 1.0658 即为供试品中青霉素钠的含量。

实训思考

1. 粉针剂粉末型的质量检查项目有哪些？

2. 粉针剂粉末型的在线检测项目有哪些？

附　　录

附录1　生　产　指　令

生产指令单

指令编号		产品代码		产品名称		规格		计划产量	
批　号		车间		生产日期	年　月　日　至　年　月　日				
物料代码	物料名称		规格	进厂编号	检验报告书号			单位	数量
备注：									
制单人： 日期：		车间主任： 日期		生产部主管： 日期：			QA主管： 日期		

包装指令单

指令编号		产品名称		产品代码		包装规格		计划产量	
批　号		车间		生产日期	年　月　日　至　年　月　日				
物料代码	物料名称		规格	进厂编号	检验报告书号			单位	数量
备注：									
制单人： 日期：		车间主任： 日期		生产部主管： 日期：			QA主管： 日期		

领　料　单

日期：

原辅料名称	代码	规格	批号	需要量	领取量	备注
领料人：		审核人：		发放人：		

附录 2　固体制剂生产实训原始记录

粉碎岗位生产原始记录

生产日期		班级		班组	
产品名称		规格		批号	
主要设备					
操作依据					

指令	工艺参数	操作参数	备注
生产前准备	1. 操作间清场合格有"清场合格证"并在有效期内 2. 所用设备是否有"设备完好证" 3. 所用器具是否已清洁 4. 物料是否有物料卡 5. 是否挂上"正在生产"状态标识 6. 室内温湿度是否符合要求	是□　　否□ 是□　　否□ 是□　　否□ 是□　　否□ 是□　　否□ 温度_____ 相对湿度_____	操作人： 复核人：
生产操作过程	1. 按照 FGJ-300 高效粉碎机标准操作规程操作 2. 将物料粉碎，控制加料速度，粉碎后的细粉装入衬有洁净塑料袋的周转桶内，扎好袋口，填好物料卡备用	已完成□ 未完成□	操作人： 复核人：

生产操作过程	物料名称	粉碎前质量/kg	粉碎后质量/kg	筛网目数	收率	
						操作人： 复核人：

生产结束	设备清洁及状态标识	已完成□　　未完成□	操作人： 复核人：
	生产场地清洁	已完成□　　未完成□	

异常情况记录	
QA	
小组成员	

筛分岗位生产原始记录

生产日期		班级		班组	
产品名称		规格		批号	
主要设备					
操作依据					

指令	工艺参数				操作参数	备注
生产前准备	1. 操作间清场合格有"清场合格证"并在有效期内 2. 所用设备是否有"设备完好证" 3. 所用器具是否已清洁 4. 物料是否有物料卡 5. 是否挂上"正在生产"状态标识 6. 室内温湿度是否符合要求				是□　否□ 是□　否□ 是□　否□ 是□　否□ 是□　否□ 温度_____ 相对湿度_____	操作人： 复核人：
生产操作过程	1. 按照 XZS400-2 旋涡振动筛分机标准操作规程操作 2. 控制加料速度,过筛后的细粉装入衬有洁净塑料袋的周转桶内,扎好袋口,填好物料卡备用				已完成□ 未完成□	操作人： 复核人：
	物料名称	筛分前质量/kg	筛分后质量/kg	过筛目数	收率	
生产结束	设备清洁及状态标识		已完成□　未完成□			操作人： 复核人：
	生产场地清洁		已完成□　未完成□			
异常情况记录						
QA						
小组成员						

称量配料原始记录

生产日期		班级		班组	
产品名称		规格		批号	
主要设备					
操作依据					

指令	工艺参数	操作参数	备注
生产前准备	1. 操作间清场合格有"清场合格证"并在有效期内 2. 所用设备是否有"设备完好证" 3. 所用器具是否已清洁 4. 物料是否有物料卡 5. 是否挂上"正在生产"状态标识 6. 室内温湿度是否符合要求	是□ 否□ 是□ 否□ 是□ 否□ 是□ 否□ 是□ 否□ 温度_____ 相对湿度_____	操作人： 复核人：
生产操作过程	1. 核对待加工物料的品名、批号、重量等与物料标识卡是否一致	是□ 否□	操作人： 复核人：
生产操作过程	2. 根据工艺要求称定各种物料。配料称量实行双人复核制度		操作人： 复核人：
生产操作过程	物料名称 / 批号 / 数量		
生产操作过程			
生产操作过程			
生产操作过程			
生产结束	设备清洁及状态标识	已完成□ 未完成□	操作人： 复核人：
生产结束	生产场地清洁	已完成□ 未完成□	
异常情况记录			
QA			
小组成员			

制粒干燥岗位生产原始记录

生产日期		班级		班组	
产品名称		规格		批号	
主要设备					
操作依据					

指令	工艺参数					操作参数	备注
生产前准备	1. 操作间清场合格有"清场合格证"并在有效期内 2. 所用设备是否有"设备完好证" 3. 所用器具是否已清洁 4. 物料是否有物料卡 5. 是否挂上"正在生产"状态标识 6. 室内温湿度是否符合要求					是□　否□ 是□　否□ 是□　否□ 是□　否□ 是□　否□ 温度_____ 相对湿度_____	操作人： 复核人：
生产操作过程	配料	原辅料名称	批号	领料数量	实投数量	补退数量	
							操作人： 复核人：
	配浆	品名	批号	用量	浓度	重量	
	制粒	加黏合剂用量			_____kg		操作人： 复核人：
		搅拌　　低速□　　高速□			时间_____min		
		制粒　　低速□　　高速□			时间_____min		
	干燥	烘箱干燥:湿颗粒平铺于托盘内上,依次摆放于托架上,推车推进就位,按相应岗位操作法干燥			设定温度_____℃ 干燥时间_____ 翻动时间_____		操作人： 复核人：
		流化干燥:将湿颗粒置于流化床内,按流化干燥操作法进行干燥			设定物料温度____ 进风温度_____ 出风温度_____ 干燥时间_____		操作人： 复核人：
	整粒	干颗粒按相应岗位操作法进行整粒			筛网目数_____ 干颗粒质量_____kg		操作人： 复核人：
生产结束	设备清洁及状态标识		已完成□　　未完成□				操作人： 复核人：
	生产场地清洁		已完成□　　未完成□				

物料平衡	
异常情况记录	
QA	
小组成员	

总混岗位生产原始记录

生产日期		班级		班组	
产品名称		规格		批号	

主要设备	
操作依据	

指令	工艺参数		操作参数	备注
生产前准备	1. 操作间清场合格有"清场合格证"并在有效期内 2. 所用设备是否有"设备完好证" 3. 所用器具是否已清洁 4. 物料是否有物料卡 5. 是否挂上"正在生产"状态标识 6. 室内温湿度是否符合要求		是□　　否□ 是□　　否□ 是□　　否□ 是□　　否□ 是□　　否□ 温度_____ 相对湿度_____	操作人： 复核人：
生产操作过程	1. 按照 HDA-100 型多向运动混合机标准操作规程 2. 将混合后的物料装入衬有洁净塑料袋的周转桶内,扎好袋口,填好物料卡备用		已完成□ 未完成□	操作人： 复核人：
生产操作过程	物料名称	物料质量/kg	混合操作时间_____ 混合后颗粒质量_____ kg	操作人： 复核人：
生产结束	设备清洁及状态标识	已完成□　　未完成□		操作人：
生产结束	生产场地清洁	已完成□　　未完成□		复核人：

物料平衡	
异常情况记录	
QA	
小组成员	

胶囊填充岗位生产原始记录

生产日期		班级		班组	
产品名称		规格		批号	
主要设备					
操作依据					

指令	工艺参数	操作参数	备注
生产前准备	1. 操作间清场合格有"清场合格证"并在有效期内 2. 检查设备状态是否完好 3. 检查操作间温湿度是否在规定范围内 （温度：18～26℃，湿度：45%～60%） 4. 检查模具是否已清洁并在有效期内 5. 检查压缩空气和真空度是否符合要求 6. 检查电子天平是否在校验有效期内	是□　否□ 是□　否□ 温度_____ 相对湿度_____ 是□　否□ 是□　否□ 是□　否□ 是□　否□	操作人： 复核人：
生产操作过程	**领料**　按批生产指令领取2#胶囊和颗粒	2#胶囊_____粒 颗粒_____kg	操作人： 复核人：
	装模具　装上2#模具	模具_____#	
	充填　启动电源，设定运行参数 试充填调整好装量后，开始充填	理论装量_____g/粒	
	质量检查　每20分钟检查一次装量 崩解时限一次以上 随时检查胶囊的外观质量	见装量差异检查表	
	抛光　启动胶囊抛光机开始抛光	是□　否□	

	领用量 A	成品量 B	废品量 C	剩余量 D	收率 $E=$ $B/(A-D)$	物料平衡 $F=$ $(B+C)/(A-D)$	操作人： 复核人：
颗粒							
胶囊							

生产结束	设备清洁及状态标识		已完成□　　未完成□	操作人： 复核人：
	生产场地清洁		已完成□　　未完成□	

质量检查记录	外观	时间	外观质量	时间	外观质量
	崩解时限	时间	崩解时限	时间	崩解时限

异常情况记录	
QA	
小组成员	

胶囊充填装量差异表

空心胶囊型号		#		空心胶囊平均质量		g	
理论装量		g/粒		装量差异限度		g/粒	
检查时间					每粒装量			
平均装量								
装量差异								
结论								
操作人			复核人			日期		

铝塑包装生产原始记录

生产日期		班级		班组	
产品名称		规格		批号	
主要设备					
操作依据					

指令	工艺参数			操作参数	备注
生产前准备	1. 操作间清场合格有"清场合格证"并在有效期内 2. 检查设备状态是否完好 3. 检查操作间温湿度是否在规定范围内 （温度:18～26℃,湿度:45%～60%） 4. 检查模具是否已清洁并在有效期内			是□　否□ 是□　否□ 温度_____ 相对湿度_____ 是□　否□	操作人: 复核人:
生产操作过程	领料	待包产品	名称　　批号　　数量		操作人: 复核人:
		包装材料	名称　　批号　　数量		
	按工艺求设置相应参数	上成型板温度_____℃ 下成型板温度_____℃ 热封温度_____℃ 压缩空气压力_____MPa 运行速度_____		已完成□　未完成□	
	按岗位操作法进行铝塑包装操作	吸泡正常 热封严密 批号清晰 冲载正常		正常□　异常□ 严密□　不严□ 清晰□　不清□ 正常□　异常□	
生产结束	设备清洁及状态标识		已完成□　未完成□		操作人: 复核人:
	生产场地清洁		已完成□　未完成□		

物料平衡		包装日期	包装数（板）		折合数量（万粒）
	包装材料	领用量/kg		使用量/kg	剩余量/kg

异常情况记录	
QA	
小组成员	

压片岗位生产原始记录

生产日期		班级		班组	
产品名称		规格		批号	
主要设备					
操作依据					

指令		工艺参数	操作参数	备注
生产前准备		1. 操作间清场合格有"清场合格证"并在有效期内 2. 检查设备状态是否完好 3. 检查操作间温湿度是否在规定范围内 （温度：18～26℃，湿度：45%～60%） 4. 检查模具是否已清洁并在有效期内 5. 检查电子天平是否在校验有效期内	是□　　否□ 是□　　否□ 温度_____ 相对湿度_____ 是□　　否□ 是□　　否□	操作人： 复核人：
生产操作过程	领料	按生产指令领取模具和物料	冲模 φ_____ 颗粒_____kg	操作人： 复核人：
	装冲模	按程序安装模具，试运行转应灵活、无异常声音	已完成□　未完成□	
	加料	料斗内加料，并注意保持料斗内的物料不少于1/2	已完成□　未完成□	
	试压	检查片重、硬度、崩解度、脆碎度，外观	见片剂在线检查表	
	压片	正常压片，至少每15分钟检查一次平均片重，每2小时检查一次片重差异	见装量差异检查表	
	设备清洁及状态标识		已完成□　　未完成□	操作人： 复核人：
	生产场地清洁		已完成□　　未完成□	
异常情况记录				
QA				
小组成员				

片剂片重差异检查表

品名				批号		
理论片重			g/片	片重差异限度		g/片
检查时间		每片片重				
平均片重						
片重差异						
结论						
操作人		复核人			日期	

片剂在线检查表

品名		规格		批号	

崩解时限及脆碎度检查记录	日期	时间	崩解时限/min	日期	时间	脆碎度/%

桶号						
净重/kg						
数量/万片						

总重	kg	总数量	万片
回收粉头	kg	可见损耗量	kg

物料平衡	物料平衡＝(片总量＋回收粉头量＋可见损耗量)/领用颗粒总量×100％ 收得率＝实际产量(万片)/理论产量(万片)×100％	操作人： 复核人：
异常情况分析		

包衣岗位生产原始记录

生产日期			班级		班组	
产品名称			规格		批号	
主要设备						
操作依据						

指令	工艺参数					操作参数		备注
生产前准备	1. 操作间清场合格有"清场合格证"并在有效期内 2. 检查设备状态是否完好 3. 检查操作间温湿度是否在规定范围内 （温度:18～26℃,湿度:45%～60%）					是□　　否□ 是□　　否□ 温度＿＿＿＿ 相对湿度＿＿＿＿		操作人: 复核人:
生产操作过程	按薄膜包衣标准操作程序包衣 设定热风温度控制在 65～75℃ 滚筒转速控制在 6～15r/min					热风温度＿＿＿＿ 滚筒转速＿＿＿＿ 压缩空气＿＿＿＿		操作人: 复核人:
	包衣过程中随时检查片面质量,片剂增重					见片重差异检查表		
	素片重 /kg	包衣料品种	包衣料量 /kg	喷雾开始时间	喷雾结束时间	薄膜片重 /kg	薄膜片损耗 /kg	
生产结束	设备清洁及状态标识					已完成□　　未完成□		操作人: 复核人:
	生产场地清洁					已完成□　　未完成□		
异常情况记录								
QA								
小组成员								

包衣片（薄膜衣）片重差异检查表

品名			批号		
理论片重		g/片	片重差异限度		g/片
检查时间	每片片重				

平均片重					
片重差异					
结论					
操作人		复核人		日期	

瓶包装岗位生产原始记录

生产日期			班级		班组	
产品名称			规格		批号	
主要设备						
操作依据						

指令	工艺参数			操作参数		备注
生产前准备	1. 操作间清场合格有"清场合格证"并在有效期内 2. 检查设备状态是否完好 3. 检查操作间温湿度是否在规定范围内 　（温度：18～26℃，湿度：45%～60%）			是□　　否□ 是□　　否□ 是□　　否□ 温度＿＿＿＿ 相对湿度＿＿＿＿		操作人： 复核人：
生产操作过程	领料	上工序移交数量/万片			理论产量/瓶		操作人： 复核人：
		包材名称	批号	领用量	使用量	剩余量	
		瓶/个					
		盖/个					
		标签/张					
	生产	按瓶包装标准操作规范进行操作					
		装瓶开机时间	运行速度	温度/℃	压力		
		关机时间	包装数量/瓶	回收品量/片	损耗量/片		
生产结束	设备清洁及状态标识		已完成□　　未完成□				操作人： 复核人：
	生产场地清洁		已完成□　　未完成□				
异常情况记录							
QA							
小组成员							

化胶岗位生产原始记录

生产日期		班级		班组	
产品名称		规格		批号	
主要设备					
操作依据					

指令	工艺参数					操作参数	备注
生产前准备	1. 操作间清场合格有"清场合格证"并在有效期内 2. 所用设备是否有"设备完好证" 3. 所用器具是否已清洁 4. 物料是否有物料卡 5. 是否挂上"正在生产"状态标识 6. 室内温湿度是否符合要求					是□　否□ 是□　否□ 是□　否□ 是□　否□ 是□　否□ 温度_____ 相对湿度_____	操作人： 复核人：
生产操作过程	物料名称	物料编码	批号	检验单编号	领入量	投料量	操作人： 复核人：
	明胶						
	甘油						
	羟苯乙酯						
	纯化水						
	明胶　已加□ 甘油　已加□ 羟苯乙酯　已加□ 色素　已加□	蒸汽压力 /MPa	真空度 /MPa	罐内温度 /℃	开始加热 时间 结束加热 时间		
	放料	胶液总量:共_____罐					
结料	物料名称	使用量/kg	损耗量/kg	剩余量/kg	去向		操作人： 复核人：
	明胶						
	甘油						
	羟苯乙酯						
生产结束	设备清洁及状态标识		已完成□　未完成□				操作人： 复核人：
	生产场地清洁		已完成□　未完成□				
异常情况记录							
QA							
小组成员							

软胶囊配料生产原始记录

生产日期		班级		班组	
产品名称		规格		批号	
主要设备					
操作依据					

指令	工艺参数	操作参数	备注
生产前准备	1. 操作间清场合格有"清场合格证"并在有效期内 2. 所用设备是否有"设备完好证" 3. 所用器具是否已清洁 4. 物料是否有物料卡 5. 是否挂上"正在生产"状态标识 6. 室内温湿度是否符合要求	是□　　否□ 是□　　否□ 是□　　否□ 是□　　否□ 是□　　否□ 温度_____ 相对湿度_____	操作人： 复核人：
生产操作过程	按生产指令领取物料,复核各物料的品名、规格、数量	物料1_____kg 物料2_____kg 物料3_____kg	操作人： 复核人：
生产操作过程	将固体物料分别粉碎,过100目筛	已粉碎　□ 已过筛　□	
生产操作过程	液体物料过滤后加入调配罐中	已过滤　□	
生产操作过程	将固体物料按一定的顺序加入调配罐中,与液体物料混匀	物料1、2、3已加入　□ 已混匀　□	
生产操作过程	将混合物料加入胶体磨或乳化罐中,进行研磨或乳化	已研磨　□ 已乳化　□	
生产操作过程	将研磨或乳化后得到的药液过滤后用干净容器盛装,标明品名、规格、批号、数量	已标明　□	
生产结束	设备清洁及状态标识	已完成□　　未完成□	操作人： 复核人：
生产结束	生产场地清洁	已完成□　　未完成□	
异常情况记录			
QA			
小组成员			

软胶囊压制岗位生产原始记录

生产日期		班级		班组	
产品名称		规格		批号	
主要设备					
操作依据					

指令	工艺参数		操作参数	备注
生产前准备	1. 操作间清场合格有"清场合格证"并在有效期内 2. 所用设备是否有"设备完好证" 3. 所用器具是否已清洁 4. 物料是否有物料卡 5. 是否挂上"正在生产"状态标识 6. 室内温湿度是否符合要求		是□　否□ 是□　否□ 是□　否□ 是□　否□ 是□　否□ 温度_____ 相对湿度_____	操作人： 复核人：
料物	内容物　　质量：　　kg		在贮存期内：是□　否□	
	胶液		在贮存期内：是□　否□	
喷体编号：　　　　　　模具编号：				
软胶囊压制	喷体温度/℃			
	左胶盒温度/℃			
	右胶盒温度/℃			
	胶液批号			
	胶皮厚度	符合规定□	符合规定□	符合规定□	符合规定□
	操作人				
	复核人				
	日期/班次	日/　班	日/　班	日/　班	日/　班
	合计本批耗用胶液：　　　罐		记录人：	
	平均丸重：　g	废丸重：　　kg	复核人：	日期：
生产结束	设备清洁及状态标识		已完成□　未完成□	操作人： 复核人：
	生产场地清洁		已完成□　未完成□	
异常情况记录				
QA				
小组成员				

软胶囊干燥清洗岗位生产原始记录

生产日期		班级		班组	
产品名称		规格		批号	
主要设备					
操作依据					

指令	工艺参数	操作参数	备注
生产前准备	1. 操作间清场合格有"清场合格证"并在有效期内 2. 所用设备是否有"设备完好证" 3. 所用器具是否已清洁 4. 物料是否有物料卡 5. 是否挂上"正在生产"状态标识 6. 室内温湿度是否符合要求	是□　否□ 是□　否□ 是□　否□ 是□　否□ 是□　否□ 温度_____ 相对湿度_____	操作人： 复核人：

生产操作	自开始时间每2小时记录一次干燥条件					
	记录时间（h:min）	室温/℃	相对湿度/%	记录时间（h:min）	室温/℃	相对湿度/%
	干燥开始时间	年　月　日　时　分			记录人	
	干燥结束时间	年　月　日　时　分			记录人	
	累计收丸总数：桶　kg	平均丸重：　g		废丸重：　kg		

物料平衡：

物料平衡限度：

$$实际产量=\frac{收丸总重+废丸重}{平均丸重}(干燥工序)+\frac{废丸重}{平均丸重}(压制工序)=$$

$$理论产量=\frac{配制后总量}{每丸理论内容物重}=$$

$$物料平衡=\frac{实际产量}{理论产量}\times100\%=$$

计算人：　　年　月　日

生产结束	设备清洁及状态标识	已完成□　未完成□	操作人：
	生产场地清洁	已完成□　未完成□	复核人：
异常情况记录			
QA			
小组成员			

固体制剂车间清场记录

清场日期：

产品名称：		规格：	批号：	班次：
清场人员：				指导教师：

	清场内容及要求	工艺员检查情况	质监员检查情况	备注
1	设备及部件内外清洁，无异物，筛网清洁	☐ 符合 ☐ 不符合	☐ 符合 ☐ 不符合	
2	无废弃物，无本批遗留物	☐ 符合 ☐ 不符合	☐ 符合 ☐ 不符合	
3	门窗玻璃、墙面、天面清洁，无尘	☐ 符合 ☐ 不符合	☐ 符合 ☐ 不符合	
4	地面清洁，无积水	☐ 符合 ☐ 不符合	☐ 符合 ☐ 不符合	
5	容器具清洁无异物，摆放整齐	☐ 符合 ☐ 不符合	☐ 符合 ☐ 不符合	
6	灯具、开关、管道清洁，无灰尘	☐ 符合 ☐ 不符合	☐ 符合 ☐ 不符合	
7	收集袋清洁	☐ 符合 ☐ 不符合	☐ 符合 ☐ 不符合	
8	卫生洁具清洁，按定置放置	☐ 符合 ☐ 不符合	☐ 符合 ☐ 不符合	
9	地漏清洁，消毒	☐ 符合 ☐ 不符合	☐ 符合 ☐ 不符合	
	结　论			

清场人：

QA：

附录3　注射剂生产实训原始记录

制水（纯化水）岗位生产原始记录

生产日期		班级		班组	
开始时间		结束时间		主要设备	
操作依据					

指令	工艺参数		操作参数	备注
生产前准备	1. 操作间清场合格有"清场合格证"并在有效期内 2. 所用设备是否有"设备完好证" 3. 所用器具是否已清洁 4. 物料是否有物料卡 5. 是否挂上"正在生产"状态标识 6. 检查各管道,保证各管路畅通 7. 室内温湿度是否符合要求		是□　　否□ 是□　　否□ 是□　　否□ 是□　　否□ 是□　　否□ 是□　　否□ 温度_____ 相对湿度_____	操作人: 复核人:
生产操作过程	预处理系统反冲15min,沉淀3min后观察水的澄清度	石英砂过滤器反冲时间:　澄清度:		操作人: 复核人:
		活性炭过滤器反冲时间:　澄清度:		
		离子交换器反冲时间:　澄清度:		
	开反渗透制水机	工作压力: 一级:　　MPa;二级:　　MPa		
		排浓压力: 一级:　　MPa;二级:　　MPa		
		浓水流量: 一级:　　LPM,二级:　　LPM		
		纯水流量: 一级:　　LPM,二级:　　LPM		
		电导率: 一级:　　μS/cm,二级:　　μS/cm		
质量检查	按《中国药典》方法检测	酸碱度:　　氯离子: 铵盐:		操作人: 复核人:
生产结束	纯化水产量			操作人: 复核人:
	生产场地清洁	已完成□　　未完成□		
	设备清洁及状态标识	已完成□　　未完成□		
异常情况记录				
QA				
小组成员				

注射用水制水岗位生产记录表

生产日期		班级		班组		
开始时间		结束时间		主要设备		
操作依据						

指令	工艺参数					操作参数					备注
生产前准备	1. 操作间清场合格有"清场合格证"并在有效期内 2. 所用设备是否有"设备完好证" 3. 所用器具是否已清洁 4. 物料是否有物料卡 5. 是否挂上"正在生产"状态标识 6. 室内温湿度是否符合要求 7. 检查水、电、气是否正常 8. 检查蒸汽压力					是□　　否□ 是□　　否□ 是□　　否□ 是□　　否□ 是□　　否□ 温度_____ 相对湿度_____ 是□　　否□ 蒸汽_____MPa					操作人： 复核人：
生产操作过程	按照多效蒸馏水机标准操作程序进行	预热			_____min						操作人： 复核人：
		原料水进水压力 原料水进水流量 进水气动阀打开时的标准进水流量 冷却水进水压力			_____MPa _____L/min _____L/min _____MPa						
		时间	蒸汽压力/MPa	蒸馏水温度/℃	蒸馏水电阻率/MΩ（95℃）	纯蒸汽温度/℃	贮罐注射用水温度/℃	循环回水温度/℃			
		标准	0.3	95	1	120	80	65			
		①									
		②									
		③									
质量检查	按《中国药典》方法检测	pH：　　氯离子： 铵盐：　　细菌内毒素：									操作人： 复核人：
生产结束	注射用水产量										操作人： 复核人：
	生产场地清洁	已完成□　　未完成□									
	设备清洁及状态标识	已完成□　　未完成□									
异常情况记录											
QA											
小组成员											

配制岗位生产原始记录

生产日期		班级		班组	
产品名称		规格		批号	
数量		主要设备			
操作依据					

指令	工艺参数		操作参数	备注
生产前准备	1. 操作间清场合格有"清场合格证"并在有效期内 2. 所用设备是否有"设备完好证" 3. 所用器具是否已清洁 4. 物料是否有物料卡 5. 是否挂上"正在生产"状态标识 6. 检查衡器是否正常且在校验有效期内 7. 室内温湿度是否符合要求		是□ 否□ 是□ 否□ 是□ 否□ 是□ 否□ 是□ 否□ 是□ 否□ 温度_____ 相对湿度_____	操作人： 复核人：
	物料核对 1. 领取及核对原辅料名称、规格、批号、数量 2. 检查化验合格单		氯化钠批号： 规格： 数量： 有□ 无□	操作人： 复核人：
生产操作过程	清洗配液罐		是□ 否□	操作人： 复核人：
	检查管道排放及过滤器材状况		是□ 否□	
	计算投料量		投料氯化钠量：	
	按工艺规程配液		开始投料时间：	
	过滤循环		是□ 否□	
	取样检测	含量范围： 0.85％～0.95％(g/ml)	含量： 补料(或稀释)：	
		pH 范围： 4.5～7.0	pH： 加酸(或加碱)：	
		澄明度是否合格	是□ 否□	
	将药液送至灌封机		是□ 否□	
生产结束	配料锅及管道清洗	已完成□ 未完成□		操作人： 复核人：
	过滤器拆卸及过滤棒清洗	已完成□ 未完成□		
	场地清洁	已完成□ 未完成□		
	清场合格记录	已完成□ 未完成□		
异常情况记录				
QA				
小组成员				

安瓿理瓶生产岗位原始记录

生产日期		班级		班组	
产品名称		来源			
规格		批号		数量	
操作依据					

指令	工艺参数		操作参数	备注
生产前准备	1. 操作间清场合格有"清场合格证"并在有效期内 2. 所用器具是否已清洁 3. 物料是否有物料卡 4. 是否挂上"正在生产"状态标识 5. 室内温湿度是否符合要求		是□　否□ 是□　否□ 是□　否□ 是□　否□ 温度_____ 相对湿度_____	操作人： 复核人：
	安瓿核对	按生产指令领取安瓿	是□　否□	操作人： 复核人：
		外包装检查完好	是□　否□	
		种类（规格）		
		数量		
		合格证（检验报告单）	有□　无□	
生产操作	拆除外包装,取出小包装盒,将安瓿翻倒后覆于理瓶盘中		已完成□　未完成□	操作人： 复核人：
	排齐排紧		已完成□　未完成□	
	传递窗送瓶		紫外线消毒____ min	
生产结束	内外包装清理		已完成□　未完成□	操作人： 复核人：
	理瓶桌清洁		已完成□　未完成□	
	操作场地清洁		已完成□　未完成□	
	清场合格记录		已完成□　未完成□	

异常情况记录	
QA	
小组成员	

安瓿洗瓶生产岗位原始记录

生产日期		班级		班组	
产品名称		规格		数量	
主要设备			操作依据		

指令	工艺参数			操作参数	备注
生产前准备	1. 操作间清场合格有"清场合格证"并在有效期内 2. 所用设备是否有"设备完好证" 3. 所用器具是否已清洁 4. 物料是否有物料卡 5. 是否挂上"正在生产"状态标识 6. 室内温湿度是否符合要求			是□　　否□ 是□　　否□ 是□　　否□ 是□　　否□ 是□　　否□ 温度＿＿＿ 相对湿度＿＿＿	操作人： 复核人：
	安瓿核对	核对种类（规格）		种类＿＿＿ 规格＿＿＿	
		数量		数量＿＿＿支	
生产操作过程	超声波清洗机水槽放纯化水			已完成□　未完成□	操作人： 复核人：
	精洗机淋瓶机水槽放注射用水			已完成□　未完成□	
	从传递窗接收安瓿			紫外线消毒＿＿＿min	
	超声波洗涤（粗洗）： 定时器设置＿＿＿s 水温设置＿＿＿℃			开始时间： 结束时间： 水温：	
	甩水			已完成□　未完成□	
	精洗、甩水			已完成□　未完成□	
	灭菌干燥 设定灭菌温度 设定灭菌时间			温度： 开始时间： 结束时间：	
质量控制	粗洗后可见异物检查			合格□　　不合格□	操作人： 复核人：
	粗洗后破损率			破损率＿＿＿	
	精洗后可见异物检查			合格□　　不合格□	
	精洗后破损			破损率＿＿＿	
生产结束	设备清洁及状态标识			已完成□　未完成□	操作人： 复核人：
	生产场地清洁			已完成□　未完成□	
	清场合格记录			已完成□　未完成□	
异常情况记录					
QA					
小组成员					

灌封岗位生产原始记录

生产日期		班级		班组	
产品名称		规格		批号	
数量		主要设备			
操作依据					

指令	工艺参数			操作参数	备注
生产前准备	1. 操作间清场合格有"清场合格证"并在有效期内 2. 所用设备是否有"设备完好证" 3. 所用器具是否已清洁 4. 物料是否有物料卡 5. 是否挂上"正在生产"状态标识 6. 室内温湿度是否符合要求			是□　　否□ 是□　　否□ 是□　　否□ 是□　　否□ 是□　　否□ 温度_____ 相对湿度_____	操作人： 复核人：
	物料核对	核对安瓿种类（规格）及数量		种类_____ 规格_____ 数量_____	
		核对药液（品名、规格、数量）		品名_____ 规格_____ 数量_____	
生产操作过程	手摇灌封机，检查齿轮板、针头与安瓿的协调性			已完成□　未完成□	操作人： 复核人：
	安瓿放入料斗			已完成□　未完成□	
	药液充盈管道及压出气泡 预调装量			已完成□　未完成□ 装量调节_____ml	
	火焰调节			已完成□　未完成□	
	正常运作			开始时间： 结束时间：	
	随时抽查装量			已完成□　未完成□	
	将产品放于灌封盘中，表明品名、规格、批号、数量			已完成□　未完成□	
质量控制	装量检查 封口质量检查			装量_____ 封口质量_____	操作人： 复核人：
生产结束	灌封数			灌封总数：	操作人： 复核人：
	各容器及设备清洁（保养）及状态标识			已完成□　未完成□	
	生产场地清洁			已完成□　未完成□	
	清场合格记录			已完成□　未完成□	
异常情况记录					
指导老师					
小组成员					

灭菌岗位生产原始记录

生产日期		班级		班组		
产品名称		规格		批号		
数量		主要设备				
操作依据						

指令	工艺参数		操作参数	备注
生产前准备	1. 操作间清场合格有"清场合格证"并在有效期内 2. 所用设备是否有"设备完好证" 3. 所用器具是否已清洁 4. 物料是否有物料卡 5. 是否挂上"正在生产"状态标识 6. 室内温湿度是否符合要求		是□ 否□ 是□ 否□ 是□ 否□ 是□ 否□ 是□ 否□ 温度_____ 相对湿度_____	操作人： 复核人：
	物料核对	核对灌封产品的品名、规格、批号及数量	品名_____ 规格_____ 批号_____ 数量_____	
生产操作过程	打开真空开关，真空表显示压力，打开灭菌柜前门，将灌封产品放入灭菌柜		真空压力： 已完成□ 未完成□	操作人： 复核人：
	设定灭菌温度、时间及程序		灭菌温度： 灭菌时间： 程序：	
	按要求设置工号、批号		工号： 批号：	
	灭菌进行		灭菌温度： 灭菌开始时间： 保温开始时间： 保温结束时间：	
	灭菌结束将灭菌后产品取出		已完成□ 未完成□	
生产结束	各容器及设备清洁及状态标识		已完成□ 未完成□	操作人： 复核人：
	生产场地清洁		已完成□ 未完成□	
	清场合格记录		已完成□ 未完成□	
异常情况记录				
QA				
小组成员				

灯检岗位生产原始记录

生产日期		班级		班组	
产品名称		开始时间		结束时间	
产量		主要设备			
操作依据					

指令	工艺参数	操作参数	备注
生产前准备	1. 操作间清场合格有"清场合格证"并在有效期内 2. 所用设备是否有"设备完好证" 3. 所用器具是否已清洁 4. 物料是否有物料卡 5. 是否挂上"正在生产"状态标识 6. 室内温湿度是否符合要求	是□　否□ 是□　否□ 是□　否□ 是□　否□ 是□　否□ 温度_____ 相对湿度_____	操作人： 复核人：
	物料核对　核对待灯检产品的品名、规格、批号及数量	品名_____ 规格_____ 批号_____ 数量_____	
生产操作	灯检室要求：暗室 灯检台要求：不反光黑色背景 光照度：1000~1500lx 检员裸视力：4.9以上且无色盲 休息15min~2h	已完成□　未完成□ 已完成□　未完成□ 光照度_____ 是□　否□ 是□　否□	操作人： 复核人：
	按要求逐支灯检 方法：取待灯检产品擦净容器外壁,轻轻旋转和翻转容器使药液中存在的可见异物悬浮(除气泡),挑出次品并分类	灯检总数_____ 次品数_____ 合格率_____ 次品分类如下 白块(点)_____ 纤维_____ 玻璃_____ 色点(块)_____ 装量_____ 其他_____	
生产结束	灯检台清洁及清查遗漏产品	已完成□　未完成□	操作人： 复核人：
	生产场地清洁	已完成□　未完成□	
	清场合格记录	已完成□　未完成□	
异常情况记录			
QA			
小组成员			

印包岗位生产原始记录

生产日期		班级		班组	
产品名称		开始时间		结束时间	
产量		主要设备			
操作依据					

指令	工艺参数		操作参数	备注
生产前准备	1. 操作间清场合格有"清场合格证"并在有效期内 2. 所用设备是否有"设备完好证" 3. 所用器具是否已清洁 4. 物料是否有物料卡 5. 是否挂上"正在生产"状态标识 6. 室内温湿度是否符合要求		是□　否□ 是□　否□ 是□　否□ 是□　否□ 是□　否□ 温度＿＿＿＿ 相对湿度＿＿＿＿	操作人： 复核人：
	物料核对	核对铜板及待印字产品的品名、规格、批号及数量	品名＿＿＿＿ 规格＿＿＿＿ 批号＿＿＿＿ 数量＿＿＿＿	
		领取包装材料,核对标签的品名、规格、批号、数量是否与待包装产品的一致性	盒子领用数： 标签领用数： 是□　否□	
生产操作过程	将铜板装于铜板轮上,调整位置		已完成□　未完成□	操作人： 复核人：
	在油墨轮加油墨并单机操作		已完成□　未完成□	
	联动操作		已完成□　未完成□	
	印字包装运作		已完成□　未完成□	
生产结束	印字机及台面清洁及检查遗漏产品		已完成□　未完成□	操作人： 复核人：
	生产场地清洁		已完成□　未完成□	
	清场合格记录		已完成□　未完成□	
	核对包装材料		数量： 用盒子数： 用标签数： 盒子剩余数： 标签剩余(破损)数：	
异常情况记录				
QA				
小组成员				

岗位清场记录

清场日期：   编号：

清场前产品名称：		规格：	批号：	班次：
清场人员：			指导教师：	

	清场内容及要求	工艺员检查情况	质监员检查情况	备注
1	设备及部件内外清洁，无异物	☐ 符合 ☐ 不符合	☐ 符合 ☐ 不符合	
2	无废弃物，无前批遗留物	☐ 符合 ☐ 不符合	☐ 符合 ☐ 不符合	
3	门窗玻璃、墙面、天面清洁，无尘	☐ 符合 ☐ 不符合	☐ 符合 ☐ 不符合	
4	地面清洁，无积水	☐ 符合 ☐ 不符合	☐ 符合 ☐ 不符合	
5	容器具清洁无异物，摆放整齐	☐ 符合 ☐ 不符合	☐ 符合 ☐ 不符合	
6	灯具、开关、管道清洁，无灰尘	☐ 符合 ☐ 不符合	☐ 符合 ☐ 不符合	
7	回风口、进风口清洁，无尘	☐ 符合 ☐ 不符合	☐ 符合 ☐ 不符合	
8	收集袋清洁	☐ 符合 ☐ 不符合	☐ 符合 ☐ 不符合	
9	卫生洁具清洁，按定置放置	☐ 符合 ☐ 不符合	☐ 符合 ☐ 不符合	
10	其他			
	结　　论			
清场人		工艺员		质监员

附录4 冻干粉针剂生产实训原始记录

西林瓶洗瓶岗位生产原始记录

生产日期		班级		班组	
产品名称		规格		数量	
主要设备					
操作依据					

指令	工艺参数		操作参数	备注
生产前准备	1. 操作间清场合格有"清场合格证"并在有效期内 2. 所用设备是否有"设备完好证" 3. 所用器具是否已清洁 4. 物料是否有物料卡 5. 是否挂上"正在生产"状态标识 6. 室内温湿度是否符合要求		是☐ 否☐ 是☐ 否☐ 是☐ 否☐ 是☐ 否☐ 是☐ 否☐ 温度_____ 相对湿度_____	操作人： 复核人：
	西林瓶核对	与物料传递人员交接西林瓶核对种类(规格)数量	品名_____ 规格_____ 批号_____ 数量_____	
	打开阀门,记录表压	冲瓶空气 仪表空气 打开注射用水阀门 打开纯化水阀门	_____ _____ 是☐ 否☐ 是☐ 否☐	
生产操作过程	入口进瓶处排满瓶		已完成☐ 未完成☐	操作人： 复核人：
	循环水箱和超声波水箱加水		已完成☐ 未完成☐	
	定时器设置 水温设置 观察压力		开始时间： 结束时间： 定时： 水温： 压力：	
	开机洗涤		已完成☐ 未完成☐	
生产结束	设备清洁及状态标识		已完成☐ 未完成☐	操作人： 复核人：
	生产场地清洁		已完成☐ 未完成☐	
	清场合格记录		已完成☐ 未完成☐	
异常情况记录				
QA				
小组成员				

西林瓶干燥灭菌岗位生产原始记录

生产日期		班级		班组	
产品名称		规格		数量	
主要设备					
操作依据					

指令	工艺参数	操作参数	备注
生产前准备	1. 操作间清场合格有"清场合格证"并在有效期内 2. 所用设备是否有"设备完好证" 3. 所用器具是否已清洁 4. 物料是否有物料卡 5. 是否挂上"正在生产"状态标识 6. 室内温湿度是否符合要求	是□　　否□ 是□　　否□ 是□　　否□ 是□　　否□ 是□　　否□ 温度＿＿＿＿ 相对湿度＿＿＿＿	操作人： 复核人：
生产操作过程	人工自动方式或时控控制方式启动	已完成□　未完成□	操作人： 复核人：
	记录排风、冷却温度	已完成□　未完成□	
	记录隧道烘箱进口处与洗瓶间压差，预热段、灭菌段、冷却压差	已完成□　未完成□	
	记录灭菌段温度、网带速度、灭菌段风压	温度＿＿＿＿ 网带速度＿＿＿＿ 灭菌段风压＿＿＿＿	
	记录排风、进风、热风、冷却的电机速度	已完成□　未完成□	
生产结束	设备清洁及状态标识	已完成□　未完成□	操作人： 复核人：
	生产场地清洁	已完成□　未完成□	
	清场合格记录	已完成□　未完成□	

异常情况记录	
QA	
小组成员	

灌装岗位生产原始记录

生产日期		班级		班组	
产品名称		规格		批号	
数量		主要设备			
操作依据					

指令	工艺参数		操作参数	备注
生产前准备	1. 操作间清场合格有"清场合格证"并在有效期内 2. 所用设备是否有"设备完好证" 3. 所用器具是否已清洁 4. 物料是否有物料卡 5. 是否挂上"正在生产"状态标识 6. 室内温湿度是否符合要求		是□　　否□ 是□　　否□ 是□　　否□ 是□　　否□ 是□　　否□ 温度_____ 相对湿度_____	操作人： 复核人：
	物料核对	核对西林瓶种类（规格）及数量	规格_____ 数量_____	
		核对药液（品名、规格、数量）	品名_____ 规格_____ 数量_____	
		检查胶塞澄明度	合格□　　不合格□	
生产操作	滤膜完整性测试		已完成□　未完成□	操作人： 复核人：
	无菌过滤		已完成□　未完成□	
	预调装量		装量调节_____ml	
	开动流水线灌装		已完成□　未完成□	
	将灌装及半压塞的西林瓶沿A级通道送入冻干机搁板		已完成□　未完成□	
生产结束	灌装数		灌装总数：	操作人： 复核人：
	各容器及设备清洁（保养）及状态标识		已完成□　未完成□	
	生产场地清洁		已完成□　未完成□	
	清场合格记录		已完成□　未完成□	
异常情况记录				
QA				
小组成员				

冻干岗位生产原始记录

生产日期		班级		班组	
产品名称		规格		批号	
数量		主要设备			
操作依据					

指令	工艺参数	操作参数	备注
生产前准备	1. 操作间清场合格有"清场合格证"并在有效期内 2. 所用设备是否有"设备完好证" 3. 所用器具是否已清洁 4. 物料是否有物料卡 5. 是否挂上"正在生产"状态标识 6. 室内温湿度是否符合要求	是□　　否□ 是□　　否□ 是□　　否□ 是□　　否□ 是□　　否□ 温度_____ 相对湿度_____	操作人： 复核人：
生产操作	确认已放入待冻干物品	已完成□　未完成□	操作人： 复核人：
	根据冻干曲线设定冻干程序	已完成□　未完成□	
	开始冻干,注意压力	已完成□　未完成□	
生产结束	确认产品出箱	已完成□　未完成□	操作人： 复核人：
	化霜	已完成□　未完成□	
	各容器及设备清洁(保养)及状态标识	已完成□　未完成□	
	生产场地清洁	已完成□　未完成□	
	清场合格记录	已完成□　未完成□	

异常情况记录	
QA	
小组成员	

轧盖岗位生产原始记录

生产日期		班级		班组	
产品名称		规格		批号	
数量		主要设备			
操作依据					

指令	工艺参数		操作参数	备注
生产前准备	1. 操作间清场合格有"清场合格证"并在有效期内 2. 所用设备是否有"设备完好证" 3. 所用器具是否已清洁 4. 物料是否有物料卡 5. 是否挂上"正在生产"状态标识 6. 室内温湿度是否符合要求		是□　否□ 是□　否□ 是□　否□ 是□　否□ 是□　否□ 温度_____ 相对湿度_____	操作人： 复核人：
	物料核对	核对铝盖品种类(规格)及数量	规格_____ 数量_____	
		核对冻干品(品名、规格、数量)	品名_____ 规格_____ 数量_____	
生产操作	试轧几瓶		已完成□　未完成□	操作人： 复核人：
	开动流水线灌装		已完成□　未完成□	
	检查气密性		已完成□　未完成□	
生产结束	轧盖数		轧盖总数：	操作人： 复核人：
	各容器及设备清洁(保养)及状态标识		已完成□　未完成□	
	生产场地清洁		已完成□　未完成□	
	清场合格记录		已完成□　未完成□	
异常情况记录				
QA				
小组成员				

胶塞清洗岗位生产原始记录表

生产日期		班级		班组	
产品名称		规格		批号	
数量		主要设备			
操作依据					

指令	工艺参数	操作参数	备注
生产前准备	1. 操作间清场合格有"清场合格证"并在有效期内 2. 所用设备是否有"设备完好证" 3. 所用器具是否已清洁 4. 物料是否有物料卡 5. 是否挂上"正在生产"状态标识 6. 室内温湿度是否符合要求	是□　否□ 是□　否□ 是□　否□ 是□　否□ 是□　否□ 温度_____ 相对湿度_____	操作人： 复核人：
	物料核对　核对胶塞的规格、批号及数量	规格_____ 批号_____ 数量_____	
生产操作过程	放入待处理的胶塞	真空压力：	操作人： 复核人：
	设定温度、时间及程序	灭菌温度： 灭菌时间： 程序：	
	程序进行	清洗时间： 硅化时间： 灭菌时间： 干燥时间：	
	程序结束打开另一面，将处理好的产品取出放于 A 级层流罩下	已完成□　未完成□	
生产结束	各容器及设备清洁及状态标识	已完成□　未完成□	操作人： 复核人：
	生产场地清洁	已完成□　未完成□	
	清场合格记录	已完成□　未完成□	

异常情况记录	
QA	
小组成员	

铝盖清洗岗位生产原始记录表

生产日期		班级		班组	
产品名称		开始时间		结束时间	
产量		主要设备			
操作依据					

指令	工艺参数		操作参数	备注
生产前准备	1. 操作间清场合格有"清场合格证"并在有效期内 2. 所用设备是否有"设备完好证" 3. 所用器具是否已清洁 4. 物料是否有物料卡 5. 是否挂上"正在生产"状态标识 6. 室内温湿度是否符合要求		是□　　否□ 是□　　否□ 是□　　否□ 是□　　否□ 是□　　否□ 温度＿＿＿＿＿ 相对湿度＿＿＿＿	操作人： 复核人：
	物料核对	核对铝盖规格、批号及数量	规格＿＿＿＿＿ 批号＿＿＿＿＿ 数量＿＿＿＿＿	
生产操作过程	将待清洗的铝盖放入铝盖清洗机		已完成□　未完成□	操作人： 复核人：
	运行程序		进水： 喷淋： 排水： 干燥： 冷却：	
生产结束	在轧盖室出料		已完成□　未完成□	操作人： 复核人：
	生产场地清洁		已完成□　未完成□	
	清场合格记录		已完成□　未完成□	
异常情况记录				
QA				
小组成员				

贴签岗位生产原始记录表

生产日期		班级		班组	
产品名称		规格		批号	
数量		主要设备			
操作依据					

指令	工艺参数		操作参数	备注
生产前准备	1. 操作间清场合格有"清场合格证"并在有效期内 2. 所用设备是否有"设备完好证" 3. 所用器具是否已清洁 4. 物料是否有物料卡 5. 是否挂上"正在生产"状态标识 6. 室内温湿度是否符合要求		是□　　否□ 是□　　否□ 是□　　否□ 是□　　否□ 是□　　否□ 温度＿＿＿＿ 相对湿度＿＿＿＿	操作人： 复核人：
	物料核对	核对标签及待贴签产品的品名、规格、批号及数量	品名＿＿＿＿ 规格＿＿＿＿ 批号＿＿＿＿ 数量＿＿＿＿	
		领取包装材料,核对标签的品名、规格、批号、数量与待包装产品的一致性	盒子领用数： 标签领用数：	
生产操作过程	将灯检合格产品传送至贴签处		已完成□　未完成□	操作人： 复核人：
	开启贴签机		已完成□　未完成□	
	按要求放入包装		已完成□　未完成□	
	说明书入盒		已完成□　未完成□	
生产结束	生产场地清洁		已完成□　未完成□	操作人： 复核人：
	清场合格记录		已完成□　未完成□	
	核对包装材料		数量： 用盒子数： 用标签数： 盒子剩余数： 标签剩余(破损)数：	

异常情况记录	
QA	
小组成员	

附录5　固体制剂验证记录

备料工序验证记录

所用生产设备	粉碎机型号＿＿＿＿＿＿＿＿＿＿＿＿＿＿＿＿　设备编号＿＿＿＿＿＿＿＿＿＿＿＿＿＿＿		
所用称量器具	台秤型号＿＿＿＿＿＿＿＿＿＿＿＿＿＿＿＿　设备编号＿＿＿＿＿＿＿＿＿＿＿＿＿＿＿		
粉碎机	转速（固定）：＿＿＿＿＿r/min　筛底目数：＿＿＿＿＿目 加料速度：＿＿＿＿＿＿kg/min		
旋涡振动筛	筛网目数：＿＿＿＿＿目　加料速度：＿＿＿＿＿kg/min		
取样	开始的1/3部分粉碎时间＿＿＿min，取样A，样品＿＿＿g 中间的1/3部分粉碎时间＿＿＿min，取样B，样品＿＿＿g 末尾的1/3部位粉碎时间＿＿＿min，取样C，样品＿＿＿g		
检测项目	粉碎的细度	过筛率	平衡率
A			
B			
C			
结论和评价：			
确认人/日期：　　　　　　　　复核人/日期：			

制粒工序验证记录

所用生产设备	制粒机型号＿＿＿＿＿＿＿＿　设备编号＿＿＿＿＿＿＿＿		
所用称量器具	台秤型号＿＿＿＿＿＿＿＿＿＿　设备编号＿＿＿＿＿＿＿		
制粒机	预混时间＿＿＿＿＿＿　黏合剂用量＿＿＿＿＿＿　搅拌转速＿＿＿＿＿＿ 制粒刀转速＿＿＿＿＿＿　搅拌转速＿＿＿＿＿＿　搅拌制粒时间＿＿＿＿＿＿ 干燥温度＿＿＿＿＿＿　干燥时间＿＿＿＿＿＿		
取样	整粒后在3个不同的部位分别取样 样品1　＿＿＿g 样品2　＿＿＿g 样品3　＿＿＿g		
检测项目	水分含量	粒度分布	固体密度
样品1			
样品2			
样品3			
制粒收率＝	物料平衡＝		
结论和评价：			
确认人/日期：　　　　　　　　复核人/日期：			

总混工序验证记录

所用生产设备	整粒机型号_____ 设备编号_____ 混合机型号_____ 设备编号_____
所用称量器具	台秤型号_____ 设备编号_____
整粒机 混合机	筛网规格_____ 筛网目数_____ 投料顺序_____ 投料量_____ kg 混合转速_____ r/min 混合时间_____ min
取样(混合机内)	开始的 1/3 部分 A,样品_____ g 中间的 1/3 部分 B,样品_____ g 末尾的 1/3 部分 C,样品_____ g
检测项目	整粒筛网完整性:

检测项目	颗粒含量均匀度	水分含量	粒度分布	松密度	颜色均匀度
A					
B					
C					

计算	总混收率= 物料平衡率=
结论和评价:	
确认人/日期: 复核人/日期:	

压片工序验证记录

所用生产设备	压片机型号_____ 设备编号_____
所用称量器具	台秤型号_____ 设备编号_____
压片	转速(固定):_____ r/min 压力_____ 时间_____
取样	开始取样 20 片,样品 1 中间取样 20 片,样品 2 结束取样 20 片,样品 3

检测项目	外观	片重差异	厚度	硬度	脆碎度	崩解时限
1						
2						
3						

计算	压片收率= 物料平衡=
结论和评价:	
确认人/日期: 复核人/日期:	

包衣工序验证记录

所用生产设备	包衣机型号＿＿＿＿＿＿＿＿＿ 设备编号＿＿＿＿＿＿＿＿＿			
所用称量器具	台秤型号＿＿＿＿＿＿＿＿＿ 设备编号＿＿＿＿＿＿＿＿＿			
包衣	转速（固定）：＿＿＿＿ r/min 进风温度＿＿＿＿ 进风转速＿＿＿＿ 排风温度＿＿＿＿ 排风转速＿＿＿＿ 喷射速度＿＿＿＿ 压缩空气＿＿＿＿ 包衣时间＿＿＿＿			
取样	每次取 5 个样品			
检测项目	外观	片重	片重差异	溶出度（崩解度）
1				
2				
3				
4				
5				
计算	包衣收率＝ 物料平衡＝			
结论和评价：				
确认人/日期： 复核人/日期：				

瓶装工序验证记录

所用生产设备	数片机型号＿＿＿＿＿＿＿＿＿ 设备编号＿＿＿＿＿＿＿＿＿ 理瓶机型号＿＿＿＿＿＿＿＿＿ 设备编号＿＿＿＿＿＿＿＿＿ 塞纸机型号＿＿＿＿＿＿＿＿＿ 设备编号＿＿＿＿＿＿＿＿＿ 旋盖机型号＿＿＿＿＿＿＿＿＿ 设备编号＿＿＿＿＿＿＿＿＿				
瓶装生产线	数片机频率＿＿＿＿＿＿＿＿＿ 理瓶机频率＿＿＿＿＿＿＿＿＿ 塞纸机频率＿＿＿＿＿＿＿＿＿ 旋盖机频率＿＿＿＿＿＿＿＿＿				
取样（稳定运行后）	开始抽取 A 5 个包装单位 中间抽取 B 5 个包装单位 结束抽取 C 5 个包装单位				
检测项目	外观	印字	装量	旋盖紧密度	封口密封性
A					
B					
C					
结论和评价：					
确认人/日期： 复核人/日期：					

化胶工序验证记录

所用生产设备	化胶罐型号＿＿＿＿＿＿＿＿＿ 设备编号＿＿＿＿＿ 真空搅拌罐型号＿＿＿＿＿＿＿ 设备编号＿＿＿＿＿＿＿＿＿		
所用称量器具	台秤型号＿＿＿＿＿＿ 设备编号＿＿＿＿＿＿＿＿＿＿		
化胶罐 真空搅拌罐	蒸汽压力＿＿＿ MPa 罐内温度＿＿＿℃ 加热时间＿＿＿ min 真空度＿＿＿＿＿＿＿ MPa 搅拌速度＿＿＿ r/min		
取样	顶部 A 中间 B 底部 C		
检测项目	外观		胶液黏度
A			
B			
C			
结论和评价： 确认人/日期： 复核人/日期：			

配料工序验证记录

所用生产设备	胶体磨型号＿＿＿＿＿＿＿＿＿ 设备编号＿＿＿＿＿＿＿＿＿ 配料罐型号＿＿＿＿＿＿＿＿＿ 设备编号＿＿＿＿＿＿＿＿＿			
所用称量器具	台秤型号＿＿＿＿＿＿＿＿＿ 设备编号＿＿＿＿＿＿＿＿＿			
胶体磨 配料罐	胶体磨的间隙为××μm,均质＿＿＿次 搅拌速度＿＿＿ r/min 混合时间＿＿＿ min 静置＿＿＿ min			
取样	胶体磨均质＿＿＿次后,取样 3 个样品,各 50ml,用于测定沉降比 配料罐转速＿＿＿ r/min,取样 50g,用于测含量 静置于周转桶＿＿＿ h,取样前用加料勺搅拌＿＿＿ min,取样 50g			
检测项目				
均质次数	均质＿＿＿次			
样品	1	2	3	平均值
外观				
混悬物初始高度 H_0				
混悬物最终高度 H				
沉降体积比值				
混合时间	混合时间＿＿＿ min			
样品	顶 部	中 间	底 部	平均值
外观				
×××含量/mg(0.××g)				
与平均值偏差			最大偏差：	
静置时间	3h			
样品	顶 部	中 间	底 部	平均值
外观				
×××含量/mg(0.××g)				
与平均值偏差			最大偏差：	
结论和评价： 确认人/日期： 复核人/日期：				

附录6　注射剂验证记录

洗烘瓶工序工艺验证记录

1. 洗瓶机运行数据记录

生产批号	清洗数量	破损数	破损率	可见异物		水温/℃	循环水清洗/MPa		注射用水清洗/MPa	
				循环水	注射用水		压缩气	冲洗水	压缩气	冲洗水

结论和评价：

确认人/日期：　　　　　　　　　复核人/日期：

2. 干燥灭菌后安瓿瓶检查记录

生产批号	取样数量	可见异物（<1个/支）	无菌
	20		
	20		
	20		

结论和评价：

确认人/日期：　　　　　　　　　复核人/日期：

灌封工序工艺验证记录

生产批号	灌封位1号针		灌封位2号针		无菌		装量限度范围	收率
	可见异物	装量	可见异物	装量	2h	4h		

结论和评价：

确认人/日期：　　　　　　　　　复核人/日期：

灭菌检漏工序工艺验证记录

品　名				
批　号	灭菌检漏数	合格数	不合格数	合格率/%

结论和评价：

确认人/日期：　　　　　　　　　复核人/日期：

灯检工序工艺验证记录

生产批号	目检数	目检合格数	不合格品（支）	目检合格率/%	结论

结论和评价：
确认人/日期：　　　　　　　　　　　复核人/日期：

附录7　口服液验证记录

口服液灌装工序工艺验证记录

1. 灌装机工艺稳定性

工艺	工艺参数	No.1 批号	No.2 批号	No.3 批号	检查人
灌封	空气压力:0.6MPa				
	灌封速度:100瓶/min				

结论和评价：
确认人/日期：　　　　　　　　　　　复核人/日期：

2. 装量差异

项目 ＼ 时间	开始	30min	60min	90min
1				
2				
3				
平均				
SD				
RSD(%)				

结论和评价：
确认人/日期：　　　　　　　　　　　复核人/日期：

3. 微生物限度（批号：　　　　　）（三批）

工艺	取样点	检测项目		
		细菌数 不得过100个/ml	霉菌数（酵母菌） 不得过100个/ml	大肠杆菌 每克不得检出
灌封	上盖前			
	轧盖前			
	药液			

结论和评价：
确认人/日期：　　　　　　　　　　　复核人/日期：

附录8　冻干粉针验证记录

西林瓶洗瓶工序工艺验证记录

1. 洗瓶

批号	洗瓶数量/支	注射用水可见异物	最终冲洗水	西林瓶清洁合格率		
				1	2	3

结论和评价：

确认人/日期：　　　　　　　　　　复核人/日期：

2. 西林瓶灭菌

批号	西林瓶洁净度	西林瓶无菌性	灭菌温度	灭菌时间

结论和评价：

确认人/日期：　　　　　　　　　　复核人/日期：

冻干粉针灌装工序工艺验证记录

冻干粉针剂在灌装过程中每隔30分钟取样一次，每次取5支，每批取样3次，总计15支，分别测定其可见异物。共取连续生产的3个批次。

批号	可见异物检查结果　　　　√:表示符合规定				
	A1	A2	A3	A4	A5
	B1	B2	B3	B4	B5
	C1	C2	C3	C4	C5

续表

批号	可见异物检查结果 √:表示符合规定				
	A1	A2	A3	A4	A5
	B1	B2	B3	B4	B5
	C1	C2	C3	C4	C5
	A1	A2	A3	A4	A5
	B1	B2	B3	B4	B5
	C1	C2	C3	C4	C5

结论和评价：

确认人/日期：　　　　　　　　　　复核人/日期：

批号	装量检查 √:表示符合规定				
	A1	A2	A3	A4	A5
	B1	B2	B3	B4	B5
	C1	C2	C3	C4	C5
	A1	A2	A3	A4	A5
	B1	B2	B3	B4	B5
	C1	C2	C3	C4	C5
	A1	A2	A3	A4	A5
	B1	B2	B3	B4	B5
	C1	C2	C3	C4	C5

结论和评价：

确认人/日期：　　　　　　　　　　复核人/日期：

冻干工序工艺验证记录

批号	项目	冷冻最低温度	保温时间/h	一次干燥时间/h	二次干燥时间/h

结论和评价：

确认人/日期：　　　　　　　　复核人/日期：

轧盖工序工艺验证记录

1. 气密性检查

项目		气密性检查	
合格标准		手拧铝塑盖不应有松动现象	水能否自动进入西林瓶
批号			

结论和评价：

确认人/日期：　　　　　　　　复核人/日期：

2. 可见异物检查结果记录

批号	检查时间	检查结果	检查时间	检查结果

结论和评价：

确认人/日期：　　　　　　　　复核人/日期：

无菌粉末分装工序工艺验证记录

生产批号	计划培养数/瓶	实际培养数/瓶	培养后长菌瓶数	阳性率/%
	3100			
	3100			
	3100			

结论和评价：

确认人/日期：　　　　　　　　复核人/日期：

参 考 文 献

[1] 国家药典委员会. 中华人民共和国药典（二部）. 北京：中国医药科技出版社，2010.

[2] 国家食品药品监督管理局药品认证管理中心. 药品 GMP 指南. 北京：中国医药科技出版社，2011.

[3] 国家食品药品监督管理局药品安全监管司，国家食品药品监督管理局药品认证管理中心组织. 药品生产验证指南. 北京：化学工业出版社，2003.

[4] 张健泓. 药物制剂技术实训教程，北京：化学工业出版社，2007.

[5] 徐荣周，缪立德，薛大权，夏鸿林. 药物制剂生产工艺与注解，北京：化学工业出版社，2008.

[6] 黄家利. 药物制剂实训教程. 北京：中国医药科技出版社，2008.

[7] 张洪斌. 药物制剂工程与设备. 北京：化学工业出版社，2003.

[8] 徐文强，杨文沛. 药品生产过程验证. 北京：中国医药科技出版社，2008.

[9] 唐燕辉. 药物制剂生产设备及车间工艺设计. 第 2 版. 北京：化学工业出版社，2006.